国家"十二五"重点图书

健康养殖致富技术丛书

猪健康养殖技术

武　英　张风祥　主编

中国农业大学出版社

·北京·

图书在版编目(CIP)数据

猪健康养殖技术/武英,张风祥主编.—北京:中国农业大学出版社,2013.2

ISBN 978-7-5655-0657-4

Ⅰ.①猪…　Ⅱ.①武…②张…　Ⅲ.①养猪学　Ⅳ.①S828

中国版本图书馆 CIP 数据核字(2012)第 317831 号

书　　名	猪健康养殖技术
作　　者	武　英　张风祥　主编

策划编辑	赵　中	责任编辑	韩元凤
封面设计	郑　川	责任校对	陈　莹　王晓凤
出版发行	中国农业大学出版社		
社　　址	北京市海淀区圆明园西路 2 号	邮政编码	100193
电　　话	发行部 010-62818525,8625	读者服务部 010-62732336	
	编辑部 010-62732617,2618	出　版　部 010-62733440	
网　　址	http://www.cau.edu.cn/caup	E-mail cbsszs @ cau.edu.cn	
经　　销	新华书店		
印　　刷	北京时代华都印刷有限公司		
版　　次	2013 年 2 月第 1 版　2013 年 2 月第 1 次印刷		
规　　格	880×1 230　32 开本　9.75 印张　270 千字		
印　　数	1～5 000		
定　　价	18.00 元		

图书如有质量问题本社发行部负责调换

发展健康养殖 造福城乡居民

近年来,我国养殖业得到了长足发展,同时也极大地丰富了人们的膳食结构。但从业者对养殖业可持续发展的意识不足,在发展的同时,也面临诸多问题,例如养殖生态环境恶化,病害、污染事故频繁发生,产品质量下降引发消费者健康问题等。这些问题已成为养殖业健康持续发展的巨大障碍,同时也给一切违背自然规律的生产活动敲响了警钟。那么,如何改变这一现状?健康养殖是养殖业的发展方向,发展健康养殖势在必行。作为新时代的养殖从业者,必须提高对健康养殖的认识,在养殖生产过程中选择优质种畜禽和优良鱼种,规范管理,不要滥用药物,保证产品质量,共同维护养殖业的健康发展!

健康养殖的概念最早是在 20 世纪 90 年代中后期我国海水养殖界提出的,以后陆续向淡水养殖、生猪养殖和家禽养殖领域渗透并完善。健康养殖概念的提出,目的是使养殖行为更加符合客观规律,使人与自然和谐发展。专家认为:健康养殖是根据养殖对象的生物学特性,运用生态学、营养学原理来指导生产,为养殖对象营造一个良好的、有利于快速生长的生态环境,提供充足的全价营养饲料,使其在生长发育期间,最大限度地减少疾病发生,使生产的食用商品无污染,个体健康,产品营养丰富、与天然鲜品相当;并对养殖环境无污染,实现养殖生态体系平衡,人与自然和谐发展。

健康养殖业是以安全、优质、高效、无公害为主要内涵的可持续发展的养殖业,是在以主要追求数量增长为主的传统养殖业的基础上实现数量、质量和生态效益并重发展的现代养殖业。推进动物健康养殖,实现养殖业安全、优质、高效、无公害健康生产,保障畜产品安全,是养殖业发展的必由之路。

健康养殖跟传统养殖有很大的区别,健康养殖业提出了生产的规模化、产业化、良种化和标准化。健康养殖要靠规模化转变养殖方式，靠产业化转变经营方式，靠良种化提高生产水平，靠标准化提高畜产品和水产品的质量安全。养殖方式要从散养户发展到养殖小区和养殖场；在生产过程中，要有档案记录和标识，抓好监督和监控，达到生态生产、清洁生产，实现资源再利用；产品要达到无公害标准等。

近年来，我国对健康养殖非常重视，陆续出台了一系列重要方针政策，健康养殖得到快速发展。例如，2004 年提出"积极发展农区畜牧业"，2005 年提出"加快发展畜牧业，增强农业综合生产能力必须培育发达的畜牧业"，2006 年提出"大力发展畜牧业"，2007 年又提出了"做大做强畜牧产业，发展健康养殖业"。同时，我国把发展养殖业作为农村经济结构调整的重要举措和建设现代农业的重要任务，采取了一系列促进养殖业发展的措施，实施健康养殖业推进行动，加快养殖业增长方式转变，优化产品区域布局，实施良种工程，加强饲料质量监管，提高畜牧业产业化水平，努力做好重大动物疫病防控工作，等等。

但是，我国健康养殖研究的广度与深度还十分有限，加上对健康养殖概念理解和认识上存在一定的片面性与分歧，许多具体的"健康养殖模式"尚处于尝试探索阶段。

这套丛书的专家们对健康养殖技术进行系统的分析与总结，从养殖场的选址、投资建设、环境控制以及饲养管理、疫病防控等环节，对健康养殖进行了详细的剖析，为我国健康养殖的快速发展提供理论参考和技术支持，以促进我国健康养殖快速、有序、健康的发展。

有感于专家们对畜禽水产养殖技术的精心设计与打造，是为序。

山东省畜牧协会会长 张洪本

2012 年 10 月 20 日于泉城

前　言

　　"猪为六畜之首",养猪业是我国的传统产业,有六七千年的历史,猪肉是我国消费者喜爱的食品。2011年,中国猪平均存栏量4.68亿头(其中年底母猪存栏4 929万头),总出栏量6.62亿头,出栏率141%,比2005年增长7.3%;猪肉产量5 071.2万吨,增长11.3%,位居世界第一位,约占世界总量的47%。

　　当前我国养猪业面临着严峻的挑战。猪病日渐复杂,疫情的净化和控制难度不断增大;环境污染严重;猪肉产品的质量和安全性问题时有发生,产品信誉度受到严重影响,市场波动。猪肉产品的质量和安全性问题已成为全社会共同关注的焦点。因此,人们逐渐认识到生猪健康养殖的紧迫性和必要性,实现养猪业安全、优质、高效、无公害生产势在必行。2007年中央一号文件明确提出:健康养殖直接关系人民群众的生命安全。按照预防为主、关口前移的要求,积极推行健康养殖方式,加强饲料安全管理,从源头上把好养殖产品质量安全关。

　　健康养猪是根据猪的生物学特性,运用生态学、营养学等原理来指导生猪生产。通过提供适宜的环境条件、饲养标准、生态养殖模式,提高猪只健康水平和抗逆性,充分发挥猪繁育、生长的遗传潜力,达到高产高效。通过投入品全程的质量监控,达到产品无药残、环境无污染,实现养殖生态体系平衡,人与自然和谐。

　　《猪健康养殖技术》一书的编写根据健康养猪知识的系统性,突出实用性、体现创新性,并适当阐述必要的养猪基础知识,重点对猪的优良品种与资源利用、高效繁育技术、猪营养与饲料配方技术、健康养殖饲养管理技术、疫病防治与生物安全措施、零排放无污染发酵床健康养殖技术、中小规模猪场健康养殖投资效益分析等方面进行较为全面的介绍,让广大读者能更直观、更准确地了解和掌握健康养猪技术,这也

1

是作者多年来从事大量生产实践工作经验的总结。《猪健康养殖技术》大量选用现代养猪现场工作资料、数据和图片，力求内容更加结合实际，通俗易懂，有更多的实用性，同时注意理论联系实际，让养猪生产更为科学与先进，为广大养殖户解决生产实际问题。

《猪健康养殖技术》适用于广大农村养猪户、中小规模的集约化养猪场技术人员及畜牧与兽医专业学生参考。向行业提倡科学养猪，摒弃一些对生猪有害的观念与做法，倡导健康养猪的新观念，建立科学有效的生猪健康评价体系，从而促进行业的健康持续发展。

由于编写人员的水平有限，书中难免有错漏和不妥之处，恳请批评指正。

编　者

2012 年 9 月 28 日

目　录

第一章

中小规模猪场健康养殖投资效益分析

导　　读　本章介绍以拟建 500 头繁殖母猪繁育场为例的投资预算分析,生猪饲养成本的定义,猪饲养成本要素的构成、确认与计量,养猪成本的核算,规模化养猪的经济效益分析方法,影响规模化养猪经济效益的因素以及提高经济效益的措施。并列举实例说明中小规模猪场的经济效益分析,能够使读者模仿实例对本场进行经济效益分析。

随着市场经济竞争加剧和人们对猪肉产品质量要求越来越高,养猪业的发展也逐渐从数量型向数量质量并举型转变,千家万户的零散饲养已经难以适应市场的需要,规模化饲养比重日益加大。经过长期以来生猪市场跌宕起伏的生产实践证明,规模化养殖既可增加经济效益,增加抵抗市场风险的能力,还是实施标准化生产,提高生猪质量的必要基础。只有生猪饲养达到一定规模,才能实现服务指导、科技应用、疫病防控、产品销售、质量控制等系列化、专业化、标准化,从而适应市场经济的发展需求,保证养殖效益和生猪及其产品的质量。规模化养殖先进的生产经营理念、新型的管理体制、高效的组织化管理、健全的质量保证体系、规范的生产经营者行为等多种因素,一方面能提高产

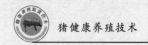

品的质量;另一方面又能降低产品成本,增强产品的竞争力。因此,生猪产业的可持续发展要求我国养猪模式由散养饲养方式向专业化、集约化和规模化饲养方式转变,大量的中小型规模养猪场应运而生,并且占有主要比例。

第一节　猪场投资预算

为了能够详细生动说明猪场投资预算分析,本节以拟建设 500 头母猪繁育场为例,进行投资预算分析。

一、综合指标

1.建设目标

本项目拟引进优良瘦肉型种猪 530 头(如杜洛克公猪 30 头、优质专门化母系种猪 500 头),项目建成后,年可提供优质商品肉猪 10 000 头,生产绿色猪肉产品 74 万千克。

2.建设期限

本项目拟从项目审批后开始实施,1 年内全部完成。第二年正式投入运行。

3.项目工艺技术方案

本项目良种猪繁育与饲养采用发酵床散养清洁生产工艺模式及 4 段式饲养工艺;饲料加工厂采取对原料加工"先粉碎后配合"制成颗粒料的生产工艺,发酵菌种采用引进菌种工艺。

4.建设内容及规模

本项目建设内容包括:①绿色生猪繁育与生态饲养,新建猪舍 9 650 米²,发酵床面积 5 069 米²;②新建饲料加工厂一处,包括饲料加工车间、贮料库、物料库、成品库等,建筑面积共 350 米²;配套设备及辅助工程。

二、投资估算

1. 工艺技术

良好的养猪工艺可以充分发挥良种猪的遗传潜力和饲料营养成分的利用率,降低疫病的发生率,为高产、高效的养猪创造条件,达到提高养猪生产水平的目的。零排放环保型养猪新技术除具有猪舍无臭味(零排放)、省水等特点外,还具有节约资源、抗热应激、显著降低建筑成本、成功率高、适宜机械化操作等突出优势。零排放环保型养猪技术的引进、创新及示范推广显著改善了猪场饲养环境、提升了我国养猪水平、充分利用了农副资源、促进了新农村建设,取得了显著的经济效益、社会效益及生态效益。

总规模为 500 头母猪,以向养猪场户批量提供 50～75 千克种猪和 100 千克杂交商品瘦肉猪为生产方向,并有计划地为本场扩大规模和向周边猪场提供部分杂交和配套系父母代种猪。

全周期生产工艺流程图见图 1-1。

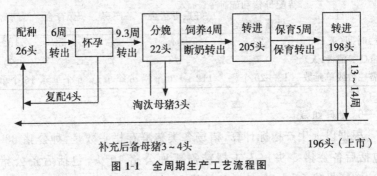

图 1-1　全周期生产工艺流程图

2. 猪群划分

按猪的不同生长阶段和生理特点,存栏猪可分为:种公猪、空怀母猪、妊娠母猪、哺乳母猪、后备种猪、保育仔猪及育肥猪。

3.猪舍设置

选留的后备公猪与种公猪设公猪舍,单栏饲喂(内设配种猪栏);为便于发情配种,设置待配猪舍与种公猪舍相邻,后备母猪与空怀母猪3~5头一栏小群饲养;配种28天的母猪仍留在待配猪舍,防止群养流产,确定妊娠后转妊娠舍。其他猪群均单独设猪舍。本场拟设待配舍、妊娠舍、产房、保育舍、后备猪舍和育肥舍。

4.饲养方式

种公猪单栏饲养;后备公猪2~3头一栏;后备母猪、空怀母猪、妊娠母猪小群饲养(3~4头);产房采用产床饲养;保育仔猪采用原窝发酵床群养,生长猪和育肥猪原则原窝或公母分群发酵床饲养。

5.转群方式

各猪群均按饲养日及时转群,时间傍晚进行。产房、保育舍、育肥舍均为单元式猪舍,按周实行"全进全出",其他猪不能"全进全出"则在转群后的空圈须彻底清洗、消毒后进下一批猪。

猪舍设置和猪群周转见表1-1。

表1-1 猪舍设置周期表

项目	待配母猪和配种母猪观察舍	妊娠母猪舍	产房	保育舍	育肥舍
占栏时间(天)	28	84	35	35	105
空舍(栏)消毒(天)	7	7	7	7	7
所需栏数或单元数	13~20 个栏	112~120 个栏	6 个单元	6 个单元	16 个单元

6.猪群组成

根据以上生产指标计算,猪场各类猪群存栏头数是:种公猪33头(包括后备公猪5头)(人工授精需要种公猪10头,包括后备公猪2头),空怀母猪55头(包括后备母猪20头),妊娠母猪335头,产仔母猪110头,保育仔猪990头,育成育肥猪约1 880头(按饲养10周计)。猪舍的设置除必须能容纳存栏猪外,还需考虑在猪转群后有7天左右的空圈消毒时间,故应多设一部分圈栏。各类猪群的占栏头数和需设圈栏数为种公猪舍 32 个栏(5 头后备公猪占 3 个栏,配种间 1 个栏),空怀母猪舍 16 个栏(每栏 4 头,余 3 个栏消毒),妊娠母猪 120 个栏(余 5 个单栏消毒),产房 6 个单元(每个单元 22 个产床),保育舍 6 个单元(每个单元 22 个保育床/11 个发酵床),育肥舍 16 个单元(每个单元 22 个栏/11 个发酵床)。

7. 工艺技术特点

(1)实行早期断奶技术。基本依据是母猪初乳中的抗体,可为仔猪提供足够的抵抗疾病的能力,并能阻断以后母猪传播的其他疾病。

(2)断奶日龄确定为 28 天,在猪群中仔猪的最大日龄达到 30 天时断奶,然后转移到清洁、温暖、干燥,并与其他猪舍完全隔离的猪舍。

(3)采用两点式的生产体系,即待配、妊娠、哺乳舍、仔猪保育为繁育单位,生长育肥为另一单位,二者互相隔离,各自作为一个封闭隔离的体系。

8. 主要生产周期

生产周期:配种到上市 38 周(怀孕 16 周+哺乳 4 周+保育 5 周+育肥 13 周)。

繁殖周期:16 周怀孕+4 周哺乳+1 周空怀+2 周生产无效期=23 周。

$$52 周 \div 23 周 = 2.25(胎)$$

生产指标:500 头母猪×2.25 胎/年=1 125 胎/年;1 125 胎/年÷52 周=22 胎/周;平均窝产活仔数 9.8 头,哺乳仔猪成活率 95%,每周断奶仔猪 22×9.8×0.95=205(头);保育成活率 97%,每周提供保育仔猪 198 头,育成猪成活率 99%,周提供育肥猪 196 头,全年提供肥猪 10 192 头。

繁殖节律:繁殖节律确定为 7 日制,即每周均有一批母猪配种、产仔、断奶和仔猪育成。7 日制的繁殖节律具有以下优点:第一,猪的发情周期为 21 天,恰好是 7 的倍数,7 日节律可减少空怀和后备母猪的头数;第二,可将繁育的技术工作和劳动任务安排在 1 周 5 天内完成,避开周六和周日;第三,有利于按周、按月、按年制订工作计划,建立有秩序的工作和休假制度,减少工作的混乱和盲目性。

三、繁育与饲养规模

1. 保育舍

年出栏 10 000 头育肥猪，每周 22 窝，每周断奶仔猪 205 头，保育 5 周，垫料堆积发酵 2 周，发酵床垫料厚度为 0.8 米，保育舍仔猪占地面积 0.8 米^2，保育猪舍面积 $(5+2)×205×0.8=1\ 148$（米^2），保育猪发酵床饲养密度为 0.5 米^2/头，则需发酵床面积 $(5+2)×205×0.5=717.5$（米^2）。

2. 生长育肥猪舍

生长育肥猪舍垫料：年出栏 10 000 头育肥猪，每周提供保育仔猪 198 头，育肥猪 13 周，垫料堆积发酵 7～10 天，垫料厚度 0.8 米，育肥猪占地面积按 1.5～2.0 米^2/头计算，育肥猪舍占地面积为 $=(13+2)×198×1.7=5\ 049$（米^2）。

3. 空怀母猪舍和后备母猪舍

空怀母猪和后备母猪猪舍垫料：空怀母猪和后备母猪占地面积一般为 2.5～3.0 米^2/头，其中发酵床区为 1 米^2/头。1 周空怀＋2 周生产无效期＝3 周，每周空怀母猪数为 22 头，则 $22×(3+1)×3.0=264$（米^2），发酵床区为 $22×(3+1)×1=88$（米^2）。

4. 妊娠母猪舍

妊娠母猪舍垫料成本：16 周怀孕，去掉 7 天配种期及 1 个发情期，实际应为 12 周，母猪占地面积按 2.5～3.0 米^2/头计算，则 $22×(12+1)×3.0=858$（米^2），发酵床区面积按 1.5～2.0 米^2，则 $22×(12+1)×1.5=429$（米^2）。

5. 种公猪舍

可采用水泥地面单圈饲养。每头种公猪占猪舍面积 12.0 米^2，饲养种公猪 33 头，建设面积 396 米^2。

6. 产房

产房 6 个单元（每个单元 22 个产床），采用床上产仔。每个单元的建筑面积应为 24 米×8.5 米,共建产房面积 24×8.5×6＝1 224(米²)。

7.土建工程方案

表 1-2　土建工程一览表

项目名称	每排建筑尺寸	排数	建筑面积 (米²)	发酵床面积 (米²)
仔猪保育舍	50 米×8.5 米×2.7 米	3	1 275	870
空怀母猪舍	50 米×8.5 米×2.7 米	1	425	290
妊娠母猪舍	50 米×8.5 米×2.7 米	2	850	429
生长育成猪舍	50 米×8.5 米×2.7 米	12	5 100	3 480
种公猪舍	50 米×8.5 米×2.7 米	1	425	
产房	50 米×8.5 米×2.7 米	3	1 275	
办公室			100	
生活区			100	
车库			100	
合计			9 650	5 069

8.主要机械设备方案

(1)母猪分娩舍内产床数:132 张。

(2)仔猪保育舍猪栏:66 套。

(3)生长育肥舍猪栏:176 套。

(4)怀孕母猪舍猪栏:120 套。

(5)空怀母猪和后备母猪:16 套。

(6)种公猪舍猪栏:32 套。

表 1-3　主要机械设备一览表

序号	名称	规格型号(长×宽)	数量(套)
1	产仔床	2 米×2.2 米	132
2	保育栏	2 米×2.2 米	66
3	生长育肥舍猪栏	4 米×3 米	176
4	怀孕母猪舍猪栏	4 米×3 米	120
5	空怀母猪和后备母猪猪栏	4 米×3 米	16
6	种猪舍栏	4 米×3 米	32

9.猪场人员编制及岗位职责

根据年出栏万头猪场的需求人员,可用 30 人左右:场长 1 人,生产场长 1 人,技术主管 1 人,兽医 1 人,司机兼采购 1 人,药房、化验、统计 1 人,会计、收发 1 人,食堂 1 人,门卫 1 人,防疫、消毒 2 人,饲料厂 3 人,配种舍 2 人,怀孕舍 2 人,分娩哺乳舍 4 人,保育舍 2 人,育肥舍 5 人,替班 1 人,粪污处理 1 人,维修 1 人。

四、原材料燃料供应

1.饲料供应

项目新增 530 头基础公母猪,每天每头猪消耗饲料 3 千克计算,新增项目日增消耗 1.59 吨饲料,年消耗 581 吨,年出栏 1 万头商品猪,每头 110 千克、料肉比 3.0∶1 计算,年消耗饲料 3 300 吨,年共新增消耗饲料 3 881 吨。

2.种猪供应

新增项目需基础母猪 500 头,种公猪 30 头,满足项目扩繁规模的要求。

3.药品供应

本项目的防疫工作,新增药品直接由原场统一采购,所需防疫设施兽医室均已具备。

4.秸秆、锯末供应

新增项目沼气调节碳氮比年需秸秆、锯末 500 吨,场区周边长期有大量作物秸秆供应,可以大量送货。

5.燃油供应

本项目用油主要用于车辆运输消耗,年需用油 5 吨,季节性采购,能够保障供应。

五、能耗指标及分析

1.能耗指标

(1)单位产品能耗指标 用电量最大估计为每头母猪0.35千瓦·时/天,全场年消耗67 707.5千瓦·时。

(2)单位产值消耗指标 按每头猪100千克,按每千克12元计算,收入1 200元,万元产值能耗为0.96/1 200=0.008(吨)标准煤。

2.能耗指标分析

从能耗指标分析,万元产值能耗为0.008吨标准煤,显然属于节能项目。

3.资源综合利用效果分析

本项目从两个方面进行资源综合利用,粪便、废水经过沼气工程,产生沼气能源18万米^3,用于燃气锅炉,折合标准煤100吨。产生的废水经处理后利用,节约水资源。

六、投资估算

1.建筑工程费

表1-4 建筑工程费用一览表

序号	项目名称	建筑面积(米^2)	单价(元)	总价(万元)
绿色生猪繁育与生态饲养				
1	仔猪保育舍	1 275	450	57.38
2	空怀母猪舍	425	450	19.13
3	妊娠母猪舍	850	450	38.25
4	生长育成猪舍	5 100	450	229.50
5	种公猪舍	425	450	19.13
6	发酵床	5 069	60	30.41
7	办公室	300	600	18.00

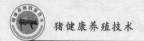

续表1-4

序号	项目名称	建筑面积（米²）	单价（元）	总价（万元）
8	实验室	200	600	12.00
9	锅炉房	100	600	6.00
小计		13 744		429.80
饲料加工厂				
10	加工总车间	150	600	9.00
11	贮料库	150	600	9.00
12	成品库	100	600	6.00
13	物料库	100	600	6.00
14	维修车间	60	600	3.60
15	地磅间	20	600	1.20
小计		580		34.80
场内硬化及绿化				
16	道路硬化	1 000	50	5.00
17	场区绿化	2 000	15	3.00
小计				8.00
合计				472.60

2.设备购置及安装工程费

表1-5　设备购置费用表

序号	名称	数量（套）	单价（元）	合计（万元）
绿色生猪繁育与生态饲养				
1	产仔床	132	1 800	23.76
2	保育栏	132	500	6.60
3	生长育肥舍猪栏	352	300	10.56
4	怀孕母猪舍猪栏	120	300	3.60
5	母猪单体采食设备	120	100	1.2
6	空怀母猪和后备母猪猪栏	16	300	0.48
7	种猪舍栏	32	300	0.96
8	人工授精设备	1	10 000	1.00
小计				48.18
饲料加工				
9	饲料加工设备	1	60.00 万元	60.00 万元

3. 引种费

引进 530 头杜洛克、鲁农 1 号等种猪，引种费 3 000 元/头，共计
159 万元。

4. 项目总投资估算及构成

本项目总投资 739.78 万元。主要包括：土建工程投资 472.60 万
元，设备投资 108.18 万元，引种费 159 万元。

七、财务分析

1. 财务评价的依据和原则

该项目经济评价采用国家计委、建设部《建设项目经济评价方法与
参数》(第 3 版)、国家计委颁布的《投资项目可行性研究指南》(试用版)
所规定的原则与方法进行。在市场分析、生产内容和规模、工程建设方
案和产品方案等基础上来进行项目的财务评价。

本项目财务评价只对新增内容进行，依据项目的特点，财务评价部
分主要包括财务估算、财务盈利能力分析、不确定性分析，最后给出财
务评价的结论。

本项目估算按照国家现行的会计制度以及增值税暂行条例和企业
所得税暂行条例等有关的法律和法规进行。

本项目财务基准收益率确定为 8%。

2. 财务估算

项目建设期为 12 个月，第 2 年正式投产，达到生产能力的 50%，
第 3 年完全达产(100%)，计算期共计 11 年。

3. 财务盈利分析

(1)销售收入估算 项目产品价格和服务是以项目地近 3 年内的
市场价为依据，参照近几年市场价格的变动趋势进行预测的，每年销售
1 万头 110 千克肥猪，毛猪 12.00 元/千克，每年售猪收入 1 320 万元。

(2)成本费用估算

①人员工资：新增人员由技术人员与操作人员组成。工资估算详

见表 1-6。

表 1-6　人员工资估算表

序号	人员种类	数量	工资定额（元/月）	金额（元/年）
1	技术人员	2	2 000	48 000
2	操作人员	26	1 000	312 000
3	管理人员	2	3 000	72 000
	合计	30		432 000

全年人员工资总额为 43.2 万元。

②燃料动力全年耗费（表 1-7）。

表 1-7　燃料动力耗费估算表

序号	项目	数量	单价（元）	金额（万元）
1	用水	2 万米³	3.5	7
3	用煤	20 吨	500	1
2	用电	67 707.5 千瓦·时	0.6	4.06
	合计			12.06

③饲料原料:扩建项目新增 530 头基础猪群,每天每头猪消耗饲料 3 千克计算,新增项目日增消耗 1.59 吨饲料,年消耗 580.35 吨,年出栏 1 万头商品猪,每头 110 千克、料肉比 3∶1 计算,年消耗饲料 3 300 吨,年共新增消耗饲料 3 880.35 吨。所需饲料为本基地饲料厂配制,每千克饲料需要原料成本 2.5 元,共计需饲料原料总成本约 970 万元。

④防疫费用:基础母猪每头按照每年防疫费用 30 元/头计算,年防疫费用 1.59 万元,出栏猪每头按照每年防疫费用 10 元/头计算,年防疫费用 10 万元,共计 11.59 万元。

⑤秸秆:用于沼气池调节碳氮比,每年消耗秸秆量 500 吨,每吨 200 元,总计 10 万元。

⑥发酵菌种引进每年 2 吨,每吨 1.5 万元 ,共计 3 万元 。

⑦引种费分摊:引种费共计 159 万元,分摊年限按照 5 年计算,每年分摊 31.8 万元。

⑧土建工程投资 458.3 万元,设备投资 72.22 万元,共计 530.52 万元。土建工程建筑按 50 年分摊,每年分摊 9.17 万元;设备投资按 20 年分摊,每年分摊 3.61 万元。合计每年分摊 12.78 万元。

(3)项目损益分析 在经济效益计算期内,项目运行期年销售收入 1 320 万元,项目年总成本费为 1 094.43 万元,达产年利润额为 225.57 万元。

第二节　生猪饲养生产成本

反映生猪饲养成本的指标主要有生产成本、总成本和单位成本。

在实际生产中,根据生猪饲养的特点以及不同的核算方法,生猪饲养成本有生产成本和总成本之分。

一、生猪饲养生产成本

生猪饲养生产成本是指生猪饲养过程中发生的各项物质与服务费用和人工支出之和。

生猪饲养产值＝直接物质费用＋间接物质费用＋人工成本＋净利润
＝生猪饲养生产成本＋净利润

二、生猪饲养成本

生猪饲养成本是指生猪饲养经营过程发生的全部支出,包括生猪饲养生产成本、土地成本。其中生产成本中含有与生猪饲养经营活动有关的流动资金的借款利息。生猪饲养成本不仅包括了生猪饲养过程中所消耗的所有物化劳动（C）和活劳动（V）,而且也包括了所有土地的

价格。如果用 M_1 和 M_2 分别表示土地成本和利润,则生猪饲养价值 W 可表示为:

$$生猪饲养价值 W = C + V + (M_1 + M_2) = (C + V + M_1) + M_2 =$$
$$育肥猪成本 + 净利润$$

三、现代生猪饲养成本

随着社会主义市场经济不断发展和完善,无形资产成本、质量成本、交易成本的发生额将逐渐增大,为了正确反映其增减变化情况,需单独列项对其进行反映。至于环境成本,由于长期以来受环境资源无价值理论的影响,一直未包含在生猪饲养成本核算中。事实上,根据环境经济学的理论,生猪饲养业生产系统是一个由生猪饲养业经济系统和生猪饲养业环境系统耦合而成的复杂系统,人类在这一复杂系统中的活动具有两面性,既影响生猪饲养业经济产生生猪饲养业经济效益,又影响生猪饲养业环境系统产生生猪饲养业环境效益,而生猪饲养业环境效益往往表现为负效益。人类的生猪饲养产业生产活动是在取得的生猪饲养业经济效益的同时也伴随生猪饲养业环境的负效益。而作为一个生猪饲养生产者,只关心生猪饲养业生产的经济效益是不够的,因为作为一个完整的生产过程与生猪饲养经济效益相伴的生猪饲养业环境负效益在一定程度上抵消了生猪饲养业的部分价值。因此,从生猪饲养业市场观点有必要把生猪饲养业经济效益和其相伴的负的环境效益当作一个整体来看待。生猪饲养业生产者有权享用由其生产活动所产生的经济效益,也有义务承担由其生产活动所产生的负的环境效益。这种负的环境效益即为生猪饲养业生产的环境成本,将其列入产品成本中,才能得到补偿,以避免环境的恶化,确保生猪饲养业的可持续发展。

现代生猪饲养成本不仅包括生猪饲养过程中所消耗的所有物化劳动(C)和活劳动(V),而且也包括所用土地的价格、环境成本、质量成本和交易成本。如果用 M_1 表示土地成本，M_2 表示环境成本、质量成本和交易成本，M_3 表示利润，则生猪饲养价值 W 可表示为：

$$W = C + V + (M_1 + M_2) + M_3 = (C + V + M_1 + M_2) + M_3 =$$
育肥猪成本＋净利润

第三节　生猪饲养成本要素的确认与计量

一、生产成本各构成项的确认和计量

1. 直接费用

（1）仔猪进价　指购买或自育的仔猪的费用。购进的仔猪按实际购进价格加运费计算；自繁自育的按照同类产品市场价格计算或实际饲养成本核算。仔猪与产品成本未分开核算的，在计算仔猪进价后应当将仔猪饲养费用从产品成本中予以剔除，以免重复计算。外购的仔猪按购进时的重量计算（批量购买的按平均重量计算），其中仔猪一般不应超过 35 千克。

（2）精饲料费　精饲料费指实际耗用精饲料的费用。精饲料包括：粮食、豆类、配合饲料、混合饲料、麸皮、豆粕（饼）类、饲料添加剂和添加物等。精饲料费用计算办法为：购进的饲料按照实际购进价格加运费计算，自产的按照正常购买期市场价格计算。精饲料数量指实际耗用的各种精饲料的实物数量。耗粮数量指耗用的各种精饲料折成粮食（贸易粮）的数量，精饲料折粮方法是：大米、小麦、玉米按实际耗粮数量计算；稻谷、面粉、米糠、豆粕、红薯等按统一规定的折粮率计算；混合饲料、配合饲料按含粮比例计算；非粮食类精饲料或含粮比例极小的精饲料，其数量不计入耗粮数量。

（3）青粗饲料费　青粗饲料包括实际耗用的野生采集植物、秸秆粉碎物及种植养殖的各种青粗饲料。购进的按实际购进价加运杂费计算，自产、采集的按照市场价格计算，难以取得市场价格的按照实际发生的费用或市县成本调查机构统一规定的价格计算。

（4）饲料加工费　指由他人加工饲料的费用。生产者自己加工饲料的，如加工饲料的数量较少，可视同由他人加工，并参照当地由他人加工饲料的平均费用计算；如加工饲料的数量较多，经营者自己及其雇工加工饲料时发生的支出分别计入相关费用和用工中，不计入饲料加工费。

（5）水费　指生产过程中加工饲料、清洗和饮用等用水作业而实际支付的水费。

（6）燃料动力费　指生产过程中实际耗费的煤、油、电力、燃气、润滑油及其他动力的支出。包括电费、煤费及其他燃料动力费。其中，电费指在生产过程中使用机械、防寒保暖、生产照明等实际耗用的电费支出。煤费指在生产过程中防寒保暖等实际消耗的煤费支出。

（7）医疗防疫费　指在用于治疗疾病、防疫注射疫苗、场地猪舍消毒等发生的费用支出。

（8）死亡损失费　指按照当年猪场正常饲养条件下实际死亡率计算的损失费。

（9）技术服务费　指生产者实际支付的与该产品饲养过程直接相关的技术培训、咨询、辅导、诊断等各项技术性服务及其配套技术资料的费用。不包括购买的饲养技术方面的书籍、报刊、杂志等费用及上网信息费等（这些费用应计入管理费中）。

（10）工具材料费　指生产过程中所使用的各种工具、原材料、机械配件以及低值易耗品等材料的支出。金额较大且使用一年以上的，可以按使用年限分摊。

（11）修理维护费　指当年修理维护用于饲养业的各种机械、设备和生产用房等发生的材料支出和修理费用。应由多业或多品种共同分摊的费用，按照产值或工作量分摊。大修理费按照预计下一次大修理之前的年限平均分摊。生产者自己修理的用工计入家庭用工费。

(12)其他直接费用 指与生产过程有关的未包括在上述各项之中的费用,以及应计入成本的不用分摊的费用支出。

2.间接费用

(1)固定资产折旧 固定资产是指单位价值在100元以上,使用年限在1年以上的生产用房、建筑物、机械、运输工具、沼气池以及其他与生产有关的设备、器具、工具等。购入的固定资产原值按购入价加运杂费及税金等计价;自行营建的固定资产原值按实际发生的全部费用计价。固定资产按分类折旧率计提折旧。饲养业各类固定资产参考折旧率为:生产用房和永久性栏棚8%,简易棚舍(猪舍)25%,机械设备、动力设备、电气设备、运输工具等设备12.5%,其他固定资产折旧率均按20%计算。租赁承包经营的,承包费中已包括原有固定资产折旧的,不应计提折旧,只计提经营者新购置的固定资产折旧。生猪饲养业固定资产折旧按照其会计报表数据填报。

(2)税金 指生产者缴纳的产品税、销售税、屠宰税等各种税金支出,结合产量或产值在纳税产品上分摊。

(3)保险费 指生产者购买农用保险所实际支付的保险费,按照保险类别分别或分摊计入有关品种。

(4)管理费 指生产者为组织、管理生产活动而发生的支出,包括与生产相关的书籍、报刊费、差旅费、市场信息费、上网费、会计费(包括记账用文具、账册及请人记账所支付的费用)以及上缴给上级单位的管理费。生猪饲养企业的管理费根据其会计报表据实填列。

(5)销售费 指为销售商品所发生的运输费、包装费、装卸费、差旅费和广告费等。生产者自己或其家庭成员在销售产品过程中发生的用工计入家庭用工;雇用他人销售产品的,支付的费用计入销售费。

(6)财务费 指与生产经营有关的贷款利息和相关手续费等。

3.人工成本

人工成本指生产过程中直接使用的劳动力成本。包括雇工费用和家庭用工作价两部分。

用工数量指生产过程中生产者(包括家庭成员)和雇佣工人直接劳

动的天数。用工数量使用"标准劳动日"为计量单位。标准劳动日指一个中等劳动力正常劳动 8 小时的工作量。用工数量按劳动性质划分为家庭用工天数和雇工天数。

用工数量（日）＝各类劳动用工折算成中等劳动力的总劳动小时数/8 小时
＝家庭用工天数＋雇工天数

雇工费用是指引雇用他人（包括临时雇用工和合同工）劳动（不包括租赁作业时由被租赁方提供的劳动）而实际支付的所有费用，包括支付给雇工的工资和合理的饮食费、招待费等。短期雇工的雇工费用按照实际支付总额计算；长期雇请的合同工（1 个月以上），先按照该雇工平均月工资总额（包括工资及福利费等）除以 30 天计算得出其日工资额，再根据其从事该产品生产的劳动天数计算得到其雇工费用。

雇工天数是指雇用工人劳动的总小时数按照标准劳动日折算的天数。

雇工天数＝雇用工人劳动的总小时数/8 小时

雇工工价是指平均每个雇工劳动一个标准劳动日（8 小时）所得到的全部报酬（包括工资和合理的饮食费、招待费等）。

雇工工价＝雇工费用/雇工天数

家庭用工是指生产者和家庭成员的劳动、与他人相互换工的劳动以及他人单方无偿提供的劳动用工。

家庭用工天数是指家庭劳动用工折算成中等劳动力的总劳动小时数按照标准劳动日折算的天数。

家庭用工折价是指生产中耗费的家庭劳动用工按一定方法和标准折算的成本，反映了家庭劳动用工投入生产的机会成本。

家庭用工折价计算公式为：

家庭用工折价＝劳动日工价×家庭用工天数

劳动日工价是指每个劳动力从事一个标准劳动日的农业生产劳动

的理论报酬,用于核算家庭劳动用工的机会成本。

二、总成本各构成项的确认和计量

总成本是指生产过程中耗费的资金、劳动力和土地等所有生产要素的成本,由生产成本、土地成本和环境成本三部分构成。

1. 生产成本

生产成本的确认和计算量如上所述。

2. 土地成本

土地成本是指生产者为获得饲养场地(包括土地及其附属物,如猪舍、养鱼池等)的经营使用权而实际支付的租金或承包费。以实物形式支付的按支付期市场价格折价计入,每年支付的按当年实际支付金额计算,承包期一年以上而一次性支付租金或承包费的按年限分摊后计入。承包后的场地用于多业或多品种经营的,租金或承包费应先按各业分摊,饲养业应分摊部分再按产值或饲养数量(养殖面积)在各品种之间分摊。不在承包场地上饲养的品种不要分摊租金或承包费。

饲养业土地成本是按照实际发生的租金或承包费计算的。和种植业不同,饲养业中未支付费用的土地不计入土地成本。散养猪一般没有土地成本。规模户因为规模较大,占地面积多,可能会发生一部分土地转包费或租金。但许多国有大型养猪场所占的土地是国家无偿划拨的,可能没有发生土地成本。另外,饲养场地承包费按照指标定义应当计入土地成本,不应计入管理费。如果饲养场地承包费性质很明确,但企业财务报表中已列入管理费的,应当从管理费中分离出来,计入土地成本。

3. 环境成本

长期以来,人们以为环境不是人类劳动的产物,而是自然界千百年长期演变的产物,故其只有使用价值而无价值,从而忽略了环境资源的利用和保护,即耗费与补偿的统一,导致了许多环境问题。事实上,环境资源是有价值的。商品价值和生态环境价值是人们的社会必要劳动

结合与不同的对象和系统的表现,当人们的社会必要劳动与商品相结合时,就表现为商品价值;当其与生态环境系统结合时,就表现为生态环境价值。

在生猪饲养过程中的饲料残渣,生猪排放的粪尿等会使土地、水体、空气受到污染,其反过来又直接影响生猪饲养。在饲养生猪的同时也会产生表现为负效益的环境价值,即农业环境资源的消耗。环境资源的消耗同样需要得到补偿,否则,就会引起环境恶化,进而影响农业生产。所有农业生产过程中所产生的环境价值的减少,或环境资源的耗费同样应纳入成本项目中进行核算,以体现成本的耗费性和补偿性的统一。

农业环境成本是指与农业生产经营活动造成的环境资源恶化或潜在恶化有关的成本,用于表现经济过程环境恶化所付出的代价。如猪粪便尿给周围的环境造成污染,使农业生产环境恶化,对农业生产环境产生不利影响,产生具有负效益的环境价值即农业环境成本。为了使由于农业生产不当所引起的恶化环境得到恢复,就需要发生相应的费用支出,这些费用作为生猪饲养价值的组成部分,用于补偿由于生猪饲养不当引起的环境成本。

在美国,农场动物每年产生粪便 20 亿吨,是人粪便的 10 倍,其中一半来自工厂化农场。据资料,1 头猪日排泄粪尿 6 千克,是人排泄量的 5 倍。按此计算,一头猪年产粪尿可达 2.5 吨。如果采用水冲式清粪,1 头猪日污水排放量约为 30 千克,1 000 头猪场日排泄产生污水达 30 吨,年排污水 1 万多吨。有限的农田无法承受大量的有机物,加上成本的提高,农民也不愿意将猪粪尿等运到耕地里去。另据台湾资料,每生产 1 千克猪肉,这个世界上就会增加 67 千克粪便和污水。另外,生猪饲养还会产生诸如臭气、水体的富营养化、传播人畜共患疾病等问题。由于饲料添加剂的滥用、误用及不合法使用所带来的不良后果,造成对环境的影响。

对环境成本的具体数据,可按照下列方法进行估算:

(1)粪便、污水所产生的环境成本 据估算,每生产 1 千克猪肉,就会增加 67 千克粪便和污水。据统计,2005 年底,我国 36 个大中城市污水处理费 0.54 元/吨,所以估算生产每千克猪肉所产生的环境成本为 0.04 元。

(2)饲料添加剂所产生的环境成本　由于没有相关的统计资料,无法进行估计,但它对人类的身体健康的伤害近几年趋于增长的势头,是目前每个公民都关注的一个重要话题。

每核算单位总成本＝每核算单位生产成本＋每核算单位土地成本
　　　　　　　　＋每核算单位环境成本
　　　　　　　　＝每核算单位物质和服务费用＋每核算单位人
　　　　　　　　工成本＋每核算单位土地成本＋每核算单位
　　　　　　　　环境成本

每 50 千克总成本＝总成本÷每头生猪重量(千克)×50 千克生猪重量
　　　　　　　　＝总成本÷(每头主产品产量＋副产品产值/50 千
　　　　　　　　克主产品平均出售价格)×50 千克生猪重量

三、成本的核算

根据成本项目核算出各类猪群的成本后,并计算出各猪群头数、活重、增重、主副产品产量等资料,便可以计算出各猪群的饲养成本和产品成本。在养猪生产中,一般要计算猪群的饲养日成本、增重成本、活重成本和主产品成本等,计算公式如下:

$$猪群饲养日成本 = \frac{猪群饲养费用}{猪群饲养头日数}$$

$$断奶仔猪活重单位成本 = \frac{断奶仔猪群饲养费用}{断奶仔猪总活重}$$

$$商品瘦肉猪单位增重成本 = \frac{肉猪群饲养费用 - 副产品价值}{肉猪群总增重}$$

$$\frac{\text{该猪群仔猪和肉}}{\text{猪活重单位成本}} = \frac{\text{初活重总成本＋增重总成本＋购入总成本－死猪残值}}{\text{期末存栏活重＋期内离群猪活重(不包括死猪重)}}$$

$$\text{主产品单位成本} = \frac{\text{各群猪的饲养费－副产品价值}}{\text{各群猪产品总产量}}$$

第四节　规模化养猪的经济效益分析

　　规模化养猪的经济效益大小取决于产出与投入的比例。产出比例与经济效益成正相关；投入比例与经济效益呈负相关。经济效益＝产出－投入，从这个式子可以看出：猪场要实现经济效益的最大化，一方面要做到产出最大；另一方面要做到投入最小。产出、投入、经济效益在企业财务分析中分别称之为收入、成本、利润。

　　总利润＝销售收入－生产成本－销售费用－税金±营业外收支净额

　　对养殖规模相对稳定的猪场来说，所取得收入的多少主要取决于生猪销售单价。而生猪销售单价既不是由生猪的饲养者决定的，也不是由猪肉的消费者决定的，而主要是由生猪的市场供求关系决定的。在生猪市场上若供给大于需求，生猪价格就下跌；若需求大于供给，生猪价格就上升。所以，要想真正实现养猪经济效益的最大化，最根本、最有效的做法就是尽最大可能地减少各种浪费，节约成本，做到养猪成本的最小化。

一、影响规模化养猪的经济效益因素分析

　　对于任何一个规模化猪场来讲，能否实现养猪经济效益的最大化，关键在于能否做得养猪成本的最小化。

1. 猪场管理

首先是对人（即企业员工）的管理。长期的实践证明，在人和物的关系中，人是生产的主体，是主动、决定的因素，是企业生存和发展的内在动力。俗话说"事在人为"，把人管好了，事也就做好了，精明的管理者都明白这个道理。他们会采取各种手段和措施，极大地调动员工的工作热情，充分提高员工的劳动积极性，做到"人尽其才"。这样一方面可以提高员工的工作效率，节约了人工成本；另一方面也可以减少一些不必要管理费用的发生。

其次是对猪的饲养管理。饲养管理好的猪场，可以节约饲料，避免饲料浪费，使投入的饲料最大限度转化为猪只的增重；饲养管理好的猪场，猪病发生的少，既可以节省疫苗购置费用，又可以节约常规预防用药费用和治疗用药费用。据报道，饲养管理不善，饲料选用不当，使料肉比提高 0.2，每头出栏猪用料就会增加 20 千克，增加成本 30 元；猪群发病，药费每头猪增加 10 元。

2. 饲喂的饲料

饲料是养猪的基础，是养猪成败的关键因素。一般情况下，饲料费用占养猪成本的 70%～80%，所以怎样合理地选择、利用、开发饲料，提高饲料报酬率，降低耗料率，对提高养猪的经济效益起到决定性的作用。

3. 饲养猪的品种

品种是提高养猪经济效益的首要条件，品种的好坏直接决定了猪的生产性能、饲料消耗量、饲养周期和料肉比等。众多试验表明，饲养优良的杂种猪，可使母猪每窝断乳仔猪增加 1～2 头，增重提高 10%～30%，饲料利用率提高 10%～15%。好的品种如大约克、长白猪等比本地猪生长速度快、饲养周期短，可提高经济效益 10%～12%。

4. 防疫

规模化猪场一旦暴发疫情，定会造成重大的经济损失，甚至是灭顶之灾。纵观现有的规模化养猪场，普遍存在防疫观念淡薄的问题，防疫工作仍然是盲目性、随意性、侥幸性，不少场一年四季猪群疫病不断，此起彼伏,年年如此,反反复复,在经历若干年之后不得不将猪场关闭,损失是惨重的,教训也是深刻的。养猪业者总是把注意力盯在猪价上,认为猪价是猪场能否盈利的决定因素,其实不然。如果具体到一个存栏500头母猪、月均出栏800头商品猪的猪场,冬季的一个流行性腹泻,造成的直接损失就是40万元;而猪价如果每千克降1元,100千克的猪降100元,800头商品猪因降价月均损失8万元,仅相当于流行性腹泻造成损失的五分之一。

二、提高规模化养猪经济效益的有效措施

规模化养猪场在市场经济中,要使自己立于不败之地,就要降低养猪生产成本与提高经济效益,需从几个方面来抓,即提高饲料利用率、提高母猪单产和经营管理水平,要想实现养猪经济效益的最大化,只能想方设法,降低消耗,提高效率,避免浪费,节约成本。具体措施如下:

1.加强人力资源的管理,调动员工的劳动积极性,提高劳动生产率

随着市场竞争的日益激烈,"人才第一"的理念已成为企业家们的共识。任何一个规模化猪场都应高度重视人力资源的重要性,重视员工的招聘、教育培训及合理使用;应科学运用美国心理学家马斯洛的"需求层次理论",贯彻物质利益激励和精神激励相结合的原则,采取多种激励措施;应合理制定劳动定额;应健全劳动制度。只有这样,才能极大地提高员工的劳动积极性、主动性、自觉性;才能建立和保持一个有效率、有活力、有潜力的员工队伍;才能成为商战上的"常胜将军"。

2.加强对猪群的饲养管理,减少饲养费用

规模化养猪一定要配备有畜牧专业人才,按照猪的不同用途和不同生长发育阶段,合理配制饲料,实行分栏分群饲养,定时定量定质饲喂,重视环境卫生,调教吃料、睡觉、大小便三角定位,注意冬春保暖,夏季防暑降温,保持饮水清洁卫生和足量供给。只有做到科学的饲养管理,才能降低猪的发病率、死亡率,降低饲料消耗;才能提高仔猪的成活率和生长速度,缩短饲养周期,节约饲养成本。

3.选择优良品种,保证种猪的品质

规模化养猪场一定要建立起自己的种猪繁育群,走自繁自养的道路。许多新办猪场,从市场或仔猪饲养户收购大批仔猪进行育肥,一方面加大成本,另一方面所购仔猪品种良莠不齐,个体差异大,防疫没有保障,发病率高,死亡率高,出栏时间又集中,一旦出栏时价格大幅度下跌就会造成不可挽回的损失。如果自繁自养就可避免这些问题,应特别注意的是种猪必须来自畜牧主管部门认定的正规种猪场,经过严格选育的优良的核心群生产的后备种猪,以确保商品肉猪品质。

4.灵活运用饲养标准,合理搭配饲料

由于猪饲料价格较高,所以要因地制宜,合理利用当地饲料资源,降低饲料成本,同时要根据不同生理阶段调整饲料配方,减少不必要的饲料浪费。可以收集优质饲草粉碎喂猪,利用优质秸秆发酵饲喂猪,效果都很好。做到精料精喂,粗料细喂,定质、定量、定时、定温,少给勤添、间隔均匀,不要突然改换饲料,不喂霉败变质、含化肥农药、有毒有害及被病死畜污染的饲料。这些做法都可以提高饲料报酬率,节约饲料成本。

5.加强防疫,坚决杜绝恶性传染病的发生

规模化养猪必须长期坚持“预防为主、防重于治”的方针,只有努力做到猪群健康无病,才能实现规模养猪最大的经济效益。一是要配备专职兽医,绝不可有病乱投医;二是要建立定期的医疗巡视制度,教育饲养管理人员发现异常,及时报告;三是要制定科学有效的免疫程序;四是要加强卫生管理,严格执行消毒制度;五是要做好定期模式化驱虫工作;六是要对尚无疫苗可利用或虽有疫苗但免疫效果不理想的一类疾病,及时采用药物防治的办法加以有效控制;七是要改变传统观念,实现从治疗兽医向预防兽医、保健兽医的转变。

随着人们生活水平不断提高和改善,对猪肉的消费将持续增长,使养猪业成为最具发展潜力的产业。而规模化养猪又是养猪业今后的发展趋势,因此,规模化养猪场只要能够认真分析和研究影响规模化养猪经济效益的各种因素,把握和控制好这些因素,切实采取能够使经济效益提高的有效措施,养猪前景还是光明的。

思考题

1.如何定义生猪饲养成本?

2.养猪成本如何进行核算?

3.如何对规模化养猪的经济效益进行分析?

4.如何提高你的猪场的经济效益?

5.根据本章所学知识,试对你的猪场某一个月份或某一年度的经营情况进行分析。

健康养殖致富技术

第二章

猪的优良品种与资源利用

导　读　本章首先定义了良种的概念、含义;介绍了我国地方猪种的名称与原产地、分类以及优良遗传特性,然后对代表性地方良种猪进行了描述;在讨论国外引入猪种的种质特性的基础上,对 4 个主要品种进行了介绍;另外,介绍了我国最新培育的品种(配套系)。通过比较我国地方猪种与引进猪种之间的种质特征,来进一步了解我国地方猪种的优良特性,以便将来能够更好地进行资源开发和利用。

第一节　良种的概念、含义

一、良种的概念和含义

通常所说的良种有两层含义:一是优良品种;二是优良种猪,即从优良品种中培育出来的优良种猪。优良品种和优良种猪是密不可分的,有了优良品种才能培育出优良种猪;如果一个优良品种没有优良的种猪,则不能发挥优良品种应有的作用。只有二者结合起来,既是优良品种,其种猪质量又极好,才能称其为真正的良种。具体而言,良种猪是指生产性能突出、遗传稳定,而且适应当地生产环境、适合当时社会和市场消费需求的优秀猪种。

自我国从国外引进猪种以来,人们对良种的概念就产生了误解。在很长一段时间里,人们差不多都认为进口猪种(包括大约克、长白、杜洛克、皮特兰等)才是"良种",而我国的地方猪种为"劣种"。毫无疑问,在过去 30 多年来,国外猪种在我国的推广和应用,确实对我国养猪业的发展,尤其是在提高生长速度、瘦肉率、产肉量等方面作出了重要的贡献。但是,我国是世界第一养猪大国,地方猪种资源丰富,1986 年《中国猪品种志》和联合国粮农组织(FAO)统计,我国现有地方猪种 48 个,是世界上猪种资源最丰富的国家,占全球猪种的 34%。而随着社会的发展和人民生活水平的提高,中国人对猪肉产品的消费发生了结构、品质、安全、有机等方面的变化和进步,人们不再满足于能吃到猪肉、吃瘦肉;而是要求猪肉味道鲜美、口感细嫩、营养高,还要求无药物残留、绿色安全。所有这些,正是进口品种无法达到的。由于上述的变化,使得我国养猪业的内涵也发生了较大的变化,中国的地方猪肉、野猪肉成了市场的宠物,消费层面不断扩展,消费量不断上升。及此,谁敢说中国没有良种猪、中国地方猪不是良种猪?

我国养猪业发展到今天,不能再只称国外猪种为良种了,在国内、在国外具有特定和广泛消费市场的中国地方猪也是良种。利用我国地方猪种资源培育新品种(或品系),在猪肉品质、繁殖性能、适应性和抗病力等方面都要优于国外猪种,而这些优秀的中国良种猪也势必将进一步推动我国养猪事业的发展、进一步满足我国未来消费市场的需求。

二、良种猪应具备的条件

1. 生长发育快

猪的生长发育主要看体重、体尺的增长,体格要大,体型均匀。凡选留作种猪者其体重和体尺均要求在全群平均数以上。在良好的条件下,后备猪生长发育迅速,成年猪体格大,育肥期增重快。

2.屠宰率和胴体瘦肉率高

屠宰率较高,背膘薄,眼肌面积大,腿臀比例大,胴体瘦肉率高。

3.繁殖性能高

要想普遍提高猪群质量,优良种猪必须具有较高的繁殖性能,以不断更新低产猪群,为生产猪群提供更多的优良种猪,为养猪生产带来更多的效益。繁殖性能主要是指受胎率、产仔数、产活仔数、初生窝重、泌乳力和断奶窝重等。

4.肉质优良

主要包括肉色、系水力、pH 值、大理石纹、肌内脂肪含量、氨基酸含量等指标。无 PSE(即肉色灰白、质地松软和渗水的劣质肉)和 DFD肉(即肉色暗红、质地坚硬、表面干燥的干硬肉)。

5.遗传性稳定

优良种猪不仅本身生产性能要高,还要具有稳定的遗传性能,能将本身优良性能稳定地遗传给后代。

6.抗应激和适应性强

优良种猪应对周围环境和饲料条件有较强的适应能力,尤其是对饲料营养应有较高的利用转化能力。另外,应具有较好的抗寒性、耐热性、体温调节机能及抗病力、无应激综合征(PSS)等。

第二节　我国主要地方猪种

我国幅员辽阔,自然生态环境复杂多样,社会经济条件差异很大。几千年来,在这些复杂多样的生态环境和社会经济条件作用下,经我国劳动人民的精心选育,逐渐形成了丰富多彩的地方猪种资源。据 1986年《中国猪品种志》和联合国粮农组织(FAO)统计,我国现有地方猪种

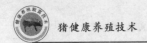

48个(表2-1),是世界上猪种资源最丰富的国家,占全球猪种的34%。

表2-1 我国地方猪种名称及原产省份一览表

(引自张仲葛等,中国猪品种志,1986,上海科学技术出版社)

类型	猪种	产地	类型	猪种	产地
华北型	民猪	辽宁、吉林、黑龙江	华中型	宁乡猪	湖南
	八眉猪	陕西		湘西黑猪	湖南
	黄淮海黑猪	江苏、安徽、山东、		大围子猪	湖南
		山西、河南、河北、		华中两头	湖南、湖北、江西、
		内蒙古		乌猪	广西
	汉江黑猪	陕西		大花白猪	广东
	沂蒙黑猪	山东		金华猪	浙江
华南型	两广小花猪	广东、广西		龙游乌猪	浙江
	粤东黑猪	广东		闽北花猪	福建
	海南猪	海南		嵊县花猪	浙江
	滇南小耳猪	云南		乐平猪	江西
	蓝塘猪	广东		杭猪	江西
	香猪	贵州、广西		赣中南花猪	江西
	隆林猪	广西		玉江猪	江西、浙江
	槐猪	福建		武夷黑猪	江西、福建
	五指山猪	海南		清平猪	湖北
江海型	太湖猪	江苏、浙江、上海		南阳黑猪	河南
	姜曲海猪	江苏		皖浙花猪	安徽、浙江
	东串猪	江苏		莆田猪	福建
	虹桥猪	浙江		福州黑猪	福建
	圩猪	安徽	西南型	荣昌猪	重庆
	阳新猪	湖北		内江猪	四川
	台湾猪	台湾		成华猪	四川
高原型	藏猪	西藏、云南、甘肃、		雅南猪	四川
		四川		湖川山地猪	湖北、湖南、四川
				乌金猪	云南、贵州、四川
				关岭猪	贵州

注:福建黑猪和沂蒙黑猪含有一定的外血。

这些地方猪种具有繁殖力高、抗逆性强、肉质好、对周围环境高度适应等优良种质特性,是祖先留下的一笔极其宝贵的财富,它们不仅对我国,而且对世界养猪业的发展作出了重要的贡献,是我国养猪业可持续发展的基石和保障。

一、中国地方猪种类型及其特点

我国地方猪种按其体型外貌特征和生产性能,结合其起源、地理分布和饲养管理特点、当地的农业生产情况、自然条件和移民等社会因素,大致可分为下列六种类型(图 2-1 和表 2-1)。

图 2-1　中国地方猪种类型分布示意图

(张仲葛等,中国猪品种志,上海科学技术出版社,1986)

(一)华北型

1.地理分布

主要分布于秦岭、淮河以北的广大地区,包括东北三省、内蒙古、山西、河北、山东、新疆、宁夏全省,河南和甘肃的大部分地区以及陕西、湖

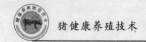

北、安徽、江苏四省的北部地区和青海的西宁市、四川广元市附近的部分地区。

2. 体型外貌

体躯高大,体质健壮,骨骼发达。毛色多为全黑,偶尔在末端出现白斑。头较平直,嘴筒长,便于掘地觅食,耳大下垂,额间多纵行皱纹,背狭而长直,四肢粗壮,乳头8对左右。

3. 猪种特点

抗寒力强,毛长而密,鬃毛粗长,冬季密生棕色绒毛。繁殖性能良好,窝产仔数多在12头以上。

4. 猪种情况

华北型猪种的分布地区历史上以饲养马、牛、羊为主,猪的数量较少,且母猪繁殖中心多位于交通便利的平原或丘陵地区,猪群流动较大,因而猪种的数量较少。属此类型的猪种有民猪、八眉猪、黄淮海黑猪、汉江黑猪和沂蒙黑猪。

(二)华南型

1. 地理分布

主要分布于云南省的西南部和南部边缘、广西壮族自治区和广东省偏南的大部分地区、福建省的东南角和台湾省等地。

2. 体型外貌

体躯偏小,体型丰满,骨骼细小。皮薄,毛色多为黑白花,在头、臀部多为黑色,腹部多白色。头较短小,面侧稍凹,耳小上竖或向两侧平伸,背宽阔下陷,腹大下垂,臀较丰圆,四肢开阔而粗短多肉,乳头5~7对。

3. 猪种特点

早熟,易肥,体质疏松。繁殖力相对较低,每胎产仔6~10头。早期生长发育快,上市体重不大,肉质细嫩。

4. 猪种情况

包括滇南小耳猪、香猪、两广小花猪、海南猪、五指山猪、槐猪和桃源猪。

(三)华中型

1.地理分布

主要分布于大巴山和武陵山以东、长江南岸到北回归线之间的广大地区,包括江西和湖南全省、湖北和浙江南部以及福建、广东和广西的北部,安徽和贵州也有局部分布。

2.体型外貌

体躯较华南型猪大,一般呈圆桶形。体型与华南型猪种相似,体质疏松,骨骼较细,性情温顺。被毛稀疏,毛色多为黑白花或两头黑,少数为全黑色。头较小,耳较大而下垂,额部横纹较明显,背较宽且下陷,但下陷程度不及华南型猪,腹大下垂,四肢较短,乳头多为6～8对。

3.猪种特点

生产性能一般介于华北型猪和华南型猪之间。繁殖性能中等偏上,每窝产仔10～13头。生长相对较快,经济成熟期早。肉质细嫩,品质优良。

4.猪种情况

华中地区境内多丘陵山地,易形成多个隔离的母猪繁育中心,而且当地群众选育经验丰富,育成了较多的地方猪种,包括宁乡猪、湘西黑猪、大围子猪、大花白猪、清平猪、乐平猪、杭猪、赣中南花猪、玉江黑猪、武夷黑猪、南阳黑猪、皖浙花猪、闽北花猪、莆田猪、福州黑猪、嵊县花猪、龙游乌猪、金华猪和华中两头乌猪。

(四)江海型

1.地理分布

分布于华北型和华中型分布区之间的狭长过渡地带,包括长江中下游沿岸、东南沿海地区和台湾省东部的沿海平原。

2.体型外貌

皮厚而松软且多皱褶,额部多菱形或寿字形皱纹,耳大而下垂,背

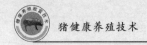

腰稍宽,平直或微凹,腹大,骨骼粗壮。毛色自北向南由全黑逐渐向黑白花过渡,乳头一般8～9对。

3.猪种特点

繁殖力很高,成年母猪平均产仔数在13头以上,个别猪产仔数甚至超过20头。易沉积脂肪,瘦肉少。

4.猪种情况

包括太湖猪、姜曲海猪、东串猪、虹桥猪、圩猪、阳新猪和台湾猪。

(五)西南型

1.地理分布

主要分布于四川盆地和云贵高原的大部分地区以及湘鄂西部。包括湖北省的西南部、湖南省的西北部、四川省的东部、重庆市、贵州省的西北部和云南省的大部分地区。

2.体型外貌

个体一般较大,头大,颈粗短,额部多横行皱纹,且有旋毛,背腰宽而凹,腹大略下垂。毛色复杂,以全黑居多,并有相当数量的黑白花和少量的红毛猪和白毛猪,乳头数多为6～7对。

3.猪种特点

四川盆地内的猪种早熟、易肥,云贵高原的猪种放牧性较好,肌肉结实。繁殖力较低,每窝平均产仔数8～10头,初生重较小,平均0.6千克。育肥能力较强,背膘较厚,脂肪沉积较多,屠宰率不高。

4.猪种情况

荣昌猪、内江猪、成华猪、雅南猪、关岭猪、黔北黑猪、白洗猪、撒坝猪、保山大耳猪、乌金猪、湖川山地猪等属此类型。

(六)高原型

1.地理分布

主要分布于青藏高原,包括西藏自治区、青海省日月山以西广大地区、甘肃的甘南藏族自治州、四川省的阿坝、甘孜藏族自治州、木里藏族自治县以及云南省的迪庆藏族自治州等地。

2. 体型外貌

形似野猪，体型矮小紧凑，机警灵敏。头狭长，呈锥形，嘴筒尖而长直，耳小直立或前倾，体躯短，胸狭窄，背腰微弓，臀窄而倾斜，四肢强健，系短有力，蹄小结实。被毛密长，鬃毛发达，丛生绒毛，毛色多为全黑，少数为黑白花和红毛。部分仔猪具有棕黄色纵向条纹，随年龄的增长而逐渐消失。乳头多为 5 对。

3. 猪种特点

属小型晚熟品种，放牧性能极好，适应性和抗逆性强，耐寒耐饥。繁殖力低，每窝产仔 5～6 头。生长极慢，一般需肥育 1.5 年方才达到50 千克屠宰体重。屠宰率不高，但胴体中瘦肉较多，且肉质细嫩，制成腊肉，味鲜美。

4. 猪种情况

藏猪属此类型。

二、中国主要地方猪种简介

(一)太湖猪

太湖猪主要分布在长江下游的太湖流域，包括产于江苏江阴、无锡、常熟、武进、丹阳等地的二花脸猪，产于上海嘉兴、平湖地区的嘉兴黑猪，产于上海松江、金山的枫泾猪，产于江苏金坛、扬中等地的米猪，产于江苏吴县的横泾猪和产于江苏启东、海门和上海崇明等地的沙头乌猪。以外形特征耳大和繁殖性能特高而闻名中外。

体型外貌：头大额宽，额部多深皱褶，耳大下垂，耳尖多超过嘴角，全身被毛黑色或青灰色，毛稀疏，腹部皮肤多呈紫红色，也有鼻吻和尾尖白色的。梅山猪四肢末端为白色，俗称"四脚白"，分布于西部的米猪骨骼较细致，东部的梅山猪骨骼较粗壮，二花脸(图 2-2)、枫泾、横泾和嘉兴黑猪则介于两者之间，沙乌头猪体质较紧凑，乳头多为 8～9 对。

公猪　　　　　　　　　　　母猪

图 2-2　二花脸猪

生长发育：二花脸公猪 6 月龄体重为 48 千克，体长 95 厘米，胸围 81 厘米；母猪 6 月龄体重 49 千克，体长 95 厘米，胸围 82 厘米。类群之间，以梅山猪较大，其他均接近二花脸猪。成年梅山公猪（20 头）体重 193 千克，体长 153 厘米，胸围 134 厘米；成年梅山母猪（81 头）体重 173 千克，体长 148 厘米，胸围 129 厘米。

繁殖性能：太湖猪以繁殖力高著称于世，是世界已知品种中产仔数最高的一个品种。母猪头胎产仔数 12.14 头，经产可达 15.83 头，最高单胎产仔记录为 42 头。在太湖猪的各个地方类群中，又以二花脸的繁殖力最佳。母猪乳头数多，一般 8～10 对，泌乳力强，哺育率高。

太湖猪性成熟早，排卵数多。据测定，小公猪首次采得精液的日龄，二花脸猪为 55～66，嘉兴黑猪 74～77，梅山猪 82，枫泾猪 88。精液中首次出现精子的日龄，二花脸猪为 60～75，4、5 月龄的精液品质已基本与成年公猪相似。二花脸母猪首次发情为 64 日龄。母猪在一个情期内的排卵数较多，据测定，成年嘉兴黑猪平均排卵数为 26 枚，最高为 43 枚，成年梅山母猪平均排卵 29 枚，最高为 46 枚。

肥育性能：据对 8 头梅山猪测定，在 25～90 千克阶段，日增重 439克，每千克增重消耗精料 4 千克、青料 3.99 千克。太湖猪屠宰率65%～70%，胴体瘦肉率不高，皮、骨和花板油比例较大，瘦肉中的脂肪含量较高。类群之间略有差异，枫泾和梅山的皮所占比例较高，二花脸和米猪的脂肪较多。据上海市测定，宰前体重 75 千克的枫泾猪（20头），胴体瘦肉占 39.92%，脂肪占 28.39%，皮占 18.08%，骨占 11.69%。据浙江省测定，宰前体重 74.43 千克的嘉兴黑猪（14 头），屠宰率 69.43%,胴体瘦肉率 45.08%。据南京农学院分析,二花脸猪眼肌含水分 72%,粗蛋白质 19.73%,粗脂肪 5.64%。

杂交利用:太湖猪是很好的高产母本猪,与引进的瘦肉型品种进行三元杂交,商品猪瘦肉率可达 53%以上。太湖猪的高繁殖力特性已引起世界养猪业的高度重视。英、法、美、日本、匈牙利、朝鲜等国引入太湖猪与其本国猪种进行杂交,以期提高本国的繁殖力。据法国国家农业科学院的试验结果,太湖猪与长白猪杂交,太湖猪的血统占 1/2 时,母猪每胎比长白猪多产仔 6.4 头,若太湖猪血统占 1/4 时,母猪每胎比长白猪多产仔 3.6 头。国际著名的猪育种公司,如英、美的 PIC 公司和法国的 PEN AR LAN 猪育种公司等,在其专门化母系的培育中导入了太湖猪的血缘,以提高其繁殖力。

(二)民猪

民猪原产于东北和华北部分地区,现以吉林省的九站、桦甸、永吉、靖宇、通化等地,黑龙江省的绥滨、富锦、集贤、北安、德都、双城、贺西等地,辽宁省的丹东、建昌、瓦房店、昌图、朝阳等地,以及河北省的迁西、遵化、兴隆、丰宁、赤城等地分布较多,此外内蒙古自治区也有少量分布。

民猪产区气候寒冷,圈舍保温条件差,管理粗放,经过长期的自然选择和人工选择,使民猪形成了很强的抗寒能力,不仅能在敞圈中安全越冬,而且在 -15℃ 条件下尚可正常产仔和哺乳。

体型外貌:民猪头中等大小,面直长,头纹纵行,耳大下垂,体躯扁,背腰窄狭,臀部倾斜,四肢粗壮,全身被毛黑色,毛密而长,猪鬃发达,冬季密生绒毛,乳头 7~8 对。

繁殖性能:民猪性成熟早,繁殖力高。4 月龄左右出现初情期,发情征候明显,配种受胎率高,护仔性强。母猪 8 月龄、体重 80 千克初配。平均头胎产仔 11 头,经产母猪产仔 12~14 头。

肥育性能:民猪 90 千克屠宰,瘦肉率 46.13%,肉质优良,肉色鲜红,大理石纹适中,分布均匀,肌内脂肪含量高(背最长肌 5.22%、半膜

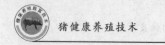

肌 6.12%),肉味香浓。缺点是皮厚,皮肤占胴体比例为 11.76%。

杂交利用:民猪是很好的杂交母本,与大约克夏、长白、杜洛克、汉普夏、苏白等杂交,杂种优势效益都很显著。

(三)莱芜猪

莱芜猪中心产区为山东省莱芜市,分布于泰安市及毗邻各县。是历史上经长期自然选择与人工选择,又经过多年选育形成的一个优良地方猪种,以适应性强,繁殖率高,耐粗饲,肉质好著称。

体型外貌:莱芜猪体型中等,体质结实,被毛全黑,毛密鬃长,有绒毛,耳根软,耳大下垂齐嘴角,嘴筒长直,额部较窄有 6～8 条倒"八"字纵纹,单脊背,背腰较平直,腹大不过垂,后躯欠丰满,斜尻,铺蹄卧系,尾粗长,有效乳头 7～8 对,排列整齐,乳房发育良好(图 2-3)。

公猪　　　　　　　　　　　　母猪

图 2-3　莱芜猪

繁殖性能:莱芜猪性成熟早,繁殖力高。初情期平均 4 月龄左右,实践观察,莱芜母猪初配期应以 6 月龄阶段 60 千克为宜,公猪应在 7 月龄阶段,体重 60～70 千克时为宜。初产母猪平均产仔 11 头左右,活仔 10 头。经产母猪平均产仔 14～16 头,产活仔数 12～15 头。最高产仔 28～30 头,产活仔 22 头。

肥育性能:据测定,在每千克日粮含消化能 12.54 兆焦,可消化粗蛋白 130 克水平下,采用一贯育肥法,体重 27.55～80.78 千克阶段,平均日增重 421 克,每增重 1 千克需精料 4.19 千克。莱芜猪 90 千克体重屠宰,瘦肉率 45.79%,大理石纹适中,分布均匀,肌内脂肪含量高(背最长肌 5.22%、半膜肌 6.12%),肉质优良,肉色红嫩,肉味鲜香。

保护与利用:1983 年开始进行莱芜猪自群选育及杂交利用研究,组建了 60 头基础母猪的核心群,开展品系繁育。至 1996 年共完成六个世代的选育。六世代同一世代比,生长发育加快,6 月龄后备公、母猪体重达到 44.9 千克和 56.6 千克,分别增加 5.70 千克和 12.70 千克;繁殖性能有些提高,六世代初产猪总产仔 12.20 头、活仔 11.30 头,双月断奶育成 10.40 头、窝重 122.48 千克,分别提高 2.14 头、1.80 头、1.25 头和 17.55 千克;肥育性能也有较大改进,六世代猪肥育日增重 427 克、体重比 4.09:1、瘦肉率 47.36%,分别提高 100 克、0.78 和 1.27 个百分点。通过以莱芜猪为母本,与引进的瘦肉型父本杂交的二元、三元商品猪肥育性能和酮体品质具有明显的杂交优势。如筛选的汉莱二元杂交商品猪组合,日增重 528 克、料重比 3.90:1、瘦肉率 52.71%,比莱芜猪提高 59 克、1.06 和 11.04 个百分点;汉大莱三元杂交商品猪,日增重 726 克、料重比 3.39:1、瘦肉率 61.48%,比大莱猪提高 235 克、0.87 和 11.08 个百分点。

在莱芜猪的杂交利用中,发现大莱二元杂种母猪具有良好的繁殖能力。据测定 84 窝经产大莱母猪,平均总产仔数 16.1 头,活仔 14.2 头、初生窝重 15.8 千克,双月断奶育成 12.6 头、窝重 227.7 千克。据山东省畜牧兽医总站等试验,大莱母猪总产仔数 16.2 头,活仔 14.4 头,双月断奶育成 13.6 头、窝重 242.9 千克。汉大莱三元杂交仔猪全窝育肥,日增重 714 克,料重比 3.28:1,窝产胴体 922 千克,其中瘦肉 552 千克。90 年代中期开始,进行莱芜猪杂交合成系及配套生产杂优商品猪的研究,目前已取得阶段性成果。莱芜猪保种与选育取得的较大进展,拓宽了开发利用地方猪种的有效途径,保存了一个地方优良猪种的基因库,对肉猪生产提高繁殖率和猪肉品质具有十分重要的价值。

(四)里岔黑猪

里岔黑猪以其产地和毛色而得名。主产于山东省胶县里岔乡,主要分布于胶县、胶南、诸城三县交界的胶河流域。1990 年统计,种群规模 1 万多头。

体型外貌:体质结实,结构紧凑,毛色全黑。头中等大小,嘴筒长直,额有纵皱,耳下垂。身长体高,背腰长直,腹不下垂。乳头7~8对以上,呈平直线附于腹下。四肢健壮,后躯较丰满(图2-4)。

母猪

公猪

图2-4　里岔黑猪

生长发育:1989年底测定二世代里岔黑猪后备公猪26头,6月龄体重(74.50±3.11)千克,体高(58.19±0.13)厘米,体长(120.08±2.01)厘米,胸围(92.50±1.86)厘米;88头母猪,6月龄体重(77.14±1.39)千克,体高(59.24±0.57)厘米,体长(120.31±0.92)厘米,胸围(95.33±0.83)厘米。一世代57头成年母猪体重(209.70±23.40)千克,体高(81.89±4.18)厘米,体长(169.80±6.62)厘米,胸围(142.61±7.50)厘米。

繁殖性能:后备公猪初次出现爬跨行为的时间平均为(93±2.57)日龄、体重(29.69±1.58)千克;初次出现交配动作的时间平均为(113.3±3.36)日龄、体重(32.5±2.67)千克;出现爬跨动作,阴茎伸出包皮,射出精液具有正常交配能力在130日龄左右、体重48.63千克。后备母猪,性成熟平均为(177.35±1.98)日龄、体重(81.74±1.79)千克。发情持续期5.24天,第二情期(197.85±2.03)天左右,体重(91.25±1.80)千克,发情持续期5.35天,发情周期20.13天。初产母猪断奶后10天左右发情,经产母猪断奶后12天左右发情。

据选育群一、二世代母猪统计,初产母猪平均产仔9头以上,个别达15头;经产母猪平均产仔12头以上,最高达21头,20天泌乳力初产为32千克,经产40千克以上。60日龄断奶窝重初产133.6千克,经产172.82千克。

肥育性能:据1~2世代201头同胞育肥测定,在前、后期每千克混合料含消化能12.62兆焦、12.33兆焦,可消化粗蛋白质126.9克、107.23克的营养水平下,体重20.12~95.00千克阶段,平均日增重(586±7)克,每千克增重耗混合料3.68千克,精料3.44千克。据1~2世代100头猪屠宰测定,平均宰前体重99.34千克,屠宰率72.81%,眼肌面积26.08厘米^2,皮厚0.44厘米,膘厚3.18厘米,后腿比例27.79%,胴体瘦肉率47.03%。据32头育肥测定,肉色3.43分级,大理石纹2.55分级,pH 6.17,失水率19.95%,熟肉率68.83%。

保护与利用:在里岔黑猪选育进程中进行了二元杂交试验,筛选的杜洛克×里岔黑猪杂交商品猪组合,日增重656克、料重比2.81:1、瘦肉率56.85%,比里岔黑猪分别提高12克、0.58、7.84个百分点。在生产中除大面积推广里岔黑猪和杜黑二元杂交商品猪外,自1991年开始,胶州市人民政府畜牧办公室等单位进行了杜里合成系培育,新品系育种群既保持了里岔黑猪较好的繁殖性能,又较好地克服了皮厚、骨粗、尻斜的缺点,显示出良好的选育前景。

里岔黑猪的独特种质特性体现在体躯长、胸腰椎总数多。据57头成年母猪测定,体长(169.80±6.62)厘米。胸腰椎总数平均达21.70枚,在我国地方猪种中十分少见,是宝贵的种质资源。

(五)大蒲莲猪

大蒲莲猪又名"五花头"、"大褶皮"、"莲花头"。主要分布于济宁市西部、菏泽地区东部的南旺湖边沿地区,又名"沿河大猪"。是山东省体型较大的华北型黑猪,具有抗病耐粗、多胎高产、哺育力强、肉质好等优良特性。

体型外貌:大蒲莲猪体型较大,外观粗糙,结构松弛,头长额窄,有"川"字形纵纹,呈莲花行,嘴粗细中等、长短适中微上翘,耳大下垂与嘴等长。胸部较窄,欠丰满,单脊背,背腰窄长,微凹,腹大下垂,臀部丰圆,斜尻,后躯高于前躯。四肢粗壮,卧膝,尾粗细中等,长而下垂过飞节。皮松,在后肢飞节之前及前肢肩胛骨后下方,各有数条较深的皱褶。全身被毛黑色,颈部鬃长 14～16 厘米,最长达 23 厘米。乳头 8～9 对,排列整齐(图 2-5)。

公猪　　　　　　　　母猪

图 2-5　大蒲莲猪

生长发育:据嘉祥县 1972 年调查,成年母猪体重为 130 千克,体高 72.25(67～75)厘米,体长 130.0(124～133)厘米,胸围 124.5(117～132)厘米。

繁殖性能:大蒲莲母猪性成熟较早,一般 3～4 月龄、体重 20～30 千克达性成熟,多种 5 月龄以后开始配种。发情明显,有停食、尖叫、精神不安等表现。发情周期 18～20 天,持续期 4～5 天,一般于发情开始后第三天配种,一次即可受胎,空怀失配的极少。一般初产 8～10 头,经产 10～14 头,产 15～19 头者为数不少,最多有达 33 头者。仔猪初生重 0.75 千克左右,30 日龄个体重 5.0～6.5 千克。大蒲莲猪母性强,护仔性好,哺育率达 98% 以上。

肥育性能:大蒲莲猪体型大,经济成熟晚,一般喂养一年以上可达体重 100 千克以上。皮松膘厚,不受群众欢迎。

保护与利用:大蒲莲猪是一个古老的地方猪种,具有适应性强、繁殖率高、肉质好等宝贵特性。加强保重选育,不仅为华北黑猪群保存一个偏大体型猪种基因库,而且也具有十分广阔的开发前景和重要的育种利用价值。

(六)沂蒙黑猪

沂蒙黑猪产于山东省临沂地区北部沂南、沂水、莒县三县交界地区。

产区主要为丘陵地带。1935 年前后，引进巴克夏猪与当地母猪交配，杂交后代体质健壮，耐粗易肥，生长发育快，群众十分欢迎，遂自发留作种用。建国后，各级政府重视猪的育种工作，特别是 1973 年以后，开始进行有组织、有计划的选育工作，地区成立了育种辅导站，组成协作组，建立了育种基地。猪的生产性能不断提高，遗传性能日趋稳定，逐渐形成了体躯长、生长快、肉质好、适应性强的沂蒙黑猪。

体型外貌：体型中等，结构紧凑，体质健壮，四肢结实，表皮灰色，毛色浅黑，被毛细短较稀。头大小适中，额宽，有金钱形皱纹，耳中等大，耳根硬，耳尖向前倾罩，嘴筒短而微撅，颈部宽短，胸宽而深，背腰平直且宽。乳房和生殖器发育良好，乳头 7～9 对(图 2-6)。

公猪　　　　　　　　　　　　　　母猪

图 2-6　沂蒙黑猪

生长发育：在规模猪场条件下，6 月龄公猪体重 61.4 千克，母猪 65.12 千克；成年公猪体重可达 199 千克，母猪 154.33 千克。

繁殖性能：小母猪一般 3～4 月龄即性成熟，于 7～8 月龄、体重 80 千克以上时初配。公猪利用年限为 4～6 年，母猪 5～7 年。初产母猪每窝产活仔数(8.77±0.2)头，断奶窝重(101.81±1.92)千克；经产母猪分别为(10.81±0.17)头，(133.73±1.72)千克。

肥育性能：如果以中高配方饲料进行育肥，日增重为 524 克。屠宰率可达 76%，膘厚 3.4 厘米，眼肌面积 27.5 厘米^2，腿臀比例 25.6%，板油 1.8 千克，瘦肉率 47.16%。

杂交利用：沂蒙黑猪与巴克夏、荣昌猪等杂交优势明显。

（七）烟台黑猪

烟台黑猪是原华北型胶东灰皮猪基础上主要引入巴克夏、新金、垛山猪经杂交选育而成的一个优良地方猪种，分为甲、乙两型。甲型主要分布于莱阳、栖霞、海阳、文登等县；乙型主要分布于莱州市、黄县、蓬莱、莱西等县。

体型外貌：全身被毛全黑，稀密适中，皮灰色。体型中等，头长短适中，额部较宽，嘴筒粗直或微弯，耳中等大小、下垂或半下垂。背腰较平直，腹中等大，臀部较丰满。体质结实，结构匀称，四肢健壮，有效乳头多为8对，排列整齐（图2-7）。

公猪

母猪

图 2-7　烟台黑猪

生长发育：6月龄公猪（50头）体重（64.62±0.76）千克，6月龄母猪（448头）体重（62.25±0.48）千克。8月龄公猪体重（95.98±1.76）千克，体长（128.88±1.57）厘米；8月龄母猪体重（96.89±0.58）千克，体长（128.44±0.38）厘米。

繁殖性能：烟台黑猪性成熟较早，一般4月龄出现发情，发情周期为20天左右，持续2～5天，发情明显。哺乳母猪多在断乳后5～10天内发情。社会猪群初配年龄多在4～5月龄，体重30～40千克，猪场多在6月龄，体重60千克以上。烟台黑猪护仔性强，哺育率多在95%以上。平均窝产仔数（9.97±0.13）头，窝重（9.18±0.12）千克。

肥育性能：在每千克混合饲料含消化能11.45兆焦，粗蛋白15.3%的营养水平下，体重20～90千克阶段平均日增重649.50克。

屠宰体重 90 千克,背膘厚 3.20 厘米,眼肌面积 17.75 厘米²,瘦肉率 48.74%。

杂交利用:烟台黑猪以生长快、饲料转化率高而著称。到目前为止,已经由山东省农业科学院畜牧兽医研究所主持,利用烟台黑猪成功培育了鲁烟白猪新品种,并已于 2007 年 1 月通过了国家畜禽资源委员会审定。随着新品种的不断推广和应用,烟台黑猪在生产中将发挥更加显著的作用。

(八)内江猪

内江猪主产区为四川省内江市和内江县,分布于资中、简阳、资阳、安岳、威远、隆昌、乐至等县。具有适应性强和一般配合力高的优点。内江猪对外界刺激反应迟钝,无论是在我国炎热的南方还是寒冷的北方,在沿海平原地区,还是海拔四千米以上的高原,它都能正常繁殖和生长。内江猪对不良饲养条件的耐受力也较强。

体型外貌:全身被毛黑色,鬃毛粗长,头大嘴短,额面皱褶横向深陷,额皮中部隆起成块,俗称"盖碗",耳中等大、下垂,体躯宽深,背腰微凹,腹大不拖地,臀宽稍后斜,四肢较粗壮。皮厚,成年种猪体侧及后腿有深皱褶,俗称"瓦沟"或"套裤"。被毛全黑,鬃毛粗长。乳头粗大,一般 6～7 对。产区习惯将额面皱纹特深、眼窝深陷、嘴筒特短、舌尖常露外者称"狮子头"型;将嘴稍长,额面皱纹较浅者称"二方头"型。

生长发育:在规模猪场条件下,6 月龄公猪(93 头)体重(50.59±0.74)千克,6 月龄母猪(356 头)体重(50.92±0.55)千克。成年公猪(34 头)体重(169.26±7.20)千克,体长(150.40±2.55)厘米,胸围(129.60±2.55)厘米;成年母猪(204 头)体重(154.80±9.5)千克,体长(142.75±0.43)厘米,胸围(122.8±0.79)厘米。

繁殖性能:性成熟早,小公猪 62 日龄有成熟精子,小母猪于 113(74～166)日龄初次发情。农村的母猪一般于 6 月龄、规模饲养场一般 8～10 月龄初次配种。母猪头胎(683 窝)产仔(9.35±2.44)头,60 日龄断奶窝重(96.55±26.43)千克;二胎(682 窝)相应为(9.83±2.37)

头,(112.57±27.99)千克;三胎及三胎以上(2 431窝)相应为(10.40±2.28)头,(117.43±28.75)千克。

肥育性能:在中等营养水平下限量饲养,48头肥育猪体重由(12.77±1.51)千克增至(91.86±1.22)千克,需193天,日增重(410±11.65)克。每千克增重消耗混合料3.51千克、青料4.93千克、粗料0.07千克。据其中接近90千克体重的25头猪屠宰测定,宰前体重(91.86±1.22)千克,屠宰率67.49%±2.80%,胴体长(74.92±1.95)厘米,6~7肋背膘厚(4.09±0.78)厘米,皮厚(0.54±0.07)厘米,眼肌面积(17.60±2.60)厘米^2,花板油比例8.84%±1.09%,腿臀比例24.22%±1.34%。胴体中肉、脂分别占胴体重的37.01%和39.34%。在较好条件下限量饲养,179日龄体重达90.2千克,在106天的肥育期中,日增重662克,每千克增重消耗混合料3.5千克。

杂交利用:20世纪60年代起,内江猪曾一度被大量引至全国20多个省、市、自治区。以内江猪作为父本,无论与民猪、八眉猪、乌金猪和藏猪等地方品种,或与北京黑猪、新金猪等培育品种杂交,其后代都表现出一定的杂种优势,杂交配合力好,对我国养猪生产的杂种优势利用发挥了积极作用。近年已较少采用,主要原因是内江猪的杂种商品猪屠宰率偏低,皮厚,胴体瘦肉率低。

(九)荣昌猪

荣昌猪原产于重庆市荣昌和四川隆昌县,是我国地方猪种中少有的白色猪种之一。

体型外貌:体型较大。头大小适中,面微凹,耳中等大、下垂,额面皱纹横行、有旋毛。体躯较长,发育匀称,背腰微凹,腹大而深,臀部稍倾斜,四肢细致、结实。被毛除两眼周围或头部有大小不等的黑斑外,均为白色。荣昌猪的鬃质优良,鬃毛以洁白光泽、刚韧质优载誉国内外。猪鬃平均长13.44厘米,一头猪能产上等鬃毛250~300克,净毛率为90%。乳头6~7对。

繁殖性能:母猪头胎产仔(8.56±0.23)头,经产可产仔(11.7±

0.27)头。仔猪初生重在 0.75～0.85 千克。

生长肥育:在较好的饲养条件和自由采食情况下,15～90 千克肥育期平均日增重 623 克。屠宰适期以 7～8 月龄、体重 80 千克左右为宜,体重 87 千克屠宰时,屠宰率 71％,膘厚 3.7 厘米,胴体瘦肉率在地方猪种相对较高,达 42％～46％。

杂交利用:荣昌猪曾被推广到全国 20 多个省、市、自治区,均表现出较好的适应性,且杂交配合力好。

(十)金华猪

金华猪原产地为浙江省金华地区东阳县的划水、湖溪,义乌县的上溪、东河、下沿,金华县的孝顺、曹宅、浬浦等地。主要分布于东阳、浦江、义乌、金华、永康、武义等县。

金华猪以肉质好、适于腌制火腿和腊肉而著称。它的鲜腿重 6～7 千克,皮薄、肉嫩、骨细、肥瘦比例恰当、瘦中夹肥、五花明显。以此为原料制作的金华火腿是我国著名传统的熏腊制品,为火腿中的上品。它皮色黄亮,肉红似火,香烈而清醇,咸淡适口,色、香、味形俱佳,且便于携带和贮藏,畅销于国内外。

体型外貌:体型中等偏小。耳中等大,下垂不超过嘴角,额有皱纹。颈粗短。背微凹,腹大微下垂,臀较倾斜。四肢细短,蹄质坚实呈玉色。皮薄,毛疏,骨细。毛色以中间白、两头黑为特征,即头颈和臀尾部为黑皮黑毛,体躯中间为白皮白毛,因此又称"两头乌"或"金华两头乌"猪,但也有少数猪在背部有黑斑。乳头多为 8 对。

金华猪按头型可分寿字头型、老鼠头型和中间型三种,现称大、小、中型。寿字头型,体型稍大,额部皱纹较多较深,历史上多分布于金华、义乌两县;老鼠头型体型较小,嘴筒较窄长,额面较平滑,结构紧凑细致,背窄而平,四肢较细,生长较慢,但肉质较好,多分布于东阳县;中间型则介于两者之间,是目前产区饲养最广的一种类型。

生长发育:据对农村调查,6 月龄公猪(213 头)体重 30.98 千克,母猪(934 头)34.15 千克。据规模养殖场对 6 月龄种猪的测定,公猪(83

头)体重 34.01 千克,体长 83.71 厘米,胸围 71.43 厘米,体高 46.37 厘米;母猪(137 头)相应为 41.16 千克,88.38 厘米,76.02 厘米,47.79 厘米。在农村散养条件下,成年公猪(20 头)体重 111.87 千克,体长 127.82 厘米,胸围 113.05 厘米;成年母猪(126 头)相应为 97.13 千克,122.56 厘米,106.27 厘米。

繁殖性能:据东阳县良种场测定:小公猪 64 日龄、体重 11 千克时即出现精子,101 日龄时已能采得精液,其质量已近似成年公猪。小母猪的卵巢在 60～75 日龄时已有发育良好的卵泡,110 日龄、体重 28 千克时已有红体,证明性成熟早。农村中公、母猪一般在 5 月龄左右、体重 25～30 千克时初配,近年初配时期有所推迟。在规模猪场条件下,三胎及三胎以上母猪平均产仔数 13.78 头,成活率 97.17%,初生个体重 0.65 千克,20 日龄窝重 32.49 千克,60 日龄断乳窝育成 11.68 头,哺育率 87.23%,断乳窝重 116.34 千克,个体重 9.96 千克。

肥育性能:据在较好饲养条件下测定,59 头猪体重从 16.76 千克增至 76.03 千克,饲养期 127.65 天,日增重 464g,每千克增重耗精料 3.65 千克、青料 3.33 千克。又据 40 头肥育猪测定,宰前体重 67.17 千克,屠宰率 71.71%,皮厚 0.37 厘米,腿臀比例 30.94%,胴体中瘦肉占 43.36%,脂肪占 39.96%,皮占 8.5%,骨占 8.14%。可见金华猪具备皮薄、骨细、瘦肉多、腿臀发达的特点。

杂交利用:与引进的瘦肉型品种猪进行二、三元杂交,有明显杂种优势。

三、中国地方猪种的种质特性

(一)繁殖力强

中国地方猪种普遍具有较高的繁殖性能,主要表现在母猪的初情期和性成熟早,排卵数和产仔数多、乳头数多、泌乳力强、母性好、发情明显、利用年限长;公猪的睾丸发育较快、初情期、性成熟期和配种日龄均早。

1. 母猪

(1)初情期和性成熟早　据对太湖猪(二花脸猪和嘉兴黑猪)、姜曲海猪、内江猪、大花白猪、民猪、金华猪、大围子猪、河套大耳猪等猪种繁殖性状的研究,中国地方猪种初情期平均日龄(98.08±9.685)天,其中二花脸和金华猪的初情期最早,分别为 64 天和 74.79 天,民猪、大围子猪的初情期相对稍晚,但皆早于国外主要猪种。约克夏猪、杜洛克猪、长白猪、波中猪、切斯特白猪、中约克猪这六个国外猪种的初情期平均日龄在 200 天左右,比中国地方猪种晚了近一倍的时间。中国地方猪种的性成熟时间也较早,在上述地方猪种中,平均初配日龄为 128.57天,其中姜曲海猪的初配日龄仅为 90 天,而国外猪种的初配日龄晚得多(210 天左右)。中国地方母猪性成熟早可从性激素分泌早而浓度高找到部分解释。如嘉兴黑猪 120 日龄时血清含雌二醇 59.5 皮克/毫升,比同龄大约克夏猪的 39.5 皮克/毫升高 50%;金华母猪 120 日龄为 80.6 皮克/毫升,同龄长白猪仅为 10.4 皮克/毫升,差异显著。

(2)排卵数和产仔数多　中国地方猪种的排卵数,初产猪平均为(17.21±2.35)枚,经产猪平均为(21.56±2.17)枚,其中二花脸猪的排卵数最多,初产和经产母猪的排卵数分别高达 26 枚和 28 枚;而国外猪种初产平均排卵数为 13.5 枚,经产猪为 21 枚。与排卵数多相对应的是产仔数多,江海型、华北型和华中型部分猪种的产仔数显著高于国外引进猪种,太湖猪、民猪、莱芜猪和金华猪等多产型猪种母猪三胎以上平均产仔数分别为 15.83、15.55、15.05 和 14.22 头,而杜洛克、长白、大白、皮特兰等国外主要猪种的经产母猪平均产仔数不足 12 头(9~12.5 头),差异显著。

(3)乳头数多、泌乳力强、母性好　与中国地方猪种高产仔数密切相关的是乳头数多、泌乳力强、母性好。例如,在我国多产型猪种中,二花脸、梅山、枫泾和金华猪的平均乳头数分别高达 18.13、16.46、17.63 和 16.3 个,而大白、长白和杜洛克猪平均乳头数只有 14.50、13.99 和 12.40 个。中国地方猪种性情温顺、母性好、护仔性强,产后一般不需额外照顾,躺卧前会将幼仔拨开,很少压死踩伤仔猪。据调查,将 20 窝国外猪和 22 窝中国地方猪作产仔比较,结果国外猪平均断乳成活率为 68.3%,每窝断乳仔猪数为 6.88 头,而中国地方猪平均断乳成活率为 76.9%,每窝断乳仔猪数为 10.73 头。

(4)利用年限长 中国地方母猪利用年限特别长,一般可达 8~10 年,金华猪在 20 胎时仍有平均产仔数 11.4 头的高产能力,而国外猪种的利用年限相对短得多。

(5)发情明显 中国地方猪种的发情期较长,如民猪的发情期为 82 小时,一般为 3~6 天,而国外猪种一般为 2~3 天。中国地方猪种发情周期(21.1~22.2)天和妊娠期为(113~115)天与国外和培育猪种无差异。

2.公猪

(1)睾丸发育快 中国地方猪种 60~90 日龄期间睾丸增重一倍多,平均重达(28.96±3.57)克,其中二花脸猪 90 日龄睾丸重为 40.40 克,相当于长白猪 130 日龄的睾丸重。二花脸猪 180 日龄时睾丸重达 159.70 克,而国外品种的公猪同期睾丸重量平均不足 130 克。从生精组织来看,中国地方猪种公猪的发育也较国外猪种快。如 75 日龄时大围子猪的曲精细管直径为 166.6 微米,而大约克夏 90 日龄时只有 50~60 微米。

(2)性成熟早 中国地方猪的公猪和母猪同样性早熟,就精液中首次出现精子的时间而言,二花脸猪仅为 60~75 天,大花白猪 62 天,而大约克夏猪为 120 日龄;二花脸小公猪在 90 日龄时就可采到正常精液,4~5 月龄时的精液品质已基本达到成年公猪水平。对于配种年龄时的睾酮水平,中国地方猪种平均为(372.30±69.10)纳克/毫升,其中大花白猪为 488.15 纳克/毫升,嘉兴黑猪为 466.8 纳克/毫升,而大约克夏猪此时仅有 95 纳克/毫升。

(二)抗逆性强

中国地方猪种具有较强的抗逆性,突出体现在抗寒力、耐粗饲能力、对饥饿的耐受力、高海拔适应能力以及抗病力等方面具有良好的表现,这种抗逆性是一种非常独特的遗传性能,是几千年来中国劳动人民根据地方猪种所处的生态环境及社会经济条件,在猪种选育方面的独创和贡献。

1. 抗寒力和耐热性

长期生活在北方地区的地方猪种由于皮厚、被毛浓而长、冬季密生绒毛,且基础代谢率低,故具有较强的抗寒能力。民猪在 $-27℃$ 室外环境下,将四肢集于腹下取腹卧姿势,安静而不拱门,无颤抖和鸣叫现象;在 $-21℃$ 的气温下,河套大耳猪在室外观察半小时内未发生任何行为上的反应;而长白猪 3 分钟出现弓腰,7 分钟出现寒颤,颤抖频率达 13.6 次/分钟,13 分钟便出现不安现象,急欲回圈。八眉猪仔猪出生后半小时的体温降幅为 1.05℃,恢复正常体温所需时间为 6 小时,而巴克夏猪分别为 2.11℃ 和 10 天。中国地方猪种还表现比国外猪种更好的耐热性,如长白猪和哈白猪在高温环境下($32\sim39℃$)的呼吸数与心率均显著高于民猪、二花脸猪、大围子猪和大花猪;当人工控制温度由 27℃ 上升到 38℃ 时,长白猪的呼吸数增加了 60.8 次/分钟,而大花白猪增加 31.87 次/分钟。

2. 耐粗饲能力

中国地方猪种大都能耐青粗饲料,能利用大量青料、统糠等,能在较低的营养水平及低蛋白情况下获得增重。迄今度量猪耐粗饲能力的客观标准尚未定论,研究者尝试以饲料中料纤维的消化率作为度量标准。有关粗纤维在金华猪和长白猪盲肠中的消化率研究表明:当饲粮粗纤维水平为 8.8%~11.3% 时,金华猪的粗纤维消化率显著高于长白猪。

3. 对饥饿的耐受力

中国地方猪种能在较低的能量水平和蛋白水平情况下获得相应的增重,其生长状况要比在同样低营养条件下的国外猪种及培育猪种好得多。如在人为的低水平饲养条件下,即前 30 天按维持需要、后 30 天按维持需要的 2/3 标准饲养,民猪比哈白猪的耐受时间长;在相当于自

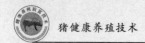

由采食 26% 的亚维持水平下,民猪体内能贮的损耗仅为哈白猪的 1/6;内江猪的日增重量为 60 克,是长白猪的一半。

4. 高海拔适应性

藏猪、内江猪、八眉猪、乌金猪等中国地方猪种具有很强的高海拔适应性。如藏猪生长在青藏高原地带,乌金猪在云贵高原山区都表现出良好的适应性。试验表明,将内江猪和长白猪同时从海拔 505 米的平原紧急运往海拔 3 394 米的高原,内江猪血液生成的生理补偿作用很强,能较快适应高海拔缺氧环境。从生理生化指标比较分析中可看出,内江猪红细胞数、血红蛋白与血清的球蛋白含量等都比长白猪增加很多,达到或接近藏猪;血糖明显升高,等于甚至超过藏猪。这对适应空气稀薄的高原环境有益,而长白猪在相同条件下,发病率和死亡率很高。

(三)肉质优良

中国地方猪种素以肉质嫩美著称于世。1979—1983 年,中国主要地方猪种种质特性研究课题组以长白猪、大约克夏猪或哈白猪为对照组,对民猪、河套大耳猪、姜曲海猪、嘉兴黑猪、金华猪、大围子猪、内江猪、香猪和大花白猪的肉质进行了初步分析。结果表明,中国地方猪种在肉色、pH 值、系水力、大理石纹、肌纤维直径和熟肉率、肌肉脂肪含量等诸多肉质性能指标方面都优于国外引进猪种或培育猪种。

1. 肉色

多数地方猪种肉色鲜红,无 PSE 肉,评分为 3 分和 4 分,而对照品种如长白猪与哈白猪肉色都偏淡,其光密度均值比地方猪种低 0.2 国际单位。

2. pH

中国地方猪种宰后 45 分钟背最长肌的 pH 均正常,都在 6.2 以上,而对照猪种的 pH 平均要低 0.26。

3. 系水力

中国地方猪种的系水力强,失水率低。如民猪的失水率为20.42%±

1.61%，姜曲海猪12.77%±0.05%，二花脸10.80%±1.85%，嘉兴黑猪11.26%±1.61%，与对照猪种相比，平均低6.80%。另外，中国地方猪种的熟肉率平均高于对照猪种2.0%，民猪与内江猪肉冷藏24小时的失重少于哈白猪或长白猪2.4%～1.5%。

4. 大理石纹

取背最长肌或半膜肌的横剖面，目测大理石纹，按5分制评分，中国地方猪种以3分（适量）和4分（较多量）占绝大多数，没有被评为1分（极微量）的，2分（微量）亦很少。

5. 肌肉组织学特性

中国地方猪种的肌纤维密度大而直径小，结缔组织含量低，肌肉脂肪含量丰富，使肉质细嫩而多汁。根据对民猪等上述9个地方猪种的测定，平均肌纤维直径为42～28微米，比对照组平均高2.23个百分单位。此外，研究表明：金华猪肌肉内脂肪所占面积及碘价高于长白猪或大白猪。这可能是制作中式火腿的有利条件之一。

（四）生长缓慢，早熟易肥，胴体瘦肉率低

中国地方猪种普遍生长速度较慢，肥育期平均日增重在300～600克，大大低于国外引进猪种（＞800克/天），如二花脸猪从60～300日龄的日增重为385克，民猪从75～250日龄的日增重为418克。中国地方猪种初生重小，平均数只有700克左右。

由于长期以来我国劳动人民习惯于采用阶段育肥法，在肥育前期往往营养水平较低，到肥育后期则营养水平不断提高，腹腔内脂肪沉积能力极强，形成了中国猪种易肥，胴体瘦肉率低的特性。例如：金华猪、大花白猪、内江猪体重分别达55千克、65千克和70千克时，胴体的肉脂率已经达1.5∶1，而长白猪在90千克阶段肉脂率可达2.4∶1。中国地方猪种在90千克体重时的胴体瘦肉率在40%左右，而脂肪率很少低于40%，国外引进猪种的胴体瘦肉率则高达60%～70%。此外，中国地方猪种经济成熟早，适宰体重较小，在正确的饲养管理下，饲养6～10个月，体重达到50～90千克即可食用。国外引进猪种则因成熟

期较晚,适宰体重为 100～110 千克。

第三节　国外引进的瘦肉型猪种

一、大白猪

1. 产地及育成简史

大白猪又称约克夏猪,原产于英国北部的约克郡及其邻近地区,迄今已有 220 余年的培育历史。原产地 1780—1830 年开始品种改良,以当地猪种为母本,引入我国的广东猪种与莱塞斯特猪杂交育成优良的白色猪,1852 年正式确定为新品种,称约克夏猪。约克夏猪有大、中、小三型,目前最为普遍的是大约克夏猪,因其体型大,毛色全白,又名大白猪。大白猪是目前世界上分布最广的品种之一。许多国家从英国引进大白猪,培育成适合本国养猪生产实际情况的大白猪新品系,如加系大白猪、美系大白猪、法系大白猪、德系大白猪、荷系大白猪等。大白猪在全世界猪种中占有重要的地位,因其既可用作父本,也可用作母本,且具有优良的种质特性,在欧洲被誉为"全能品种"。

2. 品种特征和特性

(1)体型外貌　大白猪体躯大,体形匀称,被毛全白,少数额角皮上有小暗斑,颜面微凹,耳大直立,背腰多微弓,腹充实而紧,四肢较高。引入我国后,体型无明显变化,在饲养水平较低的地区,体型变小或腹围增大。

(2)生产性能　相对其他国外引进猪种,大白猪的繁殖性能较高。根据我国六省市国有农场的统计,经产母猪平均产仔 12.15 头,产活仔数 10 头。母猪泌乳性较强,哺育率较高。性成熟期相对中国地方猪种较晚,母猪初情期在 5 月龄左右。

大白猪具有增重快、饲料转化率高的优点。畜牧业发达国家的大白猪经高度选育已具有很高的生产水平,根据丹麦国家测定中心的报道,90年代试验站测试公猪30~100千克阶段平均日增重982克,饲料转化率2.28,瘦肉率61.9%;农场大群测试公猪平均日增重892克,母猪平均日增重855克,胴体瘦肉率61%。

3.杂交利用

20世纪初,大白猪最早由德国侨民带入我国,分布于张家口和青岛一带,以后陆续亦有输入。1967年后开始大量引入,广泛分布于全国各地。经过长期的驯化,大白猪已基本适应了我国的自然生态条件和养猪生产方式。在国内的二元杂交中,常用大白猪作父本,地方猪种作母本开展杂交生产。例如,用大白猪作父本,分别与民猪、华中二头乌、大花白猪、荣昌猪、内江猪等地方母猪杂交,均获得了较好的杂交效果,其杂种一代猪日增重分别比母本提高26.8%、21.2%、24.5%、19.5%和24.1%,眼肌面积增大,瘦肉率有所提高。在内三元杂交中,大白猪无论作第一父本还是第二父本,在日增重和瘦肉率方面都能产生较好的杂交效果。据武汉市畜牧兽医研究所试验,大白×(长白×通城)三元杂种的日增重优势率为24.22%,胴体瘦肉率为53.76%;丹麦长白×(大白×太湖)三元杂种胴体瘦肉率62.66%,眼肌面积36.01厘米^2。在纯三元杂交生产瘦肉型商品猪时,大白猪多用作母本。在国外三元杂交中,大白猪常用作母本或第一父本。

4.评价

大白猪具有增重快、饲料转化率高、胴体瘦肉率高、产仔数相对较多、母猪泌乳性良好等优点,且在我国分布较广,有较好的适应性。在杂交生产中,即可用作父本也可用作母本,肉质性状一般。

二、长白猪

1.产地及育成简史

长白猪原产于丹麦,原名兰德瑞斯,因其体躯特长,毛色全白,故在我国通称为长白猪。长白猪的培育始于 1887 年。1887 年前,丹麦主要饲养脂肪型猪出口德国。1887 年 11 月,德国禁止从丹麦进口猪肉和活猪,丹麦猪肉转向英国市场。为了适应英国市场对腌肉型的需求(背薄膘、瘦肉多、体重 90 千克的肉猪),丹麦开始引进大约克夏猪与当地日德兰土种猪杂交,经长期不断的选育,育成了新型瘦肉型猪种——长白猪。长白猪作为优秀的瘦肉型猪种,在世界上分布很广,许多国家从 20 世纪 20 年代起相继从丹麦引进长白猪,结合本国的自然和经济条件,长期进行选育,育成了适应本国的长白猪,如英系长白猪、德系长白猪、法系长白猪、荷系长白猪等。

2.品种特征和特性

(1)体型外貌　长白猪外貌清秀,体躯呈流线型。被毛纯白且浓密柔软,头狭长,颜面直,耳大前倾,颈、肩部轻盈,背腰特长,腹部直而不松弛,体躯丰满,后腿肌肉发达,皮薄,骨细结实,乳头 6～7 对。引入我国的长白猪经长期驯化,体质由纤弱趋于强壮,蹄质变得坚实,体型由清秀趋向疏松。

(2)生产性能　长白猪的繁殖性能较好,自引入我国后,产仔数有所增加。据黑龙江五个农场调查,初产母猪平均数产仔数为 10.8 头,经产母猪平均产仔数为 11.33 头。性成熟期和初配日龄因我国南北气候差异而有所不同,在东北严寒的气候条件下,性成熟期多在 6 月龄左右,10 月龄体重 130～140 千克开始配种;而在江南一带,初配日龄有所提前,初配期为 8 月龄,体重 120 千克左右。

国外畜牧业发达国家长期以来非常重视长白猪生长性状和胴体性状的选择,选育成果卓有成效。据丹麦国家测定中心报道,90 年代试验站长白测试公猪 30～100 千克肥育期平均日增重可达 950 克,饲料转化率 2.38,瘦肉率 61.2%。农场大群测试公猪肥育期平均日增重 880 克,母猪 840 克,瘦肉率 61.5%。我国自 20 世纪 80 年代以来加强了长白猪的选育工作,生产性能也有了很大提高,6 月龄体重可达 90 千克以上,饲料转化率在 3.0 以下,胴体瘦肉率可达 62% 以上。

3.杂交利用

长白猪在国外三元杂交中常作为第一父本或母本。1964 年,长白猪首次被引入我国。在引种初期,存在易发生皮肤病、四肢较软弱、发情不明显、不易受胎等缺点。20 世纪 80 年代之后,经多年驯化,这些缺陷有所改善,体质日趋粗壮,适应性提高,分布范围日益扩大。各地多用长白猪作第一父本开展二元或三元杂交,在较好的饲养条件下,杂种猪生长速度快,且体长和瘦肉率的杂交改良效果明显。例如,以长白猪为父本,民猪、金华猪、荣昌猪、北京黑猪、上海白猪为母本的二元杂交后代,均能显著提高日增重、瘦肉率和饲料转化率;长杜监、长大太或长太大等三元杂交后代日增重可达 628～695 克,饲料转化率 3.15～3.30,胴体瘦肉 57%～60%。

4.评价

长白猪具有生长快、饲料转化率和胴体瘦肉率高、母猪产仔较多、泌乳性能较好等优点,但对饲养条件要求较高。长白猪存在的体质较弱、抗逆性较差等缺点,经长期驯化得以较大改善。肉质欠佳,氟烷阳性率在国外引进猪种中仅次于皮特兰猪。

三、杜洛克猪

1.产地及育成简史

杜洛克猪原产于美国东北部,其主要亲本是纽约州的杜洛克、新泽西州的泽西红、康涅狄克州的红毛巴克夏猪和佛蒙特州 Red Rock 猪。1872 年,这四类猪开始建立统一的品种标准,1883 年成立统一的育种协会,开始统称它们的良种猪为杜洛克-泽西猪,后人简称为杜洛克猪。早期杜洛克为皮薄、骨粗、体长、腿高、成熟迟的脂肪型品种,20 世纪 50 年代后转向瘦肉型猪方向发展,并逐渐达到了目前的品种标准,成为世界著名的瘦肉型猪种,在世界上分布很广。

2.品种特征和特性

(1)体型外貌 杜洛克猪体型大,被毛红色,从金黄色到暗棕色深浅不一,樱桃红色最受欢迎。耳中等大,耳尖下垂,颜面微凹,体躯深广,肌肉丰满,四肢粗壮。

(2)生产性能　杜洛克猪产仔数不高,平均窝产仔数9～10头。母性好,仔猪生命力强,断奶存活率较高。增重速度快,饲料利用率高,胴体瘦肉较多。据20世纪90年代丹麦国家种猪测定站报道,杜洛克公猪30～100千克肥育期平均日增重936克,饲料转化率2.37,胴体瘦肉率59.8%;农场大群测试公猪平均日增重866克,母猪平均日增重816克,胴体瘦肉率59%。据1994年北京杜洛克原种猪场报道,体重20～90千克杜洛克肥育猪平均日增重761克,饲料转换率2.55,90千克体重时的屠宰率为74.38%,胴体瘦肉率62.4%。杜洛克猪相对其他国外引入猪种体质更为强健,肌肉结实,尤其是腿肌和腰肉丰满。比较耐粗,对饲料选择不严格,对各种环境的适应性较好,且肉用品质较好,肌肉脂肪含量较高,美系杜洛克达3.66%。大理石纹分布均匀,嫩度和多汁性较好,氟烷阳性率最低,PSE和DFD肉少。

3.杂交利用

我国于1978年从英国首次成批引进杜洛克猪,以后陆续从美国、匈牙利、日本等地较大数量的引入。引入后的杜洛克猪能较好地适应我国的条件,成为我国商品猪的主要杂交亲本之一,尤其是终端父本。我国"六五"、"七五"、"八五"国家养猪攻关课题筛选出的最优杂交组合中大部分都是以杜洛克猪为终端父本,它能较大幅度地提高肉猪胴体瘦肉率,且肉质良好。国内近10年的二元杂交父本中,杜洛克占51%,三元杂交终端父本中,杜洛克占58%。利用杜洛克猪与我国地方猪种杂交,一代杂种猪毛色多为黑色,且存在产仔较少、早期生长较差等问题,故有些地区杜洛克猪作二元杂交的父本不很受欢迎,而往往将其作为三元杂交中的终端父本使用。

4.评价

杜洛克猪具有生长速度快、饲料消耗少、体质强健、抗逆性较强、肉质较好等优点,但也存在产仔较少、早期生长较差的缺点。在二元杂交中一般作为父本,在三元杂交中多用作终端父本。

四、皮特兰猪

1. 产地及育成简史

皮特兰猪原产于比利时布拉帮特地区的皮特兰村,一般认为是利用当地一种黑白斑土种猪与法国的贝叶猪杂交,再导入英国泰姆沃斯或巴克夏猪的血液选育而成。皮特兰猪的育成历史较短,1950 年作为品种登记,1955 年首次引入法国北部地区,1960 年出口至德国,随后分布范围日益扩大。

2. 品种特征和特性

(1)体型外貌 皮特兰猪体型中等,体躯呈方形。被毛灰白,夹有形状各异的大块黑色斑点,有的还夹有部分红毛。头较轻盈,耳中等大小,微向前倾,颈和四肢较短,肩部和臀部肌肉特别发达。

(2)生产性能 皮特兰猪产仔数不多。法国皮特兰猪平均产仔数10.2 头,断奶仔猪数 8.3 头。生长速度和饲料转化率一般,特别是 90 千克后生长速度显著减缓。胴体品质较好,突出表现在背膘薄、胴体瘦肉率很高。据法国资料报道,皮特兰猪背膘厚 7.8 毫米,90 千克体重胴体瘦肉率高达 70% 左右。肉质欠佳,肌肉纤维较粗,氟烷阳性率高,易发生猪应激综合征(PSS),产生 PSE 肉。1991 年后,随着氟烷基因的鉴别和克隆以及相应基因检测技术的建立,比利时、德国和法国等国利用该项基因检测技术,剔除了氟烷隐性基因携带者,选育了抗应激皮特兰专门化品系。

3. 杂交利用

我国引入皮特兰猪的历史较短,始于 20 世纪 80 年代。因其胴体瘦肉率很高,能显著提高杂交后代的胴体瘦肉比重,但繁殖性状欠佳,故在经济杂交中多用作终端父本。由于杜洛克猪生长发育快、氟烷隐性基因频率低,皮特兰猪生长速度相对较慢,氟烷隐性基因频率很高,可利用皮特兰猪与杜洛克猪杂交,杂交一代公猪作为杂交体系中的父本,这样既可提高瘦肉率,又可减少应激综合征的发生。如皮杜长大四元杂交猪后躯、臀部肌肉非常丰满,90千克体重胴体瘦肉率可达67%,应激综合征的发生率低。

4.评价

皮特兰猪具有背膘薄、胴体瘦肉率极高的特点,但产仔数不多,生长发育相对较缓慢,氟烷隐性基因频率很高,肉质欠佳,易发生 PSE 肉。在杂交体系中多用作终端父本,与应激抵抗型品种(系)母本杂交生产商品猪。近年国外培育出了不携带氟烷基因的皮特兰猪,其应激敏感性显著降低,其杂交商品猪的肉品质也将得到改善。

第四节　我国最新培育品种(配套系)

为了充分利用我国地方猪种繁殖力高、抗逆性强、肉质好的优良种质特性,改进其生长性状和胴体性状所存在的不足,我国养猪界的广大工作人员和育种专家自新中国成立以来,利用我国地方猪种和国外引进猪种杂交育成了 50 余个培育猪种或新品系,丰富了我国的猪种资源,推动了我国养猪业的发展。

特别是 1990 年以来,专门化品系的培育成为我国猪种选育的主要趋势,尤其是利用中国地方猪种,导入一定比例的国外引进猪种的血缘,培育繁殖力高、肉质优良的专门化母系。10 多年来,育成了 20 个新母系猪(表 2-2)。

表 2-2　最新审定的猪品种(配套系)

名称	公告时间	证书编号	第一培育单位
南昌白猪	1999	农 01 新品种证字第 1 号	江西省畜牧兽医局等
光明猪配套系	1999	农 01 新品种证字第 2 号	深圳光明畜牧合营有限公司
深农猪配套系	1999	农 01 新品种证字第 3 号	深圳市农牧实业公司
军牧 1 号白猪	1999	农 01 新品种证字第 4 号	中国人民解放军农牧大学
苏太猪	1999	农 01 新品种证字第 5 号	苏州市太湖猪育种中心

续表 2-2

名称	公告时间	证书编号	第一培育单位
冀合白猪配套系	2003	农 01 新品种证字第 6 号	河北省畜牧兽医研究所
大河乌猪	2003	农 01 新品种证字第 7 号	云南省曲靖市畜牧局
中育猪配套系	2005	农 01 新品种证字第 8 号	北京养猪育种中心
华农温氏 1 号猪配套系	2006	农 01 新品种证字第 9 号	广东华农温氏畜牧股份有限公司等
鲁莱黑猪	2006	农 01 新品种证字第 10 号	莱芜市畜牧办公室等
滇撒猪配套系	2006	农 01 新品种证字第 11 号	云南农业大学动物科学技术学院等
鲁烟白猪	2007	农 01 新品种证字第 12 号	山东省农业科学院畜牧兽医研究所等
鲁农 1 号猪配套系	2007	农 01 新品种证字第 13 号	山东省农业科学院畜牧兽医研究所等
渝荣 1 号猪配套系	2007	农 01 新品种证字第 14 号	重庆市畜牧科学院
豫南黑猪	2008	农 01 新品种证字第 15 号	河南省畜禽改良站等
滇陆猪	2009	农 01 新品种证字第 16 号	云南省陆良县种猪试验场等
松辽黑猪	2010	农 01 新品种证字第 17 号	吉林省农业科学院
苏淮猪	2011	农 01 新品种证字第 18 号	淮安市淮阴种猪场、南京农业大学、江苏省畜牧总站、淮安市农业委员会
天府肉猪配套系	2011	农 01 新品种证字第 19 号	四川铁骑力士牧业科技有限公司、四川农业大学、四川省畜牧总站
湘村黑猪	2012	农 01 新品种证字第 20 号	湘村高科农业股份有限公司、湖南省畜牧兽医研究所、湖南省畜牧水产局

一、苏太猪

1. 产地及培育过程

苏太猪是江苏省 1999 年育成的瘦肉型新品种, 主产于江苏省苏州市,育成以来已向全国 10 余个省、自治区、直辖市推广。

苏太猪是采用二元育成杂交法,由太湖猪和杜洛克猪杂交选育而成的。苏州市苏太猪育种中心在"六五"期间太湖猪杂交组合实验的基础上,确定以太湖猪(中、小梅山,二花脸和枫泾猪)为母本,杜洛克猪(美国和匈牙利)为父本,开展二元杂交,选择优秀杂种后代组建基础群。然后采取群体继代选育法进行多世代的横交固定,经 12 年 8 个世代的选育,至 1995 年育成了中国瘦肉型猪专门化 DVII 母本新品系。以后扩大群体,最终于 1999 年 3 月通过国家畜禽品种审定委员会的审定,成为含 50% 太湖猪血缘的黑色瘦肉型新品种。

2. 品种特征和特性

(1)体型外貌 全身被毛黑色,耳中等大小向前下方垂,头面有清晰皱纹,嘴中等长而直,四肢结实,背腰平直,腹小,后躯丰满,乳头 7～8 对,分布均匀,具有明显的瘦肉型猪特征。

(2)生产性能 苏太猪继承了亲本太湖猪繁殖力高的特性,初产母猪平均产仔 11.68 头,经产母猪平均产仔达 14.45 头,母性好,乳头数多,泌乳力强,发情明显。生长发育较快,肥育猪 85 千克体重日龄 172 天,平均日增重 640 克,饲料转化率 3.18,胴体背膘 2.33 厘米,瘦肉率 56% 左右。肉质优良,无 PSE 肉,肉色鲜红,细嫩多汁,口味鲜美,肌内脂肪含量 3% 以上。具有地方品种耐粗饲性能,食谱广,耐粗纤维能力强好,经试验,用 20% 和 16% 粗纤维水平的日粮饲粮饲喂怀孕期和哺乳期母猪,仍能获得理想的产仔和育成效果。

3. 杂交利用

苏太猪是理想的杂交母本之一,与大白猪和长白猪的杂交配合力高。其中大白×苏太杂交后代猪达 90 千克体重日龄 163.6 天,饲料转化率 2.93,活体背膘厚 1.79 厘米,胴体瘦肉率 59.72%,经 30 窝中试全窝育肥,窝产瘦肉量高达 487.08 千克。长白×苏太杂交后代猪达 90 千克体重日龄 163.23 天,饲料转化率 2.92,活体背膘厚 1.80 厘米,胴体瘦肉率 59.47%。

4. 评价

苏太猪保持了亲本太湖猪繁殖力高、肉质优良、耐粗饲的优点,同时在生长肥育性状和胴体性状方面较太湖猪有较大的改良和提高,与大白猪和长白猪的杂交效果明显,是目前生产瘦肉型商品猪的优良母本之一,适合于集约化中小型规模养猪和广大农村的农户养猪。

二、鲁烟白猪

1.产地及培育过程

鲁烟白猪主要产于烟台地区,是由山东省农业科学院畜牧兽医研究所主持培育而成。因其繁殖力高、生长快、肉质好,育成以来已经在山东省及周边省市得到大量推广。

鲁烟白猪是利用烟台黑猪与国外引进的生长性能高、繁殖性能也较好的长白猪和施格猪,通过杂交建系、横交固定、定向培育而成。以烟台黑猪为母本与丹系长白猪杂交,选择性能优秀的长烟 F_1 代母猪与施格猪母系公猪再次进行杂交,选择优秀杂种后代组建烟台猪合成系基础群。然后采取不完全闭锁的群体继代选育法进行多世代的横交固定,经 13 年 7 个世代的选育,至 2006 年育成了鲁烟白猪新品种。并于 2007 年 1 月,通过国家畜禽品种审定委员会的审定,正式命名为鲁烟白猪,获得品种证书(农 01)新品种证字第 12 号。

2.品种特征和特性

(1)体型外貌 毛色全白、耳中等大稍前倾,腮肉不明显,背平直、腹不下垂,体躯较长,四肢中等高,后躯和臀部肌肉丰满,公、母猪有效乳头 7 对,排列整齐(图 2-8)。

公猪　　　　　　　　　　母猪

图 2-8　鲁烟白猪

(2)繁殖性能　鲁烟白猪的繁殖性能突出,初产母猪总产仔数(10.49±1.12)头,产活仔数(10.24±1.09)头,经产母猪窝均产仔(13.02±1.63)头,产活仔(12.73±1.61)头。20日龄窝重(75.30±6.02)千克,60日龄断奶(12.37±1.03)头,窝重(205.84±10.29)千克。鲁烟白猪繁殖力高、乳头数多,泌乳力强、母性好、护仔性强,仔猪育成率高达95.01%。

(3)生长育肥　公猪6月龄体重109.44千克,体长(126.6±3.36)厘米,体高(65.7±1.33)厘米,胸围(109.4±3.89)厘米。母猪6月龄体重(103.04±9.03)千克,体高(62.3±3.28)厘米,体长(120.02±4.87)厘米,胸围(107.7±4.65)厘米。鲁烟白猪生长速度快、瘦肉率高,30～90千克平均日增重782克,料重比2.57:1,胴体瘦肉率62.76%。另外,鲁烟白猪肉质鲜美、肉色好、大理石纹明显、肌内脂肪含量高;抗逆性强、耐粗饲。

3.杂交利用

经鲁烟白猪分别与大白猪、长白猪、杜洛克和汉普夏等外种猪杂交组合测定,结果显示,鲁烟白猪是非常理想的杂交母本,与大部分外种猪都有显著的杂种优势。其中与杜洛克猪杂交生产的商品猪最为突出,商品猪绝大部分毛色全白,个别猪只出现毛色分离,身上有部分红色毛(所占比例低于5%),日增重862克,料重比2.60:1,瘦肉率63.63%。

4.评价

鲁烟白猪具有繁殖力高、生长速度快、适应性强、耐粗饲、肉质鲜美等特点,与杜洛克猪杂交优势明显,是理想的杂交母本之一,非常适合目前瘦肉型商品猪的生产。

三、鲁农1号猪配套系

1.培育过程

鲁农1号猪配套系由山东省农业科学院畜牧兽医研究所和莱芜市

畜牧办公室共同历经 10 余年培育 6 个世代而成的三系配套猪。

鲁农 1 号猪配套系包括两个父系(ZFY 系和 ZFD 系)和一个母系,其中第一父系(ZFY 系)以来自法国的大约克猪为主要育种素材;第二父系(ZFD 系)以来自丹麦的杜洛克猪为主要育种素材;母系(ZML 系)以莱芜黑猪为主要育种素材。

2. 品种特征和特性

(1)体型外貌　ZFY 系种猪为第一父本,皮毛白色,耳适中、直立,胸宽深适度,背腰平直且较长,后躯较发达,四肢健壮;毛色光泽,皮肤红润,乳头排列整齐,有效乳头数平均 7 对以上。ZFD 系种猪为第二父本,全身被毛棕红色或棕灰色,头清秀,耳中等大,向前稍下垂。体高而身较长,体躯深广,背微弓,后躯丰满,四肢粗壮结实,适应性强。

ZML 系种猪为配套系母本,被毛黑色,育成期耳直立,成年耳根较软下垂,中等偏大,头中等大小,额头有不典型的倒"八"字皱纹,嘴直中等大小,背腰平直四肢较健壮,肢蹄不卧,多数个体冬天着生绒毛。公猪头颈粗,前躯发达,睾丸发育良好,性欲旺盛,成年体重一般 100～130 千克。母猪头颈稍细、清秀,腹较大不垂,乳头排列均匀、整齐,乳头数 7～8 对,发育良好,成年体重一般 100～120 千克。

鲁农 1 号猪配套系商品猪头中等大小清秀,面部平直、耳根硬耳尖略前倾垂下。被毛分为白色、红色和黑色三种。肢体粗壮,被腰平直、胸宽而深,后躯丰满,腹部收紧。适应性、抗病力强,适宜于中等或以上营养标准(图 2-9)。

(2)繁殖性能　ZFY 系初产母猪平均产仔(11.14±2.06)头,经产母猪平均产仔(11.81±2.68)头;ZML 系初产母猪平均产仔(12.20±0.13)头、产活仔 11.27 头;经产母猪平均产仔(14.81±0.15)头、产活仔 12.81 头。ZFY 父系种公猪与 ZML 系母猪杂交生产的二元母猪,初产平均产仔数 11.92 头,产活仔 11.36 头,经产母猪平均产仔 15.06 头,产活仔 13.20 头。鲁农 1 号猪配套系 ZFY 系和 ZML 系母猪繁殖性能突出,护仔性好,育成率高;而 ZFY 父系种公猪与 ZML 系母猪杂交生产的二元母猪繁殖性能最高,非常适合瘦肉型商品猪生产,是集约

ZFY系公猪

ZFD系公猪

ZML系母猪

鲁农1号猪配套系商品猪

图 2-9　鲁农 1 号猪配套系

化中小型规模养猪和广大农村的养猪户的理想选择。

（3）生长育肥　ZFY 系种猪达 100 千克体重日龄（159.08±9.43）天，胴体平均背膘厚（22.9±0.24）毫米，料重比 2.58∶1，胴体瘦肉率 66.15%±2.47%；ZFD 系种猪达 100 千克体重日龄（167.37±7.42）天，胴体平均背膘厚（19.0±0.26）毫米，料重比 2.55∶1，胴体瘦肉率 69.50%±1.9%；ZML 系种猪 25～90 千克肥育期平均日增重（510±46）克，胴体平均背膘厚（33.0±1.20）毫米，料重比 3.32∶1，胴体瘦肉率 50.15%±2.21%。

鲁农 1 号猪配套系商品猪经农业部种猪质量监督检验测试中心（广州）测定，达 100 千克体重日龄（174.0±10.5）天，活体背膘厚（13.6±1.6）毫米，料重比（2.99±0.12）∶1，胴体瘦肉率 58.39%±4.40%，眼肌面积（40.11±6.81）厘米^2，肌内脂肪含量 4.01%，肉质优良。

3. 评价

鲁农 1 号猪配套系母系是以优良的莱芜猪素材，通过与大白猪杂交建系，后代进行横交固定，选择优秀个体定向培育，采用非完全闭锁选择，经 10 余年培育而成的优质肉猪专门化母系，使莱芜猪的高繁性能、肉质优良和适应性强的优势保持下来，并使日增重、饲料报酬、瘦肉率等经济性状得到较大提高与改善。而父系是以引进的法系大白猪和丹系杜洛克猪为育种素材,历经 8 年选育 5 个世代培育,形成了 ZFD 系和 ZFY 系两个专门化父本新品系。新品系既具有大约克猪和杜洛克猪生长速度快、产肉量高的性能,又有较好繁殖性能和肉品质、适应性良好等综合种质特性。

鲁农 1 号猪配套系的培育,不仅将莱芜猪的保纯选育提高到了一个新的技术水平,而且为莱芜猪种质资源保护和开发利用又扩大了内涵,开拓了一条更好的商品瘦肉猪生产路子,对提高引进种猪资源利用率及促进猪现代化育种技术的发展具有重要意义。同时也为我国发展优质猪肉提供了宝贵的猪种资源。

思考题

1. 简述良种猪的概念、含义。

2. 我国的猪种资源有哪些类型?

3. 我国的地方猪种与国外猪种相比有哪些优良遗传特性?

4. 在商品猪生产中,如何合理利用我国地方猪种资源?

5. 如何正确利用杂种优势?

第三章

种猪高效繁育技术

　　导　　读　种猪生产是整个养猪生产中一个非常重要的环节,本章就种猪的选择方法,后备猪的培育,种公猪和各个生产阶段种母猪的营养要求、饲养管理要点进行了详细介绍,也对提高母猪繁殖力的关键技术及目前正在大力推广的人工授精新技术进行了详述,对种猪高效生产具有重要的指导意义。

第一节　　种猪选择方法

　　在养猪生产过程中,每年都要定期补充后备猪,更换基础母猪群中胎次较高的种母猪或高龄、配种能力差的种公猪,以保证猪群合理的胎次(年龄)结构,提高种猪繁殖效率和猪群的性能,取得较好的生产水平和经济效益。规模化猪场每年种猪更新率为 25％～30％,小型养猪场或养猪专业户比例更高一些。

一、品种的确定

根据猪场定位或场内猪群血缘更新的需求进行确定。一般现代瘦肉型猪场的品种按下述原则确定。

原种猪场：必须引进同品种多血缘纯种公、母猪。

扩繁场：可引进不同品种纯种公、母猪。

商品场：可引进纯种公猪及二元母猪。长大（或大长）二元母猪综合了长白与大约克的优点，具有繁殖力高、母性好、哺育率高的特点，是瘦肉型商品猪生产的优良母本。另外由中国地方猪种和引进猪种杂交选育而成的具有我国自主知识产权的新品种如鲁烟白猪、苏太猪和新疆白猪等，不仅繁殖力高、母性好、哺育力高，而且耐粗饲、抗病力强，是中小型商品猪场的母本的最佳选择。

二、引种场的确定

选择引种场很重要，一般应从以下几个方面综合考虑：

（1）猪群的健康状况，确定能否引种的前提；

（2）种猪的性价比是否合适；

（3）该场的生产规模。规模过小势必选择范围窄、血统数少，近亲程度高。

（4）是否开展种猪选育（性能测定），技术资料（含三代系谱）是否齐全；

（5）服务是否完善；

（6）信誉度好坏。

三、种公猪的选择方法

1. 体型外貌

要求种公猪的头颈较轻，占身体的比例较小，胸宽深，背宽，腹部紧

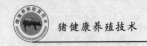

凑,不松弛下垂,体躯要长,后躯和臀部发达,肌肉丰满,骨骼粗壮,符合本品种的基本特征。

2.繁殖功能

要求生殖器官发育正常,睾丸发育良好,轮廓明显,左右大小一致,包皮不肥大,无积尿,无单睾、隐睾和阴囊疝等遗传性疾病,精液品质优良,性欲旺盛。

3.生产性能

一般瘦肉型公猪体重达 100 千克的日龄在 170 天以下;耗料省,生长育肥期每千克增重的耗料量在 2.8 千克以下;背膘薄,100 千克体重测量时,倒数第三到第四肋骨离背中线 6 厘米处的超声波背膘厚在 15 毫米以下。

四、种母猪的选择方法

1.体型外貌

外貌与毛色符合本品种要求。乳房和乳头是母猪的重要特征表现,一般要求有效奶头 6 对以上,排列整齐,分布均匀,无瞎、内翻乳头。在同窝中选择品种特征明显、个体较大而健壮、腹部长而不松弛、行动敏捷、毛色光亮、背腰平直、肢蹄健壮。

2.生产性能

达到品种性能要求且比猪群平均水平高的胴体品质和生长速度的个体留作后备母猪。

3.繁殖性能

后备种猪在 6～8 月龄时配种,要求发情明显,易受孕。淘汰那些发情迟缓、久配不孕或有繁殖障碍的母猪。当母猪有繁殖成绩后,要重点选留那些产仔数高、泌乳力强、母性好、仔猪育成多的种母猪。根据实际情况,淘汰繁殖性能表现不良的母猪。

五、当前种猪选择和引种中存在的误区

1.选择价格低廉的种猪,忽略种猪质量

特别是刚步入养猪行业的专业户,往往是只讲价钱不讲质量,而一旦发现购买的种猪质量比较差,繁育的后代生长速度慢、饲料转化率低、出栏时间长时已经晚了一年了,给自己的猪场带来了损失。

2.过分追求种猪体型

不能按商品猪的要求和标准选择种猪。后臀特别发达的种猪(双臀猪),不易发情,配种困难,容易发生难产,往往背部下凹,变形,淘汰率高。背膘薄的母猪通常泌乳力差,仔猪的成活率低(背膘厚和泌乳力是呈正相关的)。因此,并非具有"双肌臀"健美体型的猪才是优良种猪,而应该总体评价。

生产实践中,很多种猪场为了抓住客户的心理,把母猪的后臀发育大小作为猪场的选育目标,通过饲养技术过分发育,购买这些种猪的客户回到自己猪场饲养后,饲料条件发生变化,猪的后臀变小了,不能正常发情配种,淘汰率在40%～50%,很多养猪户在这方面都有很深的教训。购买母猪应侧重于母性特征,特别关心与繁殖性能有关的体型外貌,如四肢粗壮结实,第二性征,如奶头、外阴部、体躯结构的匀称等,仅仅后躯发育特别优秀的母猪不适宜作为种用。如果挑选种公猪,应该侧重瘦肉率、胴体品质、四肢粗壮、生长速度、饲料报酬等性状和体型外貌,这是提高后代瘦肉率和体型的最好措施。

3.盲目引进新品种,不注重猪的经济价值

养猪生产的目的是为了得到较好的收益。在引进品种时有的猪场不分析自己具备的条件盲目选择最新生长速度快产肉量很高的瘦肉型品种,比如杜洛克猪、长白猪、大约克猪、皮特兰猪、斯格猪、PIC 配套系猪等,由于这些猪种要求饲养条件很高,与其猪种的要求条件悬殊时,不仅不能发挥其高产猪的生产潜力,还会因适应性差造成退化、多病、甚至死亡。因此,小规模且饲养设施和技术条件较差时,可选择土洋杂

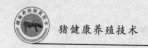
交猪种饲养,发挥地方猪耐粗饲、抗病力强的特点,成本低、效益好。

4.多处引种带来多种疫病,淘汰率高

许多人都认为多猪场引种,种源多、血缘宽,有利于本场猪群生产性能的改善,但是每个猪场的病原谱差异较大,而且现在疾病多数都呈隐性感染,一旦不同猪场的猪混群后,某些疾病暴发的可能性很大。引种时,尽量从一家或少数种猪场引进种猪,引种的猪场越多,带来的疫病风险越大。为安全可靠,引种时要猪场提供免疫记录、免疫程序等,系谱档案等技术资料。

第二节 后备猪的培育

一、后备猪的选择要点

后备猪一般从断奶仔猪时就开始了,先后要经过多次选择后才能确定。

(一)后备猪的选择时期

后备公、母猪的选择大多都是分阶段进行的。

(1)断奶阶段选择 第一次挑选(初选),可在仔猪断奶时进行。挑选的标准为:仔猪必须来自母猪产仔数较高的窝中,符合本品种的外形标准,生长发育好,体重较大,皮毛光亮,背部宽长,四肢结实有力,乳头数在 7 对以上(瘦肉型猪种 6 对以上),没有明显遗传缺陷。

从大窝中选留后备猪,主要是根据母亲的产仔数,断奶时应尽量多留。一般来说,初选数量为最终预定留种数量母猪 5～10 倍以上,公猪的 10～20 倍以上,以便后面能有较高的选留机会,使选择强度加大,有利于取得较理想的选择进展。

（2）保育结束阶段选择　保育猪要经过断奶、饲养环境改变、换料等几关的考验，保育结束时一般仔猪达 70 日龄，断奶初选的仔猪经过保育阶段后，有的适应力不强，生长发育受阻，有的遗传缺陷逐步表现，因此，在保育结束拟进行第二次选择时，应将体格健壮，体重较大，没有瞎乳头，公猪睾丸良好的初选仔猪转入下阶段测定。

（3）测定结束阶段选择　性能测定一般在 5～6 月龄结束，这时个体的重要生产性状（除繁殖性能外）都已表现出来。因此，这一阶段是选种的关键时期，应作为主选阶段。应该做到：①凡体质衰弱、肢蹄存在明显疾患、有内翻乳头、体型有严重损征、外阴部特别小、同窝出现遗传缺陷者，可先行淘汰。要对公母猪的乳头缺陷和肢蹄结实度进行普查。②其余个体均应按照生长速度和活体背膘厚等生产性状构成的综合育种值指数进行选留或淘汰。必须严格按综合育种值指数的高低进行个体选择，该阶段的选留数量可比最终留种数量多 15％～20％。

（4）母猪配种和繁殖阶段选择　这时后备种猪已经过了三次选择，对其祖先、生长发育和外形等方面已有了较全面的评定。所以，该时期的主要依据是个体本身的繁殖性能。对下列情况的母猪可考虑淘汰：①至 7 月龄后毫无发情征兆者；②在一个发情期内连续配种 3 次未受胎者。公猪性欲低、精液品质差，所配母猪产仔均较少者淘汰。

（二）后备猪的选择原则

1. 生长发育快

应选择本身和同胞生长速度快、饲料利用率高的个体。在后备猪限饲前（如 2 月龄、4 月龄）选择时，既利用本身成绩，也利用同胞成绩；限饲后主要利用肥育测定的同胞的成绩。

2. 体型外貌好

后备母猪体质健壮，无遗传疾患，应当审查确定其祖先或同胞亦无遗传疾患。体型外貌具有相应品种的典型特征，如毛色、头型、耳型、体型等，特别应强调的是应有足够的乳头数，且乳头排列整齐，无瞎乳头和副乳头。

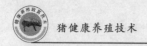

3.从高繁殖母猪的后代中选择

繁殖性能是后备母猪非常重要的性状,后备母猪应选自产仔数多、哺育率高、断乳体重大的高产母猪的后代。同时应具有良好的外生殖器官,如阴户发育较好,配种前有正常的发情周期,而且发情症状明显。

4.后备公猪的选择

(1)生长发育快,胴体性状优良。应选择生长发育性状和胴体性状优良的个体。生长发育性状和胴体性状可依据后备公猪自身成绩和用于肥育测定的同胞的成绩进行选择。

(2)体质强健,外形良好。后备公猪体型外貌具有品种的典型特征,如毛色、耳型、头型、肢蹄结实、体型紧凑等。无遗传疾病。

(3)生殖系统机能健全。要求睾丸发育良好,大小相同,整齐对称,摸起来感到结实但不坚硬,切忌隐睾、单睾。还应认真检查有无疝气和包皮积尿而膨大等疾病。一般说来,如果睾丸生长发育充分且外观正常,那么生殖系统的其他部分大都正常。

(4)健康状况良好。小型养猪场(户)经常从外场购入后备公猪,在选购后备公猪时应保证健康状况良好,以免将新的疾病带入。如选购可配种利用的后备公猪,要求至少应在配种前60天购入,这样才有足够的时间进行隔离观察,并使公猪适应新的环境,如果发生问题,也有足够时间补救。

二、后备猪的饲养

1.后备母猪的饲养

(1)合理配制饲粮。按后备母猪不同的生长发育阶段合理地配制饲粮。应注意饲粮中能量浓度和蛋白质水平,特别是矿物质元素、维生素的补充。否则容易导致后备猪的过瘦、过肥,使骨骼发育不充分。

(2)合理的饲养。后备母猪需采取前高后低的营养水平,后期的限制饲喂极为关键,通过适当的限制饲养即可保证后备母猪良好的生长发育,又可控制体重的高速增长,防止过度肥胖,但应在配种前2周结束限量饲喂,以提高排卵数。后期限制饲养的较好办法是增喂优质的青粗饲料。

2.后备公猪的饲养

(1)2月龄小公猪留作后备公猪后,应按相应的饲养标准配制营养全面的饲粮,保证后备公猪正常的生长发育,特别是骨骼、肌肉的充分发育。当体重达70~80千克以后,应进行限制饲养,控制脂肪的沉积,防止公猪过肥。

(2)应控制饲粮体积,以防止形成垂腹而影响公猪的配种能力。

(3)后备公猪在性成熟前可合群饲养,但应保证个体间采食均匀。达到性成熟后应单圈饲养,以防互相爬跨,损伤阴茎。

三、后备猪的管理

1.合理分群

后备母猪一般为群养,每栏4~6头,饲养密度适当。小群饲养有两种方式,一是小群合槽饲喂,这种方法的优点是操作方便,缺点是易造成强压弱食,特别是后期限饲阶段。二是单槽饲喂,小群趴卧或运动,这种方法的优点是采食均匀,生长发育整齐,但需一定的设备。

2.适当运动

为强健体质,促使猪体发育匀称,特别是增强四肢的灵活性和坚实性,应安排后备猪适当运动。运动可在运动场内自由运动,也可放牧运动。

3.调教

为繁殖母猪饲养管理上的方便,后备猪培育时就应进行调教。一要严禁粗暴对待猪只,建立人与猪的和睦关系,从而有利于以后的配种、接产、产后护理等管理工作。二要训练猪只养成良好的生活规律,如定时饲喂、定点排泄等。后备公猪达到配种年龄和体重后应开始进行配种调教或采精训练。配种调教宜在早晚凉爽时间、空腹进行。调教时,应尽量使用体重大小相近的母猪。调教训练应有耐心。新购入

的后备公猪应在购入半个月以后再进行调教,以便适应新的环境。

4.定期称重

定期称量个体既可作为后备猪选择的依据,又可根据体重适时调整饲粮营养水平和饲喂量,从而达到控制后备猪生长发育的目的。

5.后备猪的免疫接种

按猪日龄分批次做好免疫工作。在配种前1~2个月应接种2次伪狂犬、乙脑、细小病毒、猪瘟等,2次间隔约20天。另外,根据具体情况加强接种猪繁殖与呼吸综合征、链球菌、支原体、传染性胸膜肺炎、猪肺疫等疫苗;净化猪体内细菌性病原。应用广谱、高效、安全的预防性抗生素,在配种前2个月用药,每个月连续1周用药,直至配种;驱除体内外寄生虫。引进的后备猪应在第2周开始驱虫,配种前1个月再驱虫1次。所选的添加药物应为广谱驱虫药,注意在用药期间要同时用1%~3%敌百虫水溶液对圈舍喷洒,能使驱虫效果更好。

四、后备猪的初配年龄和体重

后备猪生长发育到一定年龄和体重,便有了性行为和性功能,称为性成熟。后备猪到达性成熟后虽具备了繁殖能力,但猪体各组织器官还远未完善,如过早配种,不仅影响第一胎的繁殖成绩,还将影响猪体自身的生长发育,进而影响以后各胎的繁殖成绩,并且利用年限较短。但也不宜配种过晚,配种过晚,体重过大,会增加后备猪发生肥胖的概率,同时会增加后备猪的培育费用。

后备母猪适宜的初配年龄和体重因品种和饲养管理条件不同而异。一般说来,早熟的地方品种生后4~6月龄、体重50~60千克即可配种,晚熟的培育品种应在7~9月龄、体重100~120千克开始配种利用。

第三节 种公猪的饲养管理与合理利用

种公猪在养猪生产中承担着猪群的品种改良和繁育后代的重要任务,它直接影响着猪群整体繁殖性能的发挥及生产任务的完成,因此种公猪的科学饲养及合理利用是发挥其种用性能的前提和保证。为提高种公猪精液的数量与品质,并保持旺盛的配种能力,对种公猪的饲养,必须抓好保证营养、科学管理、合理利用三个环节。

一、种公猪的饲养管理

1. 种公猪的营养需要

营养是维持公猪生命活动,保证健康和生产优质精液,以及保持旺盛配种能力的物质基础。在家畜中公猪交配时间长,射精量多(一般可达 200～400 毫升),消耗体力较大。精液中干物质约占 3%,水分占 97%,粗蛋白占 1.2%～2.0%。由于下丘脑下部促性腺释放激素和垂体促性腺激素是由外源蛋白质经生物合成,而精液的固形成分又主要由蛋白质组成,所以日粮中蛋白质的含量及品质可直接影响射精量和精液品质及生殖机能。因此,公猪日粮中蛋白质的质量和数量都应该满足生产要求。青年公猪配种期饲料粗蛋白质水平应保持在 13%～14%,成年公猪配种期应在 15% 以上,非配种期为 12%～13%,每千克饲料含消化能 12.35～14.3 兆焦为宜。同时要重视维生素、微量元素和钙磷元素的平衡。现代规模养猪采取配合饲料喂养,选购饲料时一定要按照生产阶段和目的选择,方可达到科学饲养。

成年公猪应保持中上等膘情。营养过度则猪体过肥,性欲和精液品质下降;营养不足则公猪消瘦,精液量减少,繁殖机能降低。生产中应视公猪体重变化和精液品质情况及时调整日粮营养水平,并根据不

同猪的营养需要进行饲喂,才能充分发挥良种猪的遗传潜力。

2. 日粮配合与喂量

公猪日粮以玉米、豆粕、麸皮及牧草、胡萝卜等配合为佳。但同时要注意有一定比例的动物性蛋白质和植物性蛋白质饲料。饲粮中如缺乏赖氨酸可使精子活力降低;缺乏色氨酸可使公猪睾丸萎缩,出现死精;缺乏苏氨酸和异亮氨酸则公猪食欲减退,体重减轻,配种能力下降。因此,注意补充赖氨酸、蛋氨酸等合成氨基酸,对维持生殖机能具有良好的作用。长年配种采精的公猪要随时注意营养状况,均衡供给生理所需的营养物质。日粮体积不宜过大,以免长成"草腹"影响配种。

配种期饲料配方(%):玉米 64,豆粕 28.3,大麦 4.2,鱼粉 1,骨粉 2,食盐 0.5;消化能 13.73 兆焦/千克,粗蛋白质 18.96%,钙 0.76%,磷 0.59%。非配种期配方(%):玉米 64.5,豆粕 15,大麦 15,草粉 3,骨粉 2,食盐 0.5;消化能 13.02 兆焦/千克,粗蛋白质 14.06%,钙 0.71%,磷 0.65%,另加维生素和微量元素添加剂。饲料配制时,应注意饲料原料的选择,饲料原料营养成分含量不同,配方中所占比例也不同。体重 90 千克以下公猪喂 1～1.5 千克/天,90～150 千克体重喂 1.5～2 千克/天,150 千克以上体重喂 2～3 千克/天。也可按体重的 2.3%～3% 给料,分 2 次喂。此外,适当加喂青绿多汁饲料 1～1.5 千克/天。饲料配方要保持稳定,如有变化应逐步换料,使之逐渐适应。实行季节性配种的猪场,应在配种季节到来前 1 个月开始补充营养,做好配种前准备。在配种全期均要保持较高的饲养水平,直到配种结束。

二、种公猪的饲养管理

1. 单圈饲养,建立日常管理制度

种公猪要单圈饲养,以保证每头公猪合理的采食量和适宜的体况。公猪舍离母猪舍较远为好,免受外界干扰,同时可避免公猪间相互爬跨形成自淫恶习。为公猪制定饲喂、运动、洗刷、配种采精、休息等一系列日常管理制度,使之形成条件反射,提高配种能力。和母猪舍一样,公猪舍要经常清扫,保持通风干燥,清洁卫生。如有条件最好用木板制作猪床供猪休息,可防寒防潮有利健康。夏季炎热要给公猪经常洗浴,保持体表清洁,尤其应注意下腹部、后躯、阴囊和包皮的清洗。每天用刷子刷拭公猪体表皮毛1次,以促进血液循环和新陈代谢,有利于保持体表干净卫生,防止皮肤病和体外寄生虫病的发生,使之养成良好的生活习惯,变得温驯,服从管教,便于采精调教和辅助配种。此外,还要注意保护肢蹄,对异型蹄要及时修剪,按时合理注射疫苗,定期驱虫,确保健康。从外地购买公猪必须首先考虑健康因素,避免带来疾病。

2.适当运动

运动是公猪饲养管理中最重要的环节之一,是增强体质,促进食欲,锻炼神经系统,促进肌肉、骨骼生长,避免肥胖,提高繁殖力和精液品质的有效措施。种公猪在圈养条件下缺少运动,容易沉积脂肪而肥胖,贪睡,四肢软弱无力,性功能降低,易发生肢蹄病。生产中除让其在运动场自由运动外,一般上下午应进行驱赶或放牧运动各1次,每次1～2小时。但在配种繁殖季节应减少运动,而非繁殖季节可适当增加运动量,对提高繁殖力和延长使用年限可起到明显效果。

3.定期检查精液品质

定期检查分析精液品质是保证公猪健康,判断饲养水平高低,确定配种质量,提高受胎率,增加产仔数的重要措施之一。后备公猪在配种前和由非配种期转入配种期之前,均要对精液品质进行2～3次检查,防止用弱精、死精配种造成空怀。人工授精公猪每次采精都要检查,以便确定稀释倍数;本交每月检查1～2次。通过对精液品质检查及时发现繁殖中出现的障碍,对活力差、密度稀、有异常色泽精液的公猪要查明原因,以采取相应措施。

4.防暑保暖

种公猪的适宜环境温度是18～20℃。夏季要防暑降温,注意猪舍通风,气温高于35℃时,可向猪舍房顶及猪体喷水降温,严禁直接冲猪头部。冬季应修补栏舍,堵塞漏洞,铺垫清洁干草,做到勤垫勤晒,搞好防寒保暖。

三、种公猪的合理利用

1.要适龄配种

公猪的精液品质和使用年限与饲养管理密切相关,同时也取决于初配年龄和利用强度。过早配种会影响公猪自身生长发育,产仔猪少,生长缓慢;过迟配种易长肥,性欲降低影响配种效果。后备公猪的初配年龄因品种、饲养管理和气候条件有一定差异,本地猪性成熟早,引进品种性成熟较晚。长白猪、大约克夏猪、杜洛克猪的适宜初配年龄在7～9月龄,体重90～120千克(成年体重的70%)为宜。

2.利用强度

种公猪的利用强度要根据年龄、体质和精液品质好坏进行合理安排。1.5～3.5岁为生殖机能旺盛阶段,每周配种或采精2～3次为宜。但需要注意配种应安排在喂料前后1～2小时进行,配种后不宜立即饮水。

分散饲养和非季节性产仔时,1头成年公猪本交可负担20～40头母猪的配种任务,人工授精可负担500～800头母猪输精。公猪配种或采精过频,会显著降低精液品质,影响受胎率和产仔数。

3.公猪的淘汰

公猪质量对全群生产有着巨大的影响。优秀公猪充分利用,精液品质差、年龄大、病弱猪应及时淘汰,这也是降低饲养成本的有效措施之一。

第四节　怀孕期母猪的分段饲养技术

根据营养需要及生理代谢特点将妊娠期母猪的饲养分为两个阶段,即妊娠前期和妊娠后期。采取前低后高的方式实施饲喂,即妊娠前期在一定限度内降低营养水平，到妊娠后期再适当提高营养水平。

妊娠期的饲养管理目标是：一方面，保证母猪有良好的营养储备，尽可能减少其泌乳期间的体重损失，保持其繁殖期间良好的体况，并促进乳腺组织的发育，保证泌乳期有充足的泌乳量；另一方面，母猪应摄入足够的营养物质以促进胚胎的存活、生长和发育。随着妊娠期的发展，妊娠、胚胎着床、胎儿发育和乳腺生长，母猪的营养需要也在不断发生变化，在设计妊娠母猪日粮配方时应考虑这些变化。

一、妊娠前期（怀孕 80 天以前）

母猪怀孕后往往性情温顺、安静、食欲旺盛、饲料利用率提高，在喂等量饲料的条件下，妊娠母猪比空怀母猪增重较多。因此，此期的饲养要点是适当控制喂量，防止快速增重体况过肥。

1. 妊娠前期母猪的饲养要点

研究表明，配种后最初 3 天高水平饲喂（2.5 千克/天），会降低胚胎存活率 5%。妊娠头 20～30 天低水平饲喂可提高胚胎存活率及窝产仔数。而对于消瘦的断奶母猪，妊娠早期采取高水平饲喂是有益的，若对泌乳期低水平饲喂（3 千克/天）的母猪在妊娠早期实行高水平饲喂（3.6 千克/天）可提高其胚胎数和胚胎存活率，因此，对于断奶时极瘦的母猪应适当提高饲喂水平。正常母猪群可采取营养平衡，饲喂可掌握吃粗吃饱的原则。

2. 妊娠前期的管理

配种后 18～24 天以及 39～45 天认真做好妊娠诊断，及时检测出复发情或未受孕的母猪。配种后尽快将群饲改为个体饲养，实行单栏、单圈饲养怀孕母猪。如果群饲，应在配种前合群，使彼此熟悉，密度不宜过大，每头母猪占地不低于 2 米²，切忌与未怀孕母猪合群，因未怀孕母猪一旦发情，会追逐、爬跨怀孕母猪，造成其流产。

怀孕猪舍环境要安静，避免因受伤、惊吓、骚动的刺激，引起母猪应激反应，从而影响胚胎的存活。猪舍温度要求 15～21℃。冬季保暖，

夏季防暑降温;保持圈舍干燥卫生。

根据本场的实际和周围疫情,建立适宜的卫生防疫制度。发现病猪及时治疗并全群消毒,严防高烧造成流产。

加强兽药管理,严禁对怀孕母猪使用可导致化胎、死胎、流产的药物,如大环内酯类药物,激素类药等,并注意妊娠期接种疫苗安全,禁止在此期实施强制免疫,如高致病性猪蓝耳病疫苗等。

二、妊娠后期(怀孕后 80 天至分娩)

妊娠中、后期,胎儿发育迅速,应较前期提高营养水平和浓度,确保胎儿快速生长和较大的出生体重。

1. 妊娠后期母猪的饲养要点

此期日喂量为 2.0~2.5 千克,消化能一般为 23.43~29.29 兆焦/天,粗蛋白为 13%~15%,但在产前 5~7 天应按日粮的 10%~20%减少精料,并调配容积较大且带有轻泻性饲料,可防止便秘,如小麦麸为轻泻性饲料,可代替原饲料的一半。实践表明,在怀孕 80 天至分娩前,母猪体重较前期明显增加,主要是妊娠产物增重明显。随着胎儿的快速生长,腹腔容积变小,采食量相对降低,此期,在满足饲料量的基础上,提高饲料营养水平,注意矿物质和维生素的充分供应,否则,初生仔猪体质弱,抵抗力差,患病几率高,母猪泌乳量低,影响仔猪发育。

2. 妊娠后期的管理

怀孕猪舍环境要安静,防止外界机械刺激,如鞭打、拥挤、碰撞、急行、急转拐、滑倒等,造成母猪流产。冬季保暖,夏季防暑降温;保持圈舍干燥卫生。

实行单栏、单圈饲养怀孕后期母猪,若群饲,应在配种前合群,使彼此熟悉,密度不宜过大,以应让母猪充分运动。妊娠后期减少运动量,临产前 7 天,停止运动。

做好妊娠后期母猪的免疫工作,如仔猪黄、白痢疫苗、蓝耳病、猪瘟等疫苗的接种,保持较高的母源抗体水平。

第五节 围产期母猪的饲养管理技术

一、围产期母猪的饲养管理

产仔前后 7～10 天为围产期。产前可用 5～7 天时间逐渐将喂量降至常量的 50％左右，母猪分娩前 10～12 小时最好不再喂料，但应满足饮水，冷天水要加温。母猪产后 8～10 小时内可喂给少量麸皮或调得很稀容易消化的汤料。产后 3～5 天内均可维持产前喂量，以后再逐渐增加直至完全敞开供应，也即哺乳期母猪放开饲喂量。

此阶段在管理中，重点根据不同季节注意保温、防暑、防滑、减少应激，保持环境安静。

二、母猪分娩前的准备

产仔前需做好两件工作，一是产房和用品准备，二是做好母猪临产前的护理。

1. 产房与用品准备

产房准备的关键是消毒与保温。

(1)消毒 产仔前 10 天全场进行一次大清扫。所有的猪栏、运动场都要彻底清除粪便及污物。产房地面、栏杆、饲槽、饮水器、保暖设备等要维修好，走道和猪栏要彻底清扫，然后用高压水冲刷走道、猪栏和墙壁，再用 2％苛性钠(火碱)水溶液仔细喷雾消毒(或用喷灯火焰喷射消毒)，停 24 小时后，再用高压水冲洗，墙壁用 20％的石灰乳粉刷。

(2)保温 寒冷季节产房必须有采暖设备，至少应有仔猪保温装置(仔猪箱、红外线灯、电垫板、玻璃钢罩等)，产房温度以 15～18℃为宜，

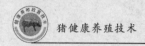

另为仔猪创造一个温暖的小环境。

（3）接产用品　规模化养殖条件下，一般接产用品完善、消毒设备齐备，生产是按照工艺流程严格操作的。散养条件下，多数还采取传统方法，需要准备垫草、记录卡片、剪刀、耳号钳（或耳标）、消毒液等备用。

（4）母猪预产期表上墙　预产期表项目包括：母猪耳号、与配公猪耳号、配种日期、预计产仔期、胎次及备注（标出产前异常或有恶癖等特殊情况）。母猪迁入产房之前即应将预产期表贴到产房值班室的墙上，使产房值班管理人员做到胸中有数，防止母猪产仔无人接产护理。制订母猪预产期表时，其中预计产仔日期，可按母猪配种之日起加 3 个月、3 周、3 天（计 114 天）推算，或用"母猪分娩日期推算表"查找（表 3-1）。

表 3-1　母猪分娩日期推算表

配种日	配种月											
	1	2	3	4	5	6	7	8	9	10	11	12
1	4.25	5.26	6.23	7.24	8.23	9.23	10.23	11.23	12.24	1.23	2.23	3.25
2	4.26	5.27	6.24	7.25	8.24	9.24	10.24	11.24	12.25	1.24	2.24	3.26
3	4.27	5.28	6.25	7.26	8.25	9.25	10.25	11.25	12.26	1.25	2.25	3.27
4	4.28	5.29	6.26	7.27	8.26	9.26	10.26	11.26	12.27	1.26	2.26	3.28
5	4.29	5.30	6.27	7.28	8.27	9.27	10.27	11.27	12.28	1.27	2.27	3.29
6	4.30	5.31	6.28	7.29	8.28	9.28	10.28	11.28	12.29	1.28	2.28	3.30
7	5.1	6.1	6.29	7.30	8.29	9.29	10.29	11.29	12.30	1.29	3.1	3.31
8	5.2	6.2	6.30	7.31	8.30	9.30	10.30	11.30	12.31	1.30	3.2	4.1
9	5.3	6.3	7.1	8.1	8.31	10.1	10.31	12.1	1.1	1.31	3.3	4.2
10	5.4	6.4	7.2	8.2	9.1	10.2	11.1	12.2	1.2	3.1	3.4	4.3
11	5.5	6.5	7.3	8.3	9.2	10.3	11.2	12.3	1.3	2.2	3.5	4.4
12	5.6	6.6	7.4	8.4	9.3	10.4	11.3	12.4	1.4	2.3	3.6	4.5
13	5.7	6.7	7.5	8.5	9.4	10.5	11.4	12.5	1.5	2.4	3.7	4.6
14	5.8	6.8	7.6	8.6	9.5	10.6	11.5	12.6	1.6	2.5	3.8	4.7
15	5.9	6.9	7.7	8.7	9.6	10.7	11.6	12.7	1.7	2.6	3.9	4.8
16	5.10	6.10	7.8	8.8	9.7	10.8	11.7	12.8	1.8	2.7	3.10	4.9
17	5.11	6.11	7.9	8.9	9.8	10.9	11.8	12.9	1.9	2.8	3.11	4.10
18	5.12	6.12	7.10	8.10	9.9	10.10	11.9	12.10	1.10	2.9	3.12	4.11

续表 3-1

配种日	配种月											
	1	2	3	4	5	6	7	8	9	10	11	12
19	5.13	6.13	7.11	8.11	9.10	10.11	11.10	12.11	1.11	2.10	3.13	4.12
20	5.14	6.14	7.12	8.12	9.11	10.12	11.11	12.12	1.12	2.11	3.14	4.13
21	5.15	6.15	7.13	8.13	9.12	10.13	11.12	12.14	1.13	2.12	3.15	4.14
22	5.16	6.16	7.14	8.14	9.13	10.14	11.13	12.14	1.14	2.13	3.16	4.15
23	5.17	6.17	7.15	8.15	9.14	10.15	11.14	12.15	1.15	2.14	3.17	4.16
24	5.18	6.18	7.16	8.16	9.15	10.16	11.15	12.16	1.16	2.15	3.18	4.17
25	5.19	6.19	7.17	8.17	9.16	10.17	11.16	12.17	1.17	2.16	3.19	4.18
26	5.20	6.20	7.18	8.18	9.17	10.18	11.17	12.18	1.18	2.17	3.20	4.19
27	5.21	6.21	7.19	8.19	9.18	10.19	11.18	12.19	1.19	2.18	3.21	4.20
28	5.22	6.22	7.20	8.20	9.19	10.20	11.19	12.20	1.20	2.19	3.22	4.21
29	5.23	—	7.21	8.21	9.20	10.21	11.20	12.21	1.21	2.20	3.23	4.22
30	5.24	—	7.22	8.22	9.21	10.22	11.21	12.22	1.22	2.21	3.24	41.23
31	5.25	—	7.23	—	9.22	—	11.22	12.23	—	2.22	—	4.24

2. 母猪分娩前护理

包括驱除体外寄生虫、变料、减料、调教、运动和转入产房。

（1）驱除体外寄生虫 产前 2 周，全场猪要普遍检查，如发现有疥癣、猪虱，要用 2％ 敌百虫水溶液喷雾灭除，以免产后传播到仔猪身上。

（2）精心护理 过热过冷天气要注意防止母猪中暑或感冒。饲养员在母猪妊娠后期要精心护理；喂饲和扫圈过程经常抚摩母猪，养成猪不怕人接触的习惯，为进入产房的管理创造方便条件。

（3）转入产房 母猪临产前 4～5 天转入产房，使其提前熟悉新环境，避免产前剧烈活动造成死产，便于接产管理。临产母猪转入产房过晚不利，过早也不好，容易污染已消毒过的产栏，也使母猪体力降低，不利分娩。转群应在饲喂前进行，预先在产栏饲槽内投放饲料，母猪进栏后即吃料，可减少折腾。新转入产栏的母猪应训练好吃料、喝水、排便和卧睡定位，尽量减轻产栏污染，保持卫生。

（4）设值班人员 从预计产仔开始前 1 周起，夜间产房应设值班

人员,其职责为:观察母猪动态,发现母猪产仔及时接产护理;看护哺乳仔猪,防止压死、冻死仔猪;按时喂饮哺乳母猪;清扫粪便,保持产房卫生。

三、接产

饲养员应根据母猪临产症状较准确地判断分娩开始时间,接产过程要认真按规程操作。

1. 母猪临产症状

腹部膨大下垂、乳房膨胀、乳头外张,用手挤乳头时有几乎透明、稍带黄色、有黏性的乳汁排出(从前边乳头开始)。初乳一般在产前数小时或一昼夜开始分泌,亦有个别产后才分泌的。

母猪阴部松弛红肿,尾根两侧稍凹陷(骨盆开张),行动不安,叼草作窝,这种现象出现后 6～12 小时即要产仔,这是最重要的临产症状。

母猪呼吸加快,站卧不安,时起时卧,频频排尿,然后卧下,开始阵痛,阴部流出稀薄黏液(破水),这就是即将产仔的征兆。此时应用高锰酸钾水溶液擦洗母猪阴部、后躯和乳房,准备接产。

2. 接产操作

安静的环境对母猪顺利分娩是重要的,整个接产过程要保持环境安静,动作准确、快捷。

(1)擦黏液 一般母猪破水后数分钟至 30 分钟即会产出第一头仔猪。仔猪产出后,接产人员立即用手指掏除仔猪口腔的黏液,然后用干净柔软的布或垫草将其鼻和全身黏液仔细擦干净,促进其呼吸,减少体表水分蒸发散热。

(2)断脐 先将脐带内血液向腹部方向挤压,然后在距腹壁 3 指(约 4 厘米)处用手指掐断脐带(不用剪刀,以免流血过多),断端涂 5%碘酊消毒。若断脐后流血,则用手指捏住断端,直至不出血,再一次涂碘酊;尽量不用线结扎,以免引起炎症。

(3)剪耳号 耳号钳预先消毒,按本场规定,给断脐处理完的仔猪剪号,剪号后要认真涂上碘酊消毒。接着称仔猪体重(初生重)。在产仔哺育记录卡上登记耳号、性别和初生重。

(4)吃初乳　上述处理完后,即将仔猪送到母猪身边吃奶。对不会吃奶者,要给予人工辅助。初生仔猪越早吃初乳越好,有利于恢复体温(仔猪生后体温下降)和及早获得免疫力。一般宜采取仔猪随产出随吃初乳;对分娩过程不安的母猪(初产多见、个别有恶癖母猪),可采取将产出的仔猪先装入仔猪箱(或箩筐)保温,待分娩结束再一起送给母猪哺乳。但时间最长不得超过2～3小时,必须让初生仔猪吃到初乳。

(5)假死仔猪急救　母猪产前剧烈折腾会造成脐带提前中断,产道狭窄、胎位不正也会造成已断脐胎儿娩出时间拖长,都会产出窒息仔猪。其中有的虽不能呼吸但心脏仍在跳动,用手指轻压脐带根部可摸到脉搏,此为假死仔猪。急救方法:先掏出其口腔内黏液,擦净鼻部和身上黏液,然后用两手分别握住其前后肢(或一手托臀、一手托肩),反复做人工呼吸,直至恢复呼吸。

(6)拿走胎衣　母猪分娩,通常每经5～20分钟产出一头仔猪。一般正常产时分娩过程持续2～4小时。仔猪全部产出后经10～30分钟开始排出胎衣,也有边产边排胎衣的情况,胎衣排净平均需4.5小时(2～7小时)。胎衣排出后应立即从产栏中拿走,以免母猪吞食影响消化和养成吃仔恶癖。胎衣洗净煮汤分数次喂给母猪,能促进母猪泌乳。产栏污染的垫草要清除,污染床面洗刷消毒。用温皂水(或来苏儿、高锰酸钾水溶液)将母猪阴部、后躯和乳房擦洗干净。

(7)饮水　分娩过程母猪体力消耗大,体液损失多,疲劳口渴。所以,产后半小时,要给母猪饮加少量食盐的温水,最好喂给温热的豆粕水、麸皮汤(煮豆粕水加麸皮和少量食盐),以补充体液,解除疲劳。也能避免母猪因口渴而吃仔猪。

(8)难产处置　难产在生产中较为常见,多由母猪骨盆发育不全、产道狭窄(早配初产母猪多见)、死胎多、分娩时间拖长、子宫弛缓(老龄、过肥、过瘦母猪多见)、胎位异常、胎儿过大所致。如不及时处置,可

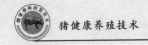

能造成母仔双亡。

母猪破羊水半小时后仍不产出仔猪,即可能为难产。难产也可能发生于分娩中间,即顺产几头仔猪后,长时间不再产出仔猪。如果母猪长时间剧烈阵痛,反复努责不见仔产,呼吸促迫,心跳加快,皮肤发绀,应立即实行人工助产。对老龄体弱、娩力不足的母猪,可肌肉注射催产素(脑垂体后叶素)10～20单位,促进子宫收缩,必要时同时注射强心剂。如注药后半小时仍不能产出仔猪,即应手术掏出。具体操作方法是:术者剪短、磨光指甲,手和手臂先用肥皂水洗净、2％来苏儿(或1％高锰酸钾水溶液)消毒,再用70％酒精消毒,然后涂以清洁的润滑剂(凡士林、石蜡油或甘油);将母猪阴部也清洗消毒;趁母猪努责间歇时将手指尖合拢呈圆锥状,手臂慢慢伸入产道,抓住胎儿适当部位(下颌、腿),再随母猪努责,慢慢将仔猪拉出。对破水时间过长产道干燥、产道狭窄、胎儿过大引起的难产,可先向母猪产道注入温的生理盐水或润滑剂,然后按上述方法将胎儿拉出。对胎位异常的,矫正胎位后可能自然产出。

在整个助产过程中,要尽量避免产道损伤和感染。助产后必须给母猪注射抗生素药物,防止感染发病。母猪不吃或有脱水症状,应耳静脉滴注5％葡萄糖生理盐水500～1 000毫升、维生素C 0.2～0.5克。

3.产后无乳的防治

有的母猪因妊娠期营养不良,产后无奶或奶量不足,可喂给小米粥、豆浆、胎衣汤、小鱼小虾汤、煮海带肉汤等催奶。对膘情好而奶量少的母猪,除喂催乳饲料外,应同时采用药物催奶(调节内分泌)。如当归、王不留行、漏芦、通草各30克,水煎配小麦麸喂服,每天1次,连喂3天。各地草药催奶方剂很多,可选用效果好的。也可用催乳灵(10片,一次内服)等人用催乳药。

为促进母猪消化,改良乳质,预防仔猪下痢,母猪产后每天喂给小苏打(碳酸氢钠)25克,分2～3次于饮水中投给。对粪便干燥有便秘趋向的母猪,宜投喂鲜嫩青料,设法增加饮水量,必要时适当喂给人工盐。

4.产房要保持温暖、干燥、空气新鲜

产栏和走道保持卫生,最好每 2～3 天喷雾消毒一次(选用对猪体无害的消毒药,如过氧乙酸、来苏儿、百毒杀等)。产房小气候条件恶劣,产栏不卫生,可能造成母猪产后感染(子宫炎症),表现恶露多、发烧、拒食、无奶。或发生母猪子宫炎、乳房炎、无奶综合征。如不及时治疗,仔猪常于数日内全窝饿死。治疗原则是必须冲洗子宫(如用 2％～3％温热精制食盐水),同时注射抗菌药物。治疗同时必须改善饲养管理条件。

第六节　哺乳期母猪的饲养管理技术

根据近年研究成果,母猪饲养的基本原则是"低妊娠、高泌乳"。所谓"高泌乳",即是对泌乳母猪实行高水平饲养,不限量饲喂或自由采食。这样做的好处,一是能提高母猪的泌乳量,促进仔猪发育,经济有效地利用饲料。二是能减少母猪泌乳期失重,有利于断奶后母猪正常发情配种。一般正常膘情的母猪,泌乳期体重损失宜控制在 15％～20％(产后 3 天体重与泌乳期结束时的体重的差值除以产后 3 天体重)以内。

一、提高泌乳量的重要性与泌乳规律

母乳是仔猪生后 2 周龄前唯一的营养来源,是 30 日龄前主要的营养来源。因此,母猪泌乳量多少对哺乳仔猪育成率及断奶体重关系极大。

1.猪乳的成分

猪乳中干物质、蛋白质及脂肪含量均超过其他家畜,唯乳糖略低于其他家畜。初乳较常乳营养更为丰富,初乳期为 3 天左右,但蛋白质和

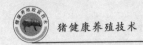

免疫球蛋白含量产后下降很快,24 小时后即接近常乳(表 3-2)。猪乳的营养成分并不恒定,随品种、饲粮构成及饲养水平及泌乳时期而有所变化。

表 3-2　母猪乳的化学成分　　　　　　　　　　%

成分	初乳			常乳
	产时	产后 6 小时	产后 12 小时	
水分	74.25	74.43	81.71	84.37
蛋白质	15.15	9.79	5.82	4.47
脂肪	4.83	10.83	6.70	4.46
乳糖	3.13	3.16	3.91	5.62
灰分	0.59	0.59	0.63	0.78
钙	0.08	0.07	0.10	0.23
磷	0.08	0.07	0.09	0.15
合计	99.94	98.85	98.77	99.70

2.泌乳量

母猪 60 天泌乳量,中国中小型地方猪种和培育品种多为 300～400 千克,中国大型地方猪种和引进的大型瘦肉型品种大约克夏、长白猪为 600 千克左右。泌乳的高峰期均在产后的 20～30 天期间,30 天以后泌乳量下降,中国地方猪种下降较慢,而引进品种下降较快。产后 40 天内的泌乳量占全期的 70%～80%。所以,为提高母猪泌乳量,关键是要抓好头 40 天的饲养管理。

二、哺乳母猪的营养需要

在整个泌乳期内,母猪约分泌乳汁 330～400 千克,平均每天产乳 5.5～6.5 千克。要让母猪能产这么多的奶,仅泌乳一项每天就需要约 42 兆焦消化能(相当于 4.8 千克混合料),带仔多的母猪需要更多的消化能。

母猪平均每天产乳 6 千克时,从乳中排出蛋白质 316 克,加上母猪本身维持需要的 86 克,每天共需消耗 400 克蛋白质。但饲料蛋白质变成乳蛋白的转化率为 45%,所以母猪每天要从饲料中摄取 790 克左右的蛋白质,才能满足泌乳和维持的需要。

同样,哺乳母猪对钙和磷的需要量也较多。猪乳中含钙量约为 0.25%、磷为 0.166%。一头泌乳的 6 千克的母猪,每天约随乳排出 15 克钙、10 克磷。母猪对钙、磷的利用率按 50% 计,则每天用于泌乳就需要 30 克钙和 20 克磷。另外,母猪维持本身正常的新陈代谢也需要一定数量的钙和磷。所以,如果日粮中钙和磷供应不足,母猪就要消耗自身骨骼中的钙和磷,时间长了,不仅母猪食欲减退,产乳量下降,而且还会引起瘫痪。因此,哺乳母猪的饲料中,每千克应含 0.9%~1% 的钙、0.7%~0.8% 的磷。

各种维生素不仅是母猪本身所需要,而且也是猪奶的重要成分。仔猪生长发育所需要的各种维生素几乎都是从母猪乳中摄取。母猪如果缺少维生素 A,就会造成泌乳量和乳的质量下降;缺乏维生素 D,则引起母猪产后瘫痪。因此,在可能的条件下,应多喂给青绿多汁饲料。在集约化猪场应在饲料中添加足量的多种维生素和微量元素添加剂,以满足哺乳母猪对各种维生素和微量元素的需要。

为了满足哺乳母猪对各种营养物质的需要,必须使母猪配合饲料中含有 13 兆焦/千克以上的可消化能 14%~16% 的可消化粗蛋白或 16%~18% 的粗蛋白、0.5% 的赖氨酸和 0.4% 的蛋氨酸与胱氨酸。一头 120~180 千克重的母猪,每日要喂 5 千克左右上述营养水平的配合饲料。各地可根据本地饲料来源和品种,制定自己的哺乳母猪饲料配方。

三、哺乳母猪的饲养管理要点

(1)掌握投料量。产后不可投料过多,经 3~5 天逐渐增加投料量,至产后 1 周,母猪采食和消化正常可放开饲喂,能吃多少给多少。产后 10~20 天日投料量一般应达到 5 千克以上,仔猪离乳前的 5 天左右可视母猪的膘情酌减投料量,同时适当控制饮水。

(2)饲喂次数。以日喂 4 次为好,时间为 6 时、10 时、14 时、22 时为宜,最后一餐不可再提前。这样母猪有饱腹感,夜间不站立拱槽寻食,减少压死、踩死仔猪,有利母猪泌乳和母、仔安静休息。

(3)饮水与投青料。如喂生干料,则饮水充足与否是采食量的限制因素,饮水器必须保证有足够的出水量和速度。泌乳母猪最好喂生湿料(料:水=1:(0.5~0.7)),另饮水(饮水器或常备水槽)。有条件的,可饮豆粕浆汁。加喂一些南瓜、甜菜(必须捣细碎)、胡萝卜等催乳饲料。

(4)泌乳期母猪饲粮结构要保持相对稳定,不要频变、骤变饲料品种,不喂发霉变质和有毒饲料,以免造成母猪乳质改变而引起仔猪腹泻。

(5)猪舍内要保持温暖、干燥、卫生、空气新鲜,只是清扫猪栏粪尿并不能解决问题,必须坚持每 2~3 天用对猪无副作用的消毒剂喷雾消毒猪栏和走道。尽量减少噪声、大声吆喝、粗暴对待母猪等应激因素,安静的环境才有利于母猪泌乳。

(6)有条件的地方,可让母猪带领仔猪在就近牧场上活动,能提高母猪泌乳量,改善乳质,促进仔猪发育。无牧地条件,最好每天能让母、仔有适当的室外自由活动。

第七节　提高母猪繁殖力的关键技术

一、早期断奶,提高母猪的年产仔窝数

仔猪早期断奶可以缩短母猪的产仔间隔,提高母猪的年产仔窝数和年产仔总头数。母猪的年产仔窝数=365 天/(妊娠期+哺乳期+空

怀期）。一年 365 天是个常数，妊娠期、哺乳期、空怀期之和为一个繁殖周期。妊娠期约为 114 天是固定不变的，而哺乳期和空怀期的长短，直接影响繁殖周期的长短。早期断奶就是缩短哺乳期，也即缩短产仔间隔，提高母猪的年产仔窝数和年产仔总头数。

断奶日龄也不是越早越好，断奶日龄对母猪的影响表现在以下几个方面：

1. 对母猪断奶至发情天数间隔的影响

为了使产后母猪能够恢复理想的繁殖效果，母猪分娩后，子宫必须经过一定时间才能复原。在泌乳期前两三周内，母猪子宫逐渐得到修复，以便为下一次妊娠做准备。泌乳天数如果少于 19 天，就会对子宫复旧率、断奶至发情时间间隔以及后面的胚胎存活率产生影响。泌乳期在 3～4 周之间的母猪断奶至发情间隔最短。泌乳期 20 天以上的母猪断奶后 7 天之内发情的比例高于泌乳期 14～15 天的母猪。与经产母猪相比，初产母猪在泌乳期短于 21 天的情况下容易出现断奶至发情间隔延长的现象。

2. 对母猪受孕率、分娩率及下一胎窝产仔数的影响

下一发情期排卵率与泌乳期天数一般没有关系。然而，受胎率却通常会随泌乳期缩短而降低。随泌乳期缩短，胚胎存活率呈下降趋势。低于 21 日龄断奶的母猪胚胎存活率会下降，是因为子宫内膜恢复不完全。分娩率同样会随断奶日龄降低而下降。与 23～25 日龄断奶的母猪相比，11～19 日龄断奶的母猪分娩率显著降低。低于 18 日龄断奶的母猪下一胎窝产仔数通常会降低，影响母猪下一胎窝产仔数的因素有：子宫复旧的时间、排卵率、卵子受精率、胚胎存活率。总之，为了实现最大的生产量，断奶日龄不应对母猪繁殖性能产生显著影响。对于多数猪群，断奶日龄在 3～4 周之间为最佳，如果断奶日龄低于 17 天就会显著影响繁殖性能。

二、促进母猪发情排卵，提高产仔数

生产中，常有一些空怀母猪不发情的情况发生，导致妊娠和泌乳落空，影响产仔数量，造成很大的经济损失。这与母猪的营养供应，饲养方式、管理措施、圈舍狭小、光照不足有关。根据多年的研究和生产实践经验认为，可采取以下解决办法。

1. 改善饲养管理，满足营养供应

对迟迟不发情的母猪，应首先从饲养管理上查找原因。例如，饲粮过于单纯；蛋白质含量不足或品质低劣；维生素、矿物质缺乏；母猪过肥或过瘦；长期缺乏运动等。应进行较全面的分析，采取相应的改善措施。

(1)短期优饲。根据母猪的体况在配种前的半个月或1个月左右的时间，适当加料，让其尽快恢复膘情，并能较早发情、排卵和接受交配。要求基础饲料须是根据母猪的营养标准供应的全价配合饲料。

(2)多喂青绿饲料，满足钙、磷的需要，维生素、矿物质、微量元素对母猪的繁殖机能有重要影响。例如饲粮中缺乏胡萝卜素时，母猪性周期失常，不发情或流产多；长期缺乏钙、磷时，母猪不易受胎，产仔数减少；缺锰时，母猪不发情或发情微弱等。因此，配种准备期的母猪，多喂青绿饲料、补充骨粉、添加剂，充分满足维生素、矿物质、微量元素的需要，对其发情排卵有良好的促进作用。一般情况下，每天每头饲喂5～7千克的青饲料或补加25克的骨粉为好。

(3)正确的管理，新鲜的空气，良好的运动和光照对促进母猪的发情排卵有很大好处。配种准备期的母猪要求适当增加舍外的运动和光照时间，舍内保持清洁，经常更换垫草，冬春季节注意保温。例如把母猪赶出圈外，在一些草地或猪舍周围活动1小时，再喂些胡萝卜或菜叶，连续3天，很容易引起母猪发情。

2. 控制哺乳时间，实行早期断奶或仔猪并窝的办法

(1)控制哺乳时间，待训练好仔猪的开食，并能采食一定量的饲料

(25～30日龄)时,控制哺乳次数,每隔6～8小时一次,这样处理6～9天,母猪就可以提前发情。

(2)仔猪并窝,养猪场或专业户,在集中时间产仔时,可把部分产仔少的母猪所产的仔猪,全部寄养给另外母猪哺育,即能很快发情配种。

(3)仔猪早期断奶,通常母猪断奶后5～7天发情,在一个适当的时间提前断奶,母猪可提前发情进行配种。我国广大家庭养猪户多沿袭45～60天断奶,目前,各地出现许多先进技术,仔猪最早21日龄断奶。但大部分都是28～35日龄断奶。

3.公猪或运动的刺激

公猪的刺激,包括视觉、嗅觉、听觉和身体接触,这些刺激,对促进母猪发情和排卵的作用很大。性欲好的公猪和成年公猪的刺激作用,比青年公猪和性欲差的公猪的作用更大。待配种的母猪,应饲养在与成年公猪相邻的栏内,让母猪经常接受公猪的形态、气味和声音的刺激。每天让成年公猪,在待配母猪栏内追逐母猪10～20分钟,这些既可以让母猪与公猪直接接触,又可以起到公猪的试情作用。

混栏和驱赶运动,对母猪来说,均是一种应激,对提早发情也有利,因为适当的刺激,可提高母猪机体的兴奋性。断奶后的空怀母猪和配种后没有怀孕也不表现发情的母猪,最好是每栏4～5头小群混养,但要注意混养的母猪年龄和体重,相差不要太大,也不要把性情凶狠的母猪与性情温驯的母猪混养在一起,以免打斗过于激烈,造成伤残甚至死亡。有种猪运动场的猪场,最好每天有一定时间,适当驱赶空怀母猪运动。经过这样适当的应激,一些处于发情静止状态的母猪,会重新表现发情。

4.按摩母猪乳房

按摩乳房也能够刺激母猪发情排卵,要求每天早晨饲喂以后,待母猪侧卧,用整个手掌由前往后反复按摩乳房10分钟。当母猪有发情象征时,在乳头周围做圆周运动的深层按摩5分钟,即可刺激母猪尽早发情。

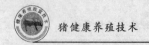

5.疾病诊治

遇到母猪患有生殖道疾病,应及时诊断治疗。

6.药物催情

注射孕马血清促性腺激素和绒毛膜促性腺激素。前者在母猪颈部皮下注射 2～3 次,每日 1 次,每次 4～5 毫升,注射后 4～5 天就可以发情配种。后者一般对体况良好的母猪(体重 75～100 千克),肌肉注射 1 000 单位,对母猪催情和促其排卵有良好效果。必要时可中草药催情。例如每头猪每天喂己烯雌酚 4 毫克,阳起石 4 毫克,淫羊藿 8 毫克,日服 2 次,在每次喂料时,先取少量饲料加入催情药物拌匀,让猪吃完后,再放入其余饲料让猪吃饱,连用一星期即可发情。

三、发情鉴定与适时配种

抓好发情鉴定和适时配种是提高母猪年产仔窝数、产仔头数和降低生产成本的第一关键环节。为使母猪能及时配准多产,就要做好发情鉴定和适时配种。

1.母猪发情表现

发情母猪表现不安,常站立于圈门处或爬跨其他母猪、食欲减退。将公猪赶入圈栏内,发情母猪会主动接近公猪。发情鉴定人员慢慢靠近疑似发情母猪臀后认真观察阴门颜色、状态变化。白色猪表现潮红、水肿,有的有黏液流出。

2.母猪发情鉴定

外部观察法:根据母猪的发情表现判定配种时间。

压背法:用手按压母猪的背、臀部,母猪呆立不动时,实施配种。

3.适时配种

首先要掌握发情排卵规律,一般母猪在发情后 24～36 小时内排卵,卵子排出后在母猪输卵管中仅能保持 8～12 小时的生命力。精卵结合是在输卵管上 1/3 处,公猪交配时射出的精子,要经过 2～3 小时,才能游动到受精部位,大约能存活 10～20 小时。母猪发情持续时间一般为 40～70 小时,但因品种、年龄、季节不同而异。青年母猪发情持续时间要长,配种应安排在中后期,且要实施多次配种,配种间隔 8～12 小时。老龄母猪发情时间在 1～2 天,很短,发情即为排卵,也即发现发情即刻配种,间隔 6～8 小时比较适宜,中年母猪 3～5 胎繁殖时期,配种时间介于青、老年母猪之间。

4.配种方式

(1)单次配种　母猪在一个发情期内,只配种一次。此法虽然省工省事但配种时期掌握不好易影响受胎率和产仔数,实际生产中应用较少。

(2)重复配种　母猪在一个发情期内,用 1 头公猪先后配种 2 次以上,其时间间隔为 8～12 小时,生产中多安排 2 次,具体时间多安排在早晨或傍晚前。此配种方法可使母猪输卵管内经常有活力强的精子及时与卵子受精,有助于提高受胎率和产仔数。此种配种方式多用纯种繁殖场,或用于青年公猪鉴定。

(3)双重配种　母猪在一个发情期内,用两头公猪分别交配,其时间间隔为 5～10 分钟,此法只适于商品生产场,这样做的目的可以提高母猪受胎率和产仔数。

5.人工辅助交配

猪场应选择一块地势平坦,地面坚实而不光滑的地方作配种栏(场)。配种栏(场)周围要安静无噪声、无刺激性异味干扰,防止公、母猪转移注意力。首先将母猪的阴门、尾巴、后臀用 0.1% 高锰酸钾溶液擦洗消毒。将公猪包皮内尿液挤排干净,使用 0.1% 的高锰酸钾将包皮周围消毒。配种人员戴上消毒的橡胶手套或一次性塑料手套,准备做配种的辅助工作。然后当公猪爬跨到母猪背上时,用一只手将母猪尾巴拉向一侧,另一只手托住公猪包皮,将包皮口紧贴在母猪阴门口,这样便于阴茎进入阴道。公猪射精时肛门闪动,阴囊及后躯充血,一般交配时间为 10 分钟左右。

第八节　猪的人工授精技术

现代养猪生产中,除少数散养户和小型猪场外,规模化养猪几乎全都采取人工授精的配种技术。

一、人工授精的优点

猪的人工授精技术有许多优点:一是能提高种公猪的利用率。本交配种,1头公猪一般只能负担20~25头母猪,人工授精配种,1头公猪可负担200~300头母猪、甚至上千头母猪。二是可以扩大种公猪的配种范围和解决公母体重相差悬殊的配种困难。三是公母猪不直接接触,有利于防疫和减少疫病传播。四是能大量节省饲养管理费用。一个千头母猪的猪场,采用人工授精要比本交一年减少公猪饲养费7万元左右。因此,应大力推广应用猪的人工授精技术。

二、猪人工授精的条件设施与用品

1.房屋

需砖(石)瓦结构、水泥地面、白墙壁房屋2间,每间10~15米²。一间用于采(输)精和洗涤器材,一间用于精液处理。

2.假台猪

把一根直径20厘米,长110~120厘米的圆木,两端削成弧形,固定于四条能上下升降的支柱上,支柱下端可以埋在地里或固定在大小合适的木板或铁板上,以便于挪动。在圆木上面铺一层稻草或草袋子,再覆盖一张熟过的猪皮。组装好的假台猪一般后躯高65~75厘米,前躯高55~65厘米,前低后高,相差10厘米为宜。具体高度可按公猪大小调节确定。

3.仪器和用品

个体户猪场或基层猪人工授精站至少需要具备的各类物品见表3-3。

表3-3　猪人工授精必备的仪器和用品一览表

品名	规格	用途	数量
1.一般设备和用具			
显微镜	300～600 倍	精液品质检验	1
天平	0.01～100 克	称量药品	1
计数器	4～6 位数码手揿式	精子计数	1
大铝锅	口径 32 厘米以上	灭菌	1
电炉	800 瓦	配稀释液	1
煤气罐	15 千克	灭菌	1
广口保温瓶	1 000 毫升	采精	2
小口保温瓶	1 000 毫升	贮装精液	2
暖水瓶	日常品	盛热水	2
搪瓷盘	大号、中号	盛器械	各1
方瓷缸	带盖	盛器械	1
药匙	角质	取药品	4
镊子	光头	夹取器械	2
剪子	手术用	剪纱布等	2
搪瓷漏斗	直径 8～10 厘米	灌水	1
搪瓷量杯	500～1 000 毫升	灌水	1
塑料洗瓶	500 毫升	配稀释液、冲洗玻璃仪器	2
瓶刷		洗刷	2
镜头纸		擦显微镜镜头	2
滤纸	定性	配稀释液时过滤	2
输精胶管	猪用	输精	30
2.玻璃仪器			
温度计	100℃	量精液、稀释液温度	4
烧杯	250 毫升	盛稀释液	2
三角烧瓶	250 毫升	配稀释液	2

续表 3-3

品名	规格	用途	数量
量筒	500 毫升	配稀释液	2
玻璃漏斗	口径 4~8 厘米	配稀释液	2
防水瓶(龙头瓶)	1 000 毫升	盛蒸馏水	1
载玻片		精液品质检查	50
盖玻片		精液品质检查	2
培养皿	大号	装盖波片载玻片等	4
玻璃棒	长短各种规格	配稀释液	4
广口试剂瓶	500 毫升	盛药品试剂	4
玻璃注射器	30 毫升或 50 毫升	输精	4
血球计数板	希里格氏式	检查精子浓度	1

3.化学药品

品名	规格	用途	数量
葡萄糖		配稀释液	1 000 克
二水柠檬酸钠		配稀释液	500 克
乙二胺四乙酸二钠		配稀释液	500 克
青霉素、链霉素		配稀释液	各 50 支
酒精		消毒	1 000 毫升
高锰酸钾		消毒	500 克
蒸馏水		配稀释液	10 000 毫升
生理盐水		制棉球	10×500 毫升
去污粉		洗涤	2×500 克
滑石粉		润滑乳胶手套	1 000 克

其他日常用品也需具备,包括肥皂、洗衣粉、乳胶手套、工作服、毛巾、台布、脱脂棉、纱布、脸盆、塑料桶等。

三、采精

1.种公猪的调教

训练公猪爬跨假台猪可用以下方法:用发情母猪的尿或阴道里的

黏液,最好能取到刚与公猪交配完的发情母猪阴道里的黏液,或从阴门里流出来的公猪精液和胶状物涂在假台猪的后躯上,引诱公猪爬跨。

以上方法对于一般性欲较强的公猪足以解决问题。但有些性欲较弱的公猪,用上述方法不易训练成功,可将发情旺盛的母猪赶到假台猪旁,让被调教的公猪爬跨,待公猪性欲达到高潮时把母猪赶走,再引诱公猪爬跨假台猪,或者直接把公猪由母猪身上抬到假台猪上及时采精。

有极个别公猪用这一方法还不能成功,就可用一头发情小母猪绑在假母猪的后躯下面,引诱公猪爬跨假台猪。·

当公猪爬上假台猪后应及时采精,一般经过 3～5 次调教即可成功,调教成功后要连采几天,以巩固建立起的条件反射,待完全以假当真后即可进行正常的采精。调教好的公猪不准再进行本交配种。调教公猪要耐心,调教室内须保持肃静,注意防止公猪烦躁咬人或与其他猪相互咬架。

2.采精准备

采精室要清扫干净,保持清洁无尘,肃静无干扰,地面平坦不滑。夏季采精宜在早晨进行。冬季寒冷,采精室内温度要保持 15℃以上,以防止精液因冷激或多次重复升降温而降低精液质量。

采精时用于收集精液的容器除了专用的集精瓶外,也可用烧杯和广口塑料瓶代替,寒冷季节使用广口保温瓶效果很好。冬季寒冷,集精瓶及过滤纱布要搞好保温,具体方法是:将已灭菌的过滤纱布用已消毒过的手,放入已消毒过的集精瓶(广口保温瓶)内,倒入适量热的 5% 糖溶液或稀释液,使温度升高至 40～42℃后,手伸入集精瓶内,用纱布擦拭集精瓶内壁四周,倒掉升温液,迅速擦干并展开纱布,蒙在集精瓶瓶口,并使瓶口中部纱布位置尽量下陷。

假台猪的后躯部和种公猪的阴茎包皮、腹下等处,用 0.1% 高锰酸钾水溶液擦洗干净,采精员要修短指甲、洗净手,戴上塑料手套,用75% 的酒精棉球彻底涂擦消毒,待酒精挥发后即可采精。

3.采精操作

当公猪爬上假台猪后,按采精人员的操作习惯,蹲在假台猪右(左)

后侧,在公猪抽动几次阴茎挺出后,采精人员迅速以左(右)手握成筒形(手心向下)护住阴茎,并以拇指顶住阴茎前端,防止擦伤。待阴茎在手中充分挺实后,即握住前端螺旋部,握的松紧以阴茎不致滑脱为度。然后,用左(右)手拇指轻微拨动龟头,其他手指则一紧一松有节奏地协同动作,使公猪有与母猪自然交配的快感,促其射精。公猪开始射出的多为精清,且常混有尿液及脏物,不宜收集,待射出较浓稠的乳白色精液时,立即以右(左)手持集精瓶在稍离开阴茎龟头处将射出的精液收集于集精瓶内。室温过低时,需使阴茎龟头尽量置入集精瓶内。同时用左(右)手拇指随时拨除公猪排出的胶状物,以免影响精液滤过。公猪射完一次精后,可重复上述手法促使公猪二次射精。一般在一次采精过程中可射精2~3次。待公猪射精完毕退下假台猪时,采精员应顺势用左(右)手将阴茎送入包皮中。切忌粗暴推下或抽打公猪。并立即把精液送到处理室。

在采精过程中,要随时注意安全,防止公猪突然倒下踩、压伤采精员。

四、精液处理和检查

精液处理室的温度要保持在15℃以上。采取的精液连同精液瓶应迅速置于28~30℃的恒温水中;并立即进行检查处理。精液检查评定的主要项目有精液量、色泽、气味、精子活力、精子密度、精子存活时间和精子畸形率。

1.精液量、色泽和气味

集精瓶没有刻度时,可事先以水代替精液,测定不同容积下对应于0~100℃水温计的刻度,制成换算表,据此可间接测定每次的采精量。也可用量杯或带有刻度的烧杯测定,但较麻烦。公猪的一次射精量一般为200~300毫升(视品种和个体而异);多者可达700毫升以上。猪的精液正常色泽为乳白色或灰白色,略有腥味。如果精液呈红褐色,可能混有血液,如呈黄、绿色有臭味则可能有尿液或脓汁。这样的精液不能使用,应立即寻找原因,如属种公猪生殖器官炎症引起的,要及时进行治疗。

2.精子活力

精子活力是以直线前进运动的精子占总精子数的比率来确定的。一般采取"10级制评分法"进行评定。

检查时,先用灭菌的细玻璃棒蘸取原液一滴;点在清洁的载玻片上,盖上盖玻片,在400倍的显微镜下检查。检查时光线不宜太强,显微镜的载物台、载玻片和盖玻片的局部温度应保持在35℃左右。精液处理室温度过低时,显微镜应置于保温箱内。

精子活力的评定在显微镜下靠目力估测。直线前进运动的精子占100%则评定为1分,90%评为0.9分,80%评为0.8分,依此类推。

猪精子的活力一般不应低于0.7。常温精液输精,活力低于0.5的不宜使用。

3.精子密度

精子密度是指每毫升精液中含有精子数的多少,通常采用目测法和计算法两种评定方法。

(1)目测法　根据显微镜视野中精子的稠密程度和间隙大小进行估测。分为密、中、稀三级。"密级":精子之间空隙很小,容纳不下一个精子;"中级":精子间有一定空隙,能容纳1~2个精子;"稀级",精子之间的空隙很大,能容纳2个以上精子。

通常认为,猪精液每毫升含精子3亿个以上为密级;1~3亿个为中级;1亿个以下为稀级。目测法的主观性较大,不够精确,所以最好应用计算法来评定精子密度。

计算方法:采用血球计数板计数一定容积稀释精液中的精子数,再换算成精子密度。具体方法如下:

①清洗器械　先将血球计数板及盖玻片用蒸馏水冲洗,使其自然干燥;血吸管先用蒸馏水冲洗,再用95%酒精清洗;最后用乙醚清洗。试管及吸管洗净后须经烘干。

②精液稀释的操作　用1毫升吸管准确吸取3%氯化钠0.2毫

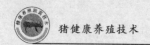

升,注入小试管中。根据稀释倍数的要求,再用血吸管吸出 10 微升或 20 微升氯化钠溶液弃去。用血吸管吸取精液至刻度 10 微升或 20 微升处。用纱布擦去吸管尖端附着的精液,将精液注入小试管中。这样原精液就被稀释了 20 倍或 10 倍;用拇指按住小试管口,振荡 2～3 分钟使其混合均匀。

③精子的计数　将擦洗干净的血球计数板置于显微镜载物台上,在计数板的计算室上盖上盖玻片。

将试管中稀释好的精液,滴一滴于计算室上盖玻片的边缘,使精液自动渗入计算室。注意不要使精液溢出于盖玻片之外、也不可因精液不足而使计算室内有气泡或干燥之处,如果出现上述现象应重新再做。

静置 3 分钟,以 400～600 倍显微镜检查。统计出计算室的四角及中央共 5 个中方格即 8 个小方格内的精子数。统计每小方格内的精子,只数小格内及压在左线和上线的精子。

(2)计算法　精子密度即每毫升精液所含精子数的计算方法为:稀释 20 倍时,80 个小方格内的精子总数乘以 100 万即是;稀释 10 倍时,乘以 50 万即是。

为了减少误差,必须进行两次精子计数,如果前后两次误差大于 10%,则应作第三次检查。最后在 3 次检查中取两次误差不超过 10% 的,求其平均数,即为所确定的精子数。

4.精子存活时间

将原精液按 1:(1～2)稀释,分装到 10 个灭菌后用稀释液冲洗过的小试管中封好,待温度降至 15～20℃时再放入同样温度的容器中贮存。然后每隔 12 小时取一瓶升温至 35℃,镜检精子活力。重复上述检查直至小试管中的精子全部死亡为止。每次检查的时间和精子活力要记录下来。

精子存活时间计算公式:

精子存活时间＝各次检查间隔时间的和－最后一次间隔时间的一半
　　　　　　＝检查次数×12－6

精子存活指数计算公式：

精子存活指数＝(第一次活力＋第二次活力)÷2×12＋
(第二次活力＋第三次活力)÷2×12＋…＋
(最后第二次活力＋最后一次活力)÷2×6

5.精子畸形率的检查

精子畸形率为畸形精子占全部精子的比率。其检查方法如下：用清洁的细玻璃棒蘸取一滴精液，点在清洁载玻片上，用另一块载玻片的一端与精液轻轻接触，然后以30°～40°的角度轻微而均匀地向一方推进制成抹片，然后对抹片进行染色和镜检，其程序是：涂片→自然干燥→96％酒精浸泡3～5分钟固定→漂洗→阴干→美蓝浸泡3～5分钟染色→阴干→镜检。

把染色阴干后的精液涂片放在600倍的显微镜下检查。计算畸形精子占精子总数的百分率。精子畸形率超过18％的精液不能使用。

6.精液稀释的配方

稀释精液的目的是为了增加精液数量，扩大配种头数，延长精子的存活时间，便于保存和长途运输。

稀释液的常用的配方有下列几种：

(1)奶粉稀释液　奶粉9克、蒸馏水100毫升。

(2)葡柠稀释液　葡萄糖5克、柠檬酸钠0.5克、蒸馏水100毫升。

(3)"卡辅"稀释液　葡萄糖6克、柠檬酸钠0.35克、碳酸氢钠0.12克、乙二胺四乙酸二钠0.7克、青霉素3万国际单位、链霉素10万国际单位、蒸馏水100毫升。

(4)氨卵液　氨基乙酸3克加蒸馏水100毫升配成基础液，基础液70毫升加卵黄30毫升。

(5)葡柠乙液　葡萄糖5克、柠檬酸钠0.3克、乙二胺四乙酸0.1克、蒸馏水100毫升。

(6)蔗糖奶粉液　蔗糖6克、奶粉5克、蒸馏水100毫升。

(7)葡碳卵液　碳酸氢钠0.21克、葡萄糖4.29克、蒸馏水100毫

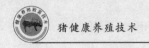

升配成基础液,基础液 80 毫升加 20 毫升卵黄。

(8)葡柠碳乙卵液　葡萄糖 5.1 克、柠檬酸钠 0.18 克、碳酸氢钠 0.05 克、乙二胺四乙酸 0.16 克、蒸馏水 100 毫升配成基础液,基础液 97 毫升加 3 毫升卵黄。

以上 8 种除"卡辅"外,抗生素的用量为青霉素 1 000 单位/毫升,双氢链霉素 1 000 微克/毫升。

另外国外三种常用稀释液如下:

BL-1 液(美国):葡萄糖 2.9%、柠檬酸钠 1%、碳酸氢钠 0.2%、氯化钾 0.03%、青霉素 1 000 国际单位/毫升、双氢链霉素 0.01%。

IVT 液(英国):柠檬酸钠 2 克、碳酸氢钠 0.21 克、氯化钾 0.04 克、葡萄糖 0.3 克、氨苯磺胺 0.3 克、蒸馏水 100 毫升,混合后加热使之充分溶解,冷却后通入 CO_2 约 20 分钟,使 pH 达到 6.5。

奶粉-葡萄糖液(日本):脱脂奶粉 3.0 克、葡萄糖 9 克、碳酸氢钠 0.24 克、α-氨基-对甲苯磺酰胺盐酸盐 0.2 克、磺胺甲基嘧啶钠 0.4 克、灭菌蒸馏水 200 毫升。

需要指出的是,近年来的一些实验结果表明,庆大霉素、新霉素、黏菌素、林肯霉素等的抑菌效果比传统使用的青霉素和链霉素要好。

上述各种稀释液的配制方法:按配方先将葡萄糖、奶粉及柠檬酸钠等溶于蒸馏水中,滤过后蒸汽消毒 30 分钟,取出晾至 38℃ 以下,再按各配方的需要分别加入新鲜卵黄、碳酸氢钠、乙二胺四乙酸二钠、抗生素搅拌均匀备用。

取用卵黄的方法:将新鲜鸡蛋擦洗干净,用酒精棉消毒,待酒精挥发完毕后,打开鸡蛋,倾倒于一张灭过菌、对折后打开的滤纸上,清除掉蛋清,用注射针头划破卵黄膜,沿折痕把卵黄倒入容器内,卵黄膜自然地留在滤纸上。

稀释精液时,凡与精液直接接触的器材和容器,都必须经过消毒处理,其温度和精液温度要保持一致。使用前用少量同温稀释液冲洗一遍所用的器材和容器,然后将稀释液沿瓶壁徐徐倒入原精液中,并轻轻摇动盛精液的容器,切勿将原精液往稀释液中倒,以免损伤精子。

精液的稀释倍数一般为 0.5～4 倍。这主要决定于每次的输精剂量和输入的有效精子数。国外的输精剂量有高于国内的趋势,如荷兰每剂量 8～100 毫升,含有效精子 20 亿个。我国每次输精剂量由传统的 50 毫升减少到 15～20 毫升,每毫升有效精子数不低于 1 亿个。保证每毫升稀释后精液含 1 亿有效精子的最大稀释倍数＝原精液密度×活率－1。

7. 精液保存

为了取用方便,最好把稀释精液分装在 50 毫升(一个输精量)的小瓶内保存。要装满瓶,瓶内不留空气,瓶口要封严。保存的适宜温度为 15～18℃。通常有效保存时间 48 小时左右。如果原精液品质好、稀释、保存等处理得当可达 72 小时。

8. 精液运输

将上述分装好的稀释精液瓶包以毛巾、棉纱布或泡沫塑料等物,以免精液在运输中振荡造成精子受伤。

外界温度在 10℃ 以下或 20℃ 以上时,要使用广口保温瓶或保温箱运输,把精液瓶放入盛有 15～18℃ 水的保温容器内,以防止精液温度的突然升高或下降。

精液的运输时间要尽可能缩短,长途运输最好用摩托车、汽车或火车等,最长的运输时间不宜超过 48 小时,即通常的精液有效保存时间。

五、输精

输精是人工授精的最后一个重要环节,要做好母猪适宜输精时机的判定,输精前准备和输精操作。

1. 输精时机的判定

母猪的发情期一般为 3～5 天,按母猪的典型征候可分为前、中、后三期。前期,母猪外阴部开始膨大、阴门内黏膜呈淡红色,精神不安,不时地走动鸣叫,追随爬跨其他猪,但不让公猪爬跨配种,约 1 天时间。中期,外阴部膨大呈桃核形,阴门内黏膜潮红,继续走动不安,但有时发呆,两耳竖立颤动,用手按压背部,母猪站立不动,能接受公猪爬跨,1～2天。后期,外阴部开始缩小,阴门内黏膜呈淡紫色,有时仍走动,爬跨其他猪,但不再让公猪爬跨,1～2天。输精的最适宜时机是在整个发情中期。

但有些母猪的发情征候不典型,容易错过适宜输精时机。目前,判定母猪输精时机的可靠方法是采用试情公猪,一般在母猪愿意接受公猪爬跨时输第一次,以后间隔12小时左右输第二次,初配母猪可视发情期长短实施多次输精,已达到较高的情期受胎率。

2.输精操作

采用一次性消毒好的输精器械输精。输精员用0.1％高锰酸钾溶液洗净母猪阴户并抹干,用一只手打开阴户,另一只手将输精管送入阴道。注意输精管的前20厘米不要被污染。先向斜上方推进10厘米左右,再向水平方向插进,边插边捻转,边抽送边推进,待插入30～40厘米左右(视母猪大小),感到再不能推进时,便可缓慢地注入精液。插入输精管后接上输精瓶,可以加微力将精液压入母猪体内。输精时,如果发现精液送入遇到阻力或者精液倒流严重,可以适当改变输精管的插入深浅或位置;也可以在输精瓶上插个小孔,让精液自动流入,部分母猪甚至不需打小孔,利用母猪子宫内的负压就可以将精液吸入。完成输精后,拍打母猪几下,让母猪收缩身体,减少精液倒流出体外。如果发现精液逆流,可暂停一下,活动输精管,再继续注入精液,直至输完,再慢慢地抽出输精胶管。要避免将输精管错送入膀胱。如果错插入膀胱会有尿液排出,应换管再插入。

输精时经常会有少部分精液倒流。只要输精后20分钟内倒流的精液量少于输精量的50％,就可以视该次输精为成功,也就是说,要确保输入母猪体内的精液量不低于30毫升。为了避免或减少输精后精液逆流,在输精过程中可按压母猪腰部,也可在输精结束时突然拉一下母猪的尾巴,或猛拍一下臀部。如果逆流严重,应立即重新输精。输精后的母猪不能急赶,应让其缓缓行走,最好送单圈休息。

3.人工授精的技术指标

一般来说,情期受胎率达到 80％以上,可以认为该场的人工授精水平基本合格。采用人工授精技术,公猪与母猪的比例一般为 1：(50～100),如果公猪的精液质量很好,则可以达到 1：200 左右。

思考题

1.引种过程中主要有哪些注意事项?

2.为什么怀孕期母猪要分不同的饲养阶段进行饲养?

3.为什么说仔猪及时吃初乳是保证其成活的关键?

4.结合本地或本场实际谈谈如何认识仔猪早期断奶问题。

5.促进母猪发情、提高排卵和产仔数的具体措施有哪些?

6.人工输精过程中有哪些注意事项?

第四章

猪营养与饲料配方技术

导　　读　本章介绍了猪的营养需要及饲养标准,重点论述了养猪过程中节本增效饲料和减抗(抗生素)保健饲料生产技术,对近几年出现的几种新型饲料添加剂以及常用的饲料加工与调制技术进行了介绍,并推荐了几个常用的饲料配方。本章应重点掌握饲料的节本增效和减抗保健饲料的生产技术,以便生产优质、安全的饲料,同时降低养殖成本,提高养殖效益,减少养殖环境的污染。

第一节　猪的营养需要

一、猪的维持需要

猪的营养需要一般分为维持需要和生产需要。维持需要主要包括维持正常体温,保持正常生命活动,维持最低限度的身体活动,用于修补、更新受损组织等。维持需要最主要的营养是能量,其他营养维持需要相对较少,但也是必需的。维持需要所占的比例随猪的日龄或体重的增长而增加。

维持需要受体重、环境、活动等多种因素的影响。

体重:体重是决定维持需要最重要的因素。维持需要并不是与体重简单正比例关系,而是与体重的 0.75 次方($W^{0.75}$),即与代谢体重成正比关系。

环境:温度、湿度、气流速度会影响维持需要。寒冷条件下猪为了保持体温,维持需要会增加;高温下,猪维持需要也会增大。

活动:猪的活动也属于非生产性维持消耗。

应激:任何外界应激均能造成维持需要的增加。

健康:猪的健康水平大大影响其维持消耗。

二、猪的生产需要

猪的生产需要指猪用于生长、妊娠、泌乳的营养需要。生产需要是除维持需要以外用于生产性产出的营养消耗。猪最主要的生产需要是生长需要,猪的日龄、品种、性别是影响生长需要的主要因素。繁殖需要也是猪生产需要的主要形式,繁殖需要主要是母猪胎儿、胎盘、乳腺生长、泌乳的需要。

三、猪需要的营养

猪生长过程中需要的营养物质主要为能量、碳水化合物、蛋白质、脂肪、矿物质、维生素。

能量:能量是维持猪生命活动和生产的能量消耗,缺乏能量,机体不能生长和生产。能量主要由碳水化合物、蛋白质和脂肪供给。主要的能量饲料为玉米、小麦、高粱、油脂、乳清粉等。

碳水化合物:碳水化合物是来源最广泛,而且在饲粮中占比例最大的营养物质,是猪主要的能量来源。在谷实类饲料中含可溶性寡糖和双糖很少,主要是淀粉。淀粉在消化道内由淀粉酶分解成葡萄糖后吸收进入血液成血糖,供机体利用。碳水化合物中粗饲料原料中的纤维素、半纤维素、果胶等多糖物质,部分被分解利用,木质素完全不能被降解。

蛋白质:没有蛋白质,就没有生命。蛋白质由 20 种氨基酸组成。蛋白质和氨基酸的营养目前总发展方向是以理想蛋白质模式和标准回肠可消化氨基酸作为蛋白质和氨基酸需要的指标进行科学的猪饲料配方设计。主要的蛋白质饲料为大豆饼(粕)、花生饼(粕)、棉籽饼、菜籽饼(粕)、鱼粉、血粉、肉骨粉和肉粉、饲用酵母、喷雾干燥血浆蛋白粉等。

脂类:脂类是一类存在于动植物组织中,不溶于水,但溶于乙醚、苯、氯仿等有机溶剂的物质。主要供应能量,并作为脂溶性物质载体,促进营养素的消化吸收。主要的脂类饲料有大豆油、鱼油、玉米油、棕榈油、棉籽油、牛油、猪大油等。猪必需脂肪酸为亚麻酸和亚油酸。

矿物质:矿物质包括常量元素和微量元素,在猪组织代谢中发挥重要作用。常用的矿物质饲料以补充钙、磷、钠、氯等常量元素为主,主要包括:食盐、含磷矿物质、含钙矿物质、含磷钙的矿物质。现代猪种生长快,生产性能高,对矿物质元素的需求也明显地高于传统猪种。猪需要的微量元素有铜、铁、锌、锰、硒、碘等。矿物质元素是猪必需之营养,但供给过量则有副作用,甚至会中毒、致死。矿物质元素之间存在着复杂的关系。已知的互作关系如下:①过量的钙影响磷的吸收,反过来过量的磷也影响钙的吸收利用。②过量的镁干扰钙的代谢。③过量锌干扰铜的代谢。④铜不足影响铁的吸收,过量铜抑制铁的吸收。各种元素之间应保持适宜的供给比例。

维生素:维生素是指动物生长、繁殖、健康和维持所必需,维生素的生理功能可以形容为生命代谢活动的润滑剂,体内不能合成或合成量不能满足动物需要,而必须由外源摄入的一类微量有机化合物。维生素虽然不能由动物本身合成,而植物和微生物能合成各种维生素,所以猪通过采食植物性饲料便能获取其所需的维生素。植物组织,特别是新鲜青绿饲料维生素含量丰富。但植物性饲料在干燥、贮存、加工等过程中,维生素容易被破坏。因此,饲料原料维生素的含量极不稳定,变异很大。另外,现代猪种生产性能非常高,而且在集约化生产条件下,猪遭受很大的应激,对各种维生素的需求相对较高。因此,目前猪的饲料中均添加合成的维生素,以确保猪获得足够的维生素供应。

维生素一般分为两类:脂溶性维生素和水溶性维生素。脂溶性维生素包括维生素 A、维生素 D、维生素 E 和维生素 K。水溶性维生素包括硫胺素(B_1)、核黄素(B_2)、泛酸、胆碱、烟酸、维生素 B_6、维生素 B_{12}、生物素、叶酸、维生素 C。猪在维生素供给充足情况下,脂溶性维生素可以在体内贮存相当的量,当饲料短时间缺乏时不会出现缺乏症。而水溶性维生素在猪体内基本上不能贮存,因此应当从饲料中供给。一般认为,维生素 C 在猪的体内合成量足够需求,应激下需要额外供应。在猪能接受阳光照射的条件下,猪也能合成足够的维生素 D。但在现代养猪生产中,猪一般见不到阳光,因此必须由饲料供给维生素 D。

第二节 节本增效饲料生产技术

在猪的养殖过程中有多种节本增效的技术和方法,如选择适宜的优良猪品种、按照猪的生理阶段和营养需要分阶段饲养、采取多种措施降低饲料成本等。猪养殖成本中饲料成本占 75%~80%,降低饲料成本是提高养殖效益最有效的措施之一。猪从断奶到屠宰,其饲料转化率逐渐降低,日采食量增加,这就使得肥育后期猪的增重成本增加。屠宰前 4 周猪采食的饲料约占生长肥育阶段饲料采食量的 1/3,产生的粪尿排泄物也占 1/3 左右。因此,降低此阶段的饲料成本,可较显著提高养猪效益。下面主要介绍几种节本增效的饲料配方技术。

一、低蛋白氨基酸平衡日粮

随着畜牧业的发展,饲料蛋白质资源日趋严重匮乏,为解决这一问题,节约使用蛋白质资源,降低饲料成本,提高养猪生产的经济效益。试验针对生产实际需要探讨低蛋白氨基酸平衡日粮对瘦肉型猪生长性能、屠宰性能和肉品质的影响,为进一步扩大生产规模和减缓养殖业对环境的污染,适应养猪生产蛋白质紧缺问题研究新型营养供应模式。

蛋白质由氨基酸组成。在猪体内不能合成,或虽能合成但合成的速度及数量不能满足其正常生长需要,因而必须由饲料供给的氨基酸,叫必需氨基酸。猪所需的必需氨基酸有 10 种,即赖氨酸、色氨酸、蛋氨酸、组氨酸、亮氨酸、异亮氨酸、苯丙氨酸、苏氨酸、缬氨酸和精氨酸。限制性氨基酸是指一定饲料或饲粮所含必需氨基酸的量与动物所需的蛋白质必需氨基酸的量相比,比值偏低的氨基酸。由于这些氨基酸的不足,限制了动物对其他必需和非必需氨基酸的利用。一般赖氨酸为猪第一限制性氨基酸,色氨酸和蛋氨酸为第二、第三限制性氨基酸。在日粮中补充赖氨酸等限制性氨基酸,可以适当降低日粮的蛋白质水平。

武英等(2005)通过对 25～100 千克体重 72 头瘦肉型猪的试验表明:日粮消化能为 13.0 兆焦/千克时,蛋白降低 1.5％对瘦肉型的生长性能、屠宰性能和肉品质无明显影响,日粮消化能为 12.6 兆焦/千克时,蛋白降低可显著降低瘦肉型的生长性能和屠宰性能,但对肉品质无显著影响,日粮消化能由 13.4 兆焦/千克减少 0.4 兆焦/千克,同时蛋白含量降低 1.5％时,对瘦肉型猪的生长性能、屠宰性能和肉品质均无显著影响,降低日粮蛋白含量,开发低蛋白日粮,要保证一定的能量供给;当日粮中赖氨酸含量≥0.9％时,日粮中蛋白含量降低 2 个百分点,不影响猪的生长性能、屠宰性能和肉品质,当日粮中赖氨酸含量＜0.9％时,蛋白含量降低 4 个百分点,则显著降低猪的生长性能和屠宰性能,对肉品质(pH 值、大理石纹、脂肪含量、失水率、肌纤维直径)无显著影响,但肉色评分有所降低。周厚富(2004)研究表明:氨基酸平衡日粮蛋白含量降低 1％～2％对瘦肉型猪的生长速度、饲料转率、瘦肉率和肉品质无不良影响,而且能获得显著的经济效益。这主要是因为低蛋白日粮可提高猪对饲料中氮的利用率,促进氮在体内的沉积。

低蛋白氨基酸平衡日粮配制时,在补充限制性氨基酸后,蛋白质含量适当降低,一般只降低 1%～2%,降低幅度超过 2%时,育肥猪生产性能常常降低。在配制氨基酸平衡日粮时,目前在猪种补充赖氨酸前提下,开始注重第二、第三及第四种限制性氨基酸的补充;同时,尽量利用不同饲料原料进行搭配,以便各种必需氨基酸更好地平衡。

二、加酶日粮

猪对饲料的利用率并非 100%。猪日粮中存在各种各样的抗营养因子,限制了各种养分的分解与利用。随着科技水平的不断提高,饲料中开始逐渐添加酶制剂。目前饲料中添加的酶制剂主要有淀粉酶、蛋白酶、纤维素酶、葡聚糖酶、果胶酶、植酸酶、复合酶等。

酶制剂的应用扩大了饲料原料的来源。酶制剂在公认的消化率较高的玉米豆粕型日粮中的应用已逐渐得到重视。国内外许多实验结果表明,日粮中添加酶制剂可以提高饲料的消化利用率。酶制剂在非常规饲料原料上的应用效果要优于常规饲料原料,其对谷物日粮,如大麦、燕麦、黑麦、小麦、菜籽粕、米糠、葵花粕、椰仁粕、棉籽粕、高粱等基础日粮的饲料利用率和猪的生产性能均有不同程度的提高。目前,常用于针对谷物饲料的酶为阿拉伯木聚糖酶和 β-葡聚糖酶,它们可不同程度地消除谷物饲料如大麦、小麦中非淀粉多糖的抗营养作用。

植酸酶的应用效果已获得充分肯定。植酸酶是催化植酸及其盐类水解为肌醇与磷酸(盐)的一类酶的总称,属磷酸单酯水解酶。植酸酶具有特殊的空间结构,能够依次分离植酸分子中的磷,将植酸(盐)降解为肌醇和无机磷,同时释放出与植酸(盐)结合的其他营养物质。植酸酶在添加在猪日粮中,其一可提高蛋白质和氨基酸的利用率。植酸酶能够提高蛋白质和氨基酸在动物体内的利用率,这一作用得到了许多实验上的证实,提高蛋白质利用率的原因是植酸酶解除了植酸中磷酸集团与蛋白质的结合。其二可提高矿物质的利用率。植酸和矿物质结合(锌和铜),将严重影响到动物对矿物质的吸收,降低饲料的利用率。在饲料中添加适量的植酸酶,可以明显地提高动物对矿物质的吸收。其三可提高养殖业的经济效益。植酸酶在饲料中的添加改善了家畜对饲料的吸收效果,降低了 20%~50% 的粪磷排泄量。由于这样可以间接地解决河水、湖泊的富营养化,减少磷对水质的污染状况。另外,添加植酸酶可以代替无机磷的使用,这样可以使用廉价的饲料原料,大大降低养殖户的养殖成本,增加养殖户的收益。

酶制剂,作为一新兴行业,发展极快。目前国内饲用酶生产、应用、研究中存在许多问题,主要有产品问题:酶生产技术落后,复合酶品种单调,酶活性定义差异,配伍问题,质量监控难,成本偏高。应用问题:无法判定产品质量,应用领域局限,配方重新设计困难,酶与饲粮一致性差;无法考虑加工贮藏条件的影响,用法用量科学性差。研究问题:酶的检测技术,酶的动态营养价值,酶与底物的作用规律,酶之间的互作关系,外源酶与内源酶的互作关系,酶与其他养分的互作关系,酶与环境的关系等。

三、小麦替代部分玉米的日粮

小麦历来是人们食用的精粮,但随着畜牧业的迅速发展,食物结构发生很大变化,畜产品、副食品占的比重越来越大。作物良种带来大地产量的不断提高,使广大农民手中余粮存储量很大,据 2000 年统计,北方农村人均存贮小麦达近 200 千克。2001 年麦收前后,玉米价格一度暴涨,小麦惨跌,出现了少有的、幅度较大的逆差价。小麦营养价值为玉米的 107%,其赖氨酸含量比玉米约高 50%,色氨酸含量约为玉米的 3 倍,矿物质和维生素含量与玉米几乎没有差别。小麦中含有较高的由纤维素、半纤维素、果胶和抗性淀粉组成的非淀粉多糖,这些多糖溶于水后可形成黏性物质成为抗营养因子,增加胃肠道食糜黏度,阻碍单胃动物对营养物质的吸收,导致消化率下降、采食量减少,用量过高(30%以上)时,可能发生排软便现象。为此武英等研究了小麦作为能量饲料在繁殖母猪和商品肥猪日粮中的适宜比例及系列全价料、预混料和浓缩料配方，为小麦喂猪提供了可靠的依据和实用技术，为连年丰收的小麦拓宽转化渠道，为不合市场需求的劣质小麦和贮存多年不适于食用的陈化小麦找到利用途径。

2001年武英等通过对382头经产二元繁殖母猪的试验表明：用小麦代替1/3～1/2玉米的日粮饲喂繁殖母猪效果良好，对母猪的繁殖性能（产仔数、产活仔数、初生重、断奶个体重、35日龄断奶头数、断奶成活率）无明显不良影响；小麦代替1/3～1/2玉米的日粮比全玉米日粮每繁殖周期每头母猪节省饲料成本21.10～38.18元，效益显著。同年通过对84头55～90千克体重的瘦肉型杂交仔猪的试验表明：用小麦代替1/3～1/2玉米饲养商品育肥猪是可行的，在生产性能上与玉米豆粕型日粮无显著性差异，而每增重1千克猪体重饲料成本降低了3.11%～4.14%，效益显著。小麦的粉碎粒度不影响生长肥育猪的生长性能，如仅选用小麦作为日粮中谷物来源，应当将小麦进行粗粉碎或压碎处理，以获得理想的收益。在含有部分小麦（26%）的日粮中添加0.05%～0.025%酶制剂（木聚糖酶、β-葡聚糖酶、纤维素酶、α-半乳糖苷酶）可不同程度提高猪（杜长大29～55千克）的生长性能，日粮中添加0.005%的木聚糖酶、β-葡聚糖酶和纤维素酶可显著提高猪的日增重和料肉比，同时还可降低仔猪腹泻（肖淑华等，2008）。在含有47%～55%小麦的日粮中添加0.01%酶制剂（木聚糖酶、β-葡聚糖酶、蛋白酶、α-淀粉酶和纤维素酶）可显著提高生长肥育猪（杜长大22.5～90千克体重）的平均日增重、改善饲料利用率，但生长阶段（22.5～70千克体重）作用效果更为明显。

由此可见，在生长育肥猪日粮中用小麦替代部分玉米，对猪的生长性能无负面影响，同时还可以明显降低饲料成本和猪每千克增重的成本，日粮中小麦的适宜添加量为26%～55%，小麦的添加量与猪的生长阶段正相关。母猪日粮中小麦的适宜添加量为30%～50%。在小麦型日粮中添加适宜的酶制剂明显改善猪的生长性能，显著提高经济效益。在仔猪日粮中，一般不用小麦代替玉米。

四、玉米秸秆发酵日粮

为使农作物秸秆类粗饲料得到充分开发利用,促进养殖业生产与结构的优化,缓解人畜争粮的矛盾。一些低质饲料原料如玉米秸秆、苹果渣等发酵后可降低粗纤维含量,增加饲料的适口性,节约日粮成本。

武英等(2001)研究了瘦肉型三元杂交生长猪(长白×大约克×莱芜猪)对发酵玉米秸秆粉和小麦秸秆粉的消化率。结果表明:玉米秸秆经过发酵后可喂猪,但要用秸秆的上半截叶多且嫩的部分,小麦秸秆无论发酵与否均不适合喂猪;玉米秸秆经过发酵提高了其营养价值,改善了适口性;日粮中可添加15%的发酵玉米秸秆粉,不影响猪的生长性能,同时降低了饲料成本。国内其他一些试验也认为给20～90千克体重杜花 F_1 杂种猪(48头)饲喂添加16%～20%发酵玉米秸秆粉不影响其生长性能,但饲料成本降低,而且生长育肥猪饲喂添加发酵高粱、小麦秸秆粉效果较差。三元杂交育肥猪日粮中添加16%～20%玉米秸秆粉对育肥猪生长性能无影响,发酵玉米秸秆粉适口性好,营养价值高,而且饲料成本降低,同时由于有益菌的增加,有效控制了肠道病的发生,明显提高了经济效益。

发酵的玉米秸秆在猪日粮中添加比例不应过大。国内一些学者对108头30～90千克体重杜长大生长肥育猪的研究表明,饲喂添加15%～45%的发酵玉米秸秆粉不利于猪的增重,但是采用低饲喂量喂猪可降低饲料成本。他们还认为,纤维型秸秆发酵剂发酵秸秆后对秸秆营养成分的影响不大,纤维成分有下降趋势,对体外消化率提高有益。这可能是因为他们用的秸秆发酵剂中只含有绿色木霉、乳酸菌和纤维素酶,也可能与猪的品种有关。一般空怀母猪及妊娠前期母猪日粮中添加发酵玉米秸比例较大,其次育肥猪、仔猪日粮中不添加发酵玉米秸。外来引进品种瘦肉型猪不耐粗饲,中国本地猪耐粗饲。

秸秆粉发酵方法:将秸秆发酵剂加入4～5倍的30℃温水中,搅拌均匀,活化1～2小时,即成菌种复活液。将发酵液均匀喷洒在秸秆粉上,边喷撒边搅拌,使秸秆粉含水60%～70%,秸秆粉的湿度以手握成团,指缝不滴水,松手即散为宜。然后将其装入薄膜袋或塑料大桶,压实,扎紧袋口或用桶盖盖紧桶口,经密闭发酵10～15天,待发酵秸秆有酸香味即可饲喂。

发酵秸秆粉在猪日粮中的添加比例一般以16%～20%为宜,选择秸秆发酵剂时应选用含活菌数量和活菌种类多的。发酵的玉米秸秆以玉米梢、叶为好。

五、啤酒糟日粮

我国啤酒糟资源丰富,尤其是春、夏、秋三个季节,是啤酒糟生产的旺季,啤酒糟是粗饲料类中数量较大的一类,可以用来喂猪。啤酒糟的特点是水分大、口感好、营养成分及酵母菌、乳酸菌含量丰富,消化利用率强、卫生、安全等。但不足之处是不耐贮存,容易腐败变质,进行干燥处理成本太高,因此,最好是饲喂新鲜啤酒糟。鲜啤酒糟含有水分78%,粗蛋白质达6.6%以上,粗纤维占3.16%以上,适口性好,消化率较高。

试验证明,啤酒糟用于饲养育肥猪、繁殖母猪,其生长性能、繁殖性能良好,且有效地降低饲料成本达到高效节粮的目标。武英等(2001)对159头30～100千克体重生长育肥猪进行了利用啤酒糟的饲养试验,优选出了含有啤酒糟饲料的适宜喂量和饲喂方法。基于啤酒糟的特点饲喂鲜啤酒糟效果较好,鲜啤酒糟占精料的55.5%～88.2%饲喂效果较好,生长肥猪的日增重和饲料报酬都较高,同时添加啤酒糟的饲料适口性好,饲料成本较低,猪每增重1千克体重,比不饲喂啤酒糟的猪降低0.44～0.46元,每育肥一头商品猪即可节省饲料成本费25元以上。这既利用了饲料资源,又降低了饲料成本,增加了养猪经济效益。同年对161头二元繁殖(长白×里岔黑猪)进行了不同啤酒糟适宜添加比例的试验,结果表明,配种期和怀孕前期日粮中添加50%的啤酒糟(以干物质计),孕后及哺乳期添加25%的啤酒糟(以干物质计),

不影响母猪的繁殖性能,且每千克日粮成本降低 0.25～0.3 元,一个繁殖周期可节省 100.45 元,效益显著。妊娠母猪日粮中添加 26% 的鲜啤酒糟不影响母猪的繁殖性能,且能显著降低饲料成本。

在生长猪日粮中按照每千克配合饲料搭配 1 千克或略低于 1 千克鲜啤酒糟不影响猪的生长性能,同时千克增重成本降低 4.74%,经济效益显著。在 30～60 千克阶段肥育猪日粮中添加 10%～25% 鲜啤酒糟,不影响日增重和饲料报酬,每千克增重成本降低 4.27%;在 60～110 千克阶段肥育猪日粮中添加 15%～40% 的鲜啤酒糟不影响猪的生长性能,每千克增重成本降低 5.02%。

发酵啤酒糟是以啤酒糟为原料,采用固态发酵技术可大规模培养而成,发酵后富含蛋白和各种酶的蛋白饲料,如 α-淀粉酶、糖化酶、纤维素酶、蛋白酶、外肽酶等。啤酒糟发酵后粗蛋白和氨基酸含量明显分别提高 71.94% 和 45.13%,水分和粗纤维含量分别降低 45.70% 和 22.93%。啤酒糟发酵后可替代猪日粮中的部分豆粕,在生长育肥猪(25～60 千克体重)日粮中添加 10%～12% 发酵啤酒糟,替代 8%～14% 的豆粕不影响猪的日增重和饲料转化率,但能降低猪每千克增重成本,每头猪多盈利 50～97 元,经济效益显著。

啤酒糟由于含水量高,易霉变,限制了其广泛应用。目前许多大型啤酒厂,增上啤酒糟干燥设备,克服了啤酒糟不能长期保存的制约因素。啤酒糟的应用量,逐年增加。

六、屠前停用矿物质添加剂日粮

环境问题已经是困扰养殖业的全球性问题,畜禽排泄的大量粪便成为影响环境质量的污染源。欧盟已规定每单位面积允许排放的氮和磷的量,对养殖规模和排泄量进行约束。这就需要采取营养调控的方式降低猪的饲养成本,减少粪尿排泄物中污染环境的成分。研究表明,肥育后期去除日粮中矿物质添加剂可使猪每千克增重节省饲料成本 0.105 元,粪中钙、磷、铜等矿物质元素的排泄量显著较少。

由于猪骨骼中贮存的钙、磷及其他微量矿物元素,在日粮中矿物质缺乏时即可释放出来,维持机体代谢平衡。研究表明,机体组织中贮存的矿物元素被消耗完,直到出现缺乏症至少需要几周,甚至几个月的时间。由此可见,在猪肥育后期停止使用矿物质添加剂可不影响猪的生长性能和胴体品质。

研究表明,屠前 28～45 天去除日粮中矿物质添加剂不影响猪的生长性能、胴体性状和肉品质,生长育肥阶段停用矿物质添加剂虽然对猪的生长性能和肉品质无影响,但是对胴体性状有一定程度的负面影响;屠前停用矿物质添加剂可降低猪肉、肝脏、胆汁等组织中矿物质元素的含量,尤其是粪中矿物质元素的含量,这不仅减少猪体内矿物质元素的残留,降低饲料成本,同时也减轻了畜禽排泄物对环境的污染。

武英等(2005)研究发现,屠宰前 10～20 天停用矿物质添加剂对猪生长性能、胴体性状和肉品质无明显影响,但屠前 10～20 天停用矿物质元素的可使猪肝脏和背最长肌中钙、磷、铜的含量降低,其中屠宰前 20 天停用矿物质元素的降低幅度大于屠宰前 10 天停用矿物质元素。屠前 20 天停用矿物质元素可使肝脏中磷含量和背最长肌中铜含量显著降低($P<0.05$),铜和磷含量的降低使其符合《无公害食品—猪肉》(NY/T 5029—2001)的标准。同时停用矿物质添加剂可使饲料成本降低,猪每增重 1 千克节省饲料成本 0.105 元。

第三节　减抗保健饲料生产技术

随着人们生活水平的提高和绿色无公害消费意识的逐步形成,无污染、无药残、绿色安全的食品已经成为了一种消费潮流。合理使用饲料添加剂,逐步减少、直至取消药物饲料添加剂和开发无污染、无公害、无残留的新型绿色饲料添加剂不仅仅是国民的要求,也是我国养猪业走出国门外销到欧美等发达国家的必由之路。

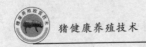

一、使用抗生素的负面效应

1. 抗药性问题

长期广泛使用抗生素不仅可以使病原菌的耐药菌株数量增加;同时,也可以使正常菌群对该抗生素产生耐药性,影响药物的治疗效果,最显著的例子为喹诺酮类药物,在短短的上市几年中山东所有的地区致病菌对其均产生抗药性。在我国不少地区,为了维持其效用金霉素的饲料添加量已经上升为推荐剂量的 2~3 倍。在中、东部经济发达省份和抗生素应用频繁地区,志贺氏菌几乎 100% 具有抗药性,四环素类抗生素尤为明显。

2. 微生态平衡问题

畜禽肠道中存在大量的微生物,它们是畜禽在与外界环境,饲料、饮水等接触过程中逐渐形成的,根据它们对畜禽生产所造成的影响,可以大体将肠道微生物分为有益菌群和其他条件型细菌两类。目前大量的研究结果证明,有益菌群如乳酸杆菌,双歧杆菌可以促进宿主肠壁组织结构的发育,分解抗营养因子,增加某些营养物质的消化利用率,通过营养与空间的竞争,形成优势菌群抑制有害菌的繁殖与生长。正常情况下,肠道菌群在数量、种类以及定植部位上保持平衡,当该种平衡遭到破坏时,就会抑制畜禽的生长,使动物对疾病敏感。抗生素特别是广谱性抗生素,在杀灭病原菌的同时,也将抑杀对人类和动物胃肠道的有益菌群,造成机体内菌群失调,从而诱发消化功能紊乱。

3. 药物残留问题

这是抗生素作为饲料添加剂的争议之一。世界卫生组织最近要求世界各国有关当局要限制对牲畜使用抗菌药,特别要求对治疗肉用畜禽疾病使用的各种抗生素必须要有处方。抗生素的滥用可能产生各种耐药性、导致动物产品中的药物残留,并可将耐药性通过食品传给人,产生难以治愈的疾病。

二、国外禁止使用的抗生素和抗菌剂

1973 年欧共体规定：青霉素、氨苄青霉素、四环素类抗生素、头孢菌素、新霉素、链霉素、氯霉素、磺胺类药物、喹诺酮类药物、三甲氧苄氨嘧啶等不宜作饲料添加剂。1997 年 4 月欧盟禁止使用阿伏霉素；1999 年 1 月禁止使用泰乐菌素、维吉尼亚霉素、杆菌肽锌和螺旋霉素作饲料添加剂。从 1999 年 10 月开始，欧盟对不少磺胺类抗球虫药也颁布了禁令。欧盟常务食品委员会投票决定，从 1999 年 10 月 1 日起，停止生产和使用 3 种促进增重的药物添加剂，氯氟苄腺嘌呤、二硝甲苯胺（球痢灵）和异丙硝哒唑。欧盟已经决定从 2006 年 1 月起，将目前尚许在饲料中使用的最后 4 种抗生素（莫能霉素、盐霉素、阿维霉素、黄霉素）也予以禁止使用，这意味着欧盟将全面禁止在饲料中投放任何种类的抗生素。

美国从 1997 年 8 月 20 日起，禁止将氟喹诺酮和氨基糖苷类药物作为非限制性药物使用。2002 年美国食物与药品管理局（FDA）公布了禁止在进口动物源性食品中使用的 11 种药物名单，其中包括氯霉素、盐酸克伦特罗、己烯雌酚、二甲硝咪唑、其他硝基咪唑类、异烟酰咪唑、呋喃唑酮、呋喃西林、磺胺类药、氟乙酰苯酮、糖甙类。

近年来，日本对进口我国禽肉药物残留均进行严格检测，所检测的 11 种药物种类和最高残留限量分别为：氯霉素（0.05 毫克/千克）、磺胺甲氧嘧啶（0.02 毫克/千克）、磺胺-6-甲氧嘧啶（0.03 毫克/千克）、磺胺二甲氧嘧啶（0.01 毫克/千克）、磺胺喹噁啉（0.05 毫克/千克）、乙胺嘧啶（0.05 毫克/千克）、基夫拉松（别那松，0.01 毫克/千克）、尼卡巴嗪（0.02 毫克/千克）和其他抗生素。日本还禁止在家禽中使用克球酚（二氯二甲基吡啶酚）、尼卡巴嗪、螺旋霉素、喹乙醇、噁喹酸、甲砜霉素、氨丙啉、磺胺喹噁啉、磺胺二甲基嘧啶、苯酚类消毒药以及含有磺胺喹噁啉成分的药物。

1997 年联合国粮农组织（FAO）要求停止或禁止使用抗生素饲料

添加剂。1998年12月又提议在10年内淘汰抗生素饲料添加剂。目前,联合国FAO、WTO组织及发达国家对使用抗生素的限制越来越严,特别规定人用抗生素不得用于动物。日本政府规定畜禽肉均不得检出抗生素。欧美各国对青霉素、链霉素、喹诺酮类、磺胺类等均有极严格的药残限制,甚至完全不准使用。欧盟、美国、日本等国家的做法,对我国出口动物产品的药物残留限制提出了更严格的要求,特别是动物源性食品中抗生素残留的检出,已成为世界肉类贸易中重要的技术指标和技术壁垒之一,这在饲料添加剂和临床投药方面,已对我国养殖业构成重大挑战。因此,开发应用减抗保健饲料已迫在眉睫。

三、禁用抗生素类的对策

一是在饲料中添加外源性微生物添加剂。即让畜禽服用一定数量的有益菌,从而控制肠道有害菌达到防病促生长的目的。二是在饲料中添加内源性微生态制剂——寡聚糖类。它具有促进肠道有益菌繁殖,扩大有益菌数量,抑制肠道有害菌的作用。三是在饲料中添加对畜禽健康具有多种生理功能的生物活性物质,从而提高畜禽机体免疫力和抗应激能力,促进新陈代谢等。四是合理开发使用中草药添加剂,这将是我国畜禽养殖用药以及开发新型饲料添加剂的一大优势。采取以上措施,争取在不远的将来,在饲料中逐渐淘汰和替代抗生素和抗菌剂。

四、生产中替代抗生素的一些饲料添加剂

1. 微生物添加剂

微生物添加剂,又称“微生态制剂”、“益生素”等,是指在微生态理论指导下,人工分离正常菌群,并通过特殊工艺制成、可直接饲喂给动物的活菌制剂。作为饲料添加剂使用,可以改善宿主动物肠道内的微生物平衡,具有防病治病,促进动物生长发育的功效。微生物添加剂是在20世纪六七十年代人们发现在动物饲养业中使用抗生素的种种弊

端之后逐渐发展起来的,目前我国正式批准生产使用的菌株主要有枯草芽孢杆菌、乳酸杆菌、乳酸球菌、蜡样芽孢杆菌、粪链球菌、双歧杆菌和酵母菌等。

　　生产中常用微生物添加剂的种类有乳酸菌、芽孢杆菌及真菌类。乳酸菌制剂:应用最早、最广泛,种类繁多。目前主要用于添加剂生产的有嗜酸乳酸杆菌、双歧杆菌和粪链球菌等。这类产品的微生物是多种动物消化道主要的共生菌,能形成正常菌群;产生乳酸,有较强耐酸性。芽孢杆菌制剂属于需氧芽孢杆菌中的不致病菌,主要用于饲料添加剂的包括地衣杆菌、枯草杆菌、蜡样芽孢杆菌和东洋杆菌等,这类制剂具有良好的稳定性,能产生多种消化酶。真菌及活酵母类制剂:作为饲料添加剂的真菌主要是丝状菌,多用于反刍动物饲料中。在实际生产应用中,多以复合菌的形式使用。复合菌属微生物添加剂通常由芽孢杆菌与乳酸杆菌联合组成或乳酸杆菌属与酵母联合组成,具有很好的协同作用和更好的使用效果。

　　一般认为微生物添加剂促进动物健康的作用机理包括以下几个方面:保持消化道内微生态平衡,帮助寄主肠道菌群尽快达到应有数量;饱和肠黏膜的吸附位点,致使病原菌无法在肠黏膜上定植,抑制其繁殖,防止有害物质的产生;刺激寄生免疫细胞的活性,提高机体免疫功能;调节营养物质的消化吸收等。

　　初生仔猪的胃肠道处于无菌状态,其消化道微生物的主要来源是母体的粪便微生物。仔猪从出生到断奶后肠道菌的组成一直在发生连续的变化,一般认为直到育肥期才趋于平衡。猪消化系统内有上百种、数百亿种的细菌形成的消化道内菌丛,成年猪消化道各部位的微生物,乳酸杆菌为优势菌。构成健康动物肠内菌丛的菌种中,既有与宿主经历长期进化,获得高度适应的利于宿主健康的有益菌,也有当宿主不健康或抵抗力减弱时大量增殖、具有致病倾向的有害菌。消化道内菌群的状态与动物健康有着密切的关系,影响猪消化道微生物生态平衡的主要因素有:个体差异、环境因素、饲料的营养组成和化学结构、饲料中长期添加亚治疗剂量的抗生素等。

有关饲用微生物添加剂产品在猪日粮中使用效果的报道不少,但结果多不一致,在实际生产中,一般在强应激的情况下,可提高猪的生长性能;在仔猪日粮中添加效果优于育肥猪。但在常规条件下,微生物添加剂的使用未能表现出稳定的有益效果。因此,在使用微生物添加剂时,应具有针对性,不同菌种的针对猪不同的生长阶段;选择可靠生产厂家提供的有质量保证的微生态产品;在使用过程中避免与抗生素同时使用等。如针对产前母猪分娩前15天投饲,可使母猪采食量加大,增大泌乳量,母猪产仔的初生率明显提高;再如对仔猪而言,断奶前后日粮组成的巨大变化会引起肠道微生物菌群的混乱,乳酸菌类的微生物添加剂可对仔猪肠道内有益菌群的大量扩繁起主导作用,有效控制病原菌的生长,对仔猪的早发性及近发性大肠杆菌即黄、白痢有明显的抑制作用。将微生物添加剂包被处理,也可提高外源微生物到达肠道发挥调节功能的有效菌数量,减少猪病的发生(赵红波等,2007)。

2. 寡聚糖

各国学者在研究微生态制剂的同时,都努力开发机体本身所拥有的抗病潜力,追求具有生理活性的饲料添加剂,为替代抗生素开创了一条新的路子。寡聚糖作为一种绿色饲料添加剂,具有无毒、无副作用,能提高机体的抗病力和免疫力,降低发病率,减少抗生素的使用,提高饲料利用率和生产性能等作用。

寡聚糖亦称低聚糖或寡糖,是指 $2\sim10$ 个相同或不同的单糖经脱水缩合由糖苷键连接形成的具有直链或支链的低聚合糖类的总称。相对分子质量为 $300\sim2\ 000$,甜度一般只有蔗糖的 $30\%\sim50\%$,一般具有耐高温、稳定、无毒等良好的理化性能。多数的寡聚糖中含有大量的 α-1,2、α-1,6、α-1,3、β-1,2、β-1,3、β-1,6-糖苷键,α-1,4-糖苷键的比例很小,而动物对碳水化合物的消化主要限于 α-1,4-糖苷键,因此大部分寡聚糖进入消化道后不能被动物体内的消化酸消化,但到达肠道后作为有益微生物的底物,又不被病原微生物利用,从而促进有益微生物的繁殖,抑制有害微生物。

由于组成寡聚糖的单糖分子种类,分子间结合位置及结合类型不同,种类很多,在自然界中达到数千种以上。并非所有的寡聚糖都具有生理功能。一般指的寡聚糖为一些具有生理功能的寡聚糖。功能性寡聚糖应用于饲料上的产品,主要有大豆低聚糖、低聚木糖、果寡糖、寡聚异麦芽糖等。

微生物添加剂具有提高机体抵抗力、促进动物生长、净化环境等作用,但其作用受有效菌数量、饲料加工方式、贮藏、猪胃液酸性环境等因素影响,使用效果常常不稳定。例如,动物消化道中原生菌的存在,使活菌制剂中的外来活菌很难在短时间内定居于动物肠道;活菌剂需特定的微生物生态环境,若肠道无法长久提供外源活菌制剂活菌所需的营养素,将难以大量繁殖。另外,目前确认可以用作活菌制剂的微生物仅有链球菌、乳酸杆菌、双歧杆菌等少数菌种,这些都制约着活菌制剂在饲料中的大量使用。通过研究,人们发现寡聚糖不被动物吸收利用,但可为机体肠道内有益菌利用而大量繁殖,抑制有害菌生长繁殖。与微生物添加剂比较,寡聚糖一般具有耐高温、稳定、无毒等良好的理化性能,使用寡聚糖不必担心微生物菌种失活、化学性质不稳定、饲料挤压制粒高温等问题。

寡聚糖的作用主要是通过调节动物肠道中微生物区系平衡而实现的,其作用机理主要为:其一,作为动物肠道内有益菌增殖因子,促进有益菌生长繁殖。产生的 CO_2 和挥发性脂肪酸使肠道内 pH 值下降,一方面抑制病原菌生长,另一方面使肠道还原电势降低,促进肠道正常蠕动,间接阻止病原菌在肠道中的定植,从而起到有益菌增殖因子的作用。其二,阻止病原菌和细胞的结合。病原菌(大肠杆菌、沙门氏菌、梭状芽孢杆菌等)的细胞表面或绒毛上具有类丁质结构,它能够识别动物肠壁细胞上的"特异性糖类"受体,并与受体结合,在肠壁上发育繁殖,导致肠道疾病的发生。而有些寡聚糖其结构与肠壁上"特异性糖类"受体相似,可以竞争性结合病原菌,使病原菌从肠道上脱离,从而起到"清洗"肠壁上病原菌的作用。进一步研究表明,某些寡聚糖还有吸附和消除某些霉菌毒素的作用。其三,充当免疫刺激因子,提高机体免疫。

目前有关寡聚糖对动物消化道微生物区系、消化道微生态环境及生长性能的研究较多,但结果不尽一致,其原因是多方面的。其一,低聚糖种类不同,作用效果也有所不同。其二,动物的饲养条件对低聚糖的添加效果影响很大,粗放饲养作用效果显著。其三,日粮中添加剂量是否适宜。一些寡聚糖在日粮中添加剂量过大后,不但不能促进动物的生长,反而导致腹泻的发生。

寡聚糖和微生物添加剂配伍,开发合生素产品,可发挥协同作用。寡聚糖化学性质稳定,作为肠道有益菌增殖促进因子而发挥功能,外源添加的微生物添加剂通过改善动物肠道内的微生物平衡而发挥功能,二者存在协同效果。将乳酸菌制剂与果聚糖+菊粉组合以及果聚糖+低聚木糖组合具有减少腹泻,提高生长性能的作用,可用于断奶期仔猪饲料(戴兆来等,2008)。

3. 中草药

中国是国际传统医学的核心,而中草药是我国传统医学的奇葩,中药作为饲料添加剂使用也有着深远的历史根源。早在 2 000 多年前,西汉刘安所撰《淮南子·万毕术》记有"麻盐肥豚法",这是关于中草药添加于饲料中的最早记载。东汉时期的《神农本草经》中收有"梓叶饲猪肥大三倍"等饲料添加剂有效经验方。随后在各个历史时期都有中草药用作饲料添加剂的总结和应用记载,有些验方沿用至今,仍不失其有效性和科学性。现代养猪业迅速发展,化学类饲料添加剂功不可没,但随其广泛使用,疫病问题、抗生素类添加剂的药物残留等一系列问题日渐凸显,限制我国生猪业的发展。近年来许多国家先后作出限用或禁用化学合成药物做饲料添加剂的决定。中药饲料添加剂因其安全无害、毒副作用小、极少残留、无抗药性,同样可以促进猪的生长及防病治病的作用,再度受到全世界的关注并得到广泛的实验及使用,并逐渐成为具有中国特色的饲料添加剂。

中药所含的成分多种多样,有效成分主要有生物碱、甙类、挥发油、黄酮类、鞣质、蛋白质、氨基酸、酶、维生素以及无机物等,通过多种途径,从整体上对猪的生产性能及其肉的品质进行调控,由肠道吸收和经过肝脏代谢后,通过活性成分对机体神经内分泌系统的调节,激活或抑制某些物质代谢过程中酶的作用来调控蛋白质和脂肪的沉积,这也与中医的整体学说、阴阳学说一致。其作用机理大致可分为以下几个方面:促进机体对饲料养分的消化吸收;清除机体内活性氧自由基;通过影响神经内分泌系统以一种整体效应达到促进糖的吸收、蛋白质的合成及脂肪的分解;影响体内代谢过程中一些关键酶来改善物质代谢的生理生化作用;增强免疫作用;可影响肠道内细菌等。中药饲料添加剂配方千变万化,目前尚无统一的分类。根据中药性能和饲料工业体系可将中草药饲料添加剂分为免疫增强剂、激素样添加剂、抗应激剂、抗微生物剂、驱虫剂、增食剂、催肥剂、疾病防治剂、饲料保藏剂等。

中药作为饲料添加剂可促进猪增重并改善胴体品质的功效已被证实。中药饲料添加剂可以是单味中药,具有促进猪生长的功效,如松针粉、艾叶、槐叶粉、泡桐叶、杨树叶、马齿苋、葵花盘粉、芝麻叶、薄荷叶粉、鸡冠花、野山楂、芜荽、党参叶、蚕沙、麦芽粉、食醋、沸石、稀土、白芍等,这些中草药可因地取材,合理使用。中药饲料添加剂也可以是复方,复方是中药的特色,绝大多数都是按君臣佐使配合的配方,遵从中兽医方剂的配伍规律,其立法组方主要有健脾开胃、调整阴阳、补养气血、祛邪逐疫等。复方添加剂功能成分复杂,不是单体作用的相加,效果更佳。研究表明,很多成方可显著提高生长猪日增重,降低料肉比,如以党参、黄芪、羊藿、首乌等组成的复方散剂,以何首乌、麦芽、松针粉、陈皮等组成的复方散剂等;以黄芪、白芍、贯众、夏枯草等组成的复合中草药提取物则可使胴体瘦肉率提高,脂肪降低;以黄芪、黄连、大黄、合欢皮、贯众、茯苓等为伍做成添加剂,除能改善肥育猪的生长性能和饲料利用效率外,还能有效防止仔猪发生腹泻;针对断奶仔猪,由山楂、苍术、板蓝根、生姜、麦芽、黄精、地榆、陈皮、白头翁、大蒜等组成的中草药添加剂和用泡桐叶、泡桐花、黑豆、何首乌等按比例配制而成的"肥猪散",能明显增强食欲和抗病力。

中药在畜牧兽医上的应用历史悠久,经验丰富,但在其实际使用中必须注意以下几点:其一,正确有效使用中草药,需要根据动物的症候、日龄、生理特点以及外在环境、季节、气候特点等因素综合辨证论治,如果对整体状况把握不准,判断失误,可能会起到适得其反的效果,因此,中药的正确使用必须以完备的中医理论为基础。中药使用,可以单方,也可以复方,可以为中药原材料,也可以为中药功能成分提取物。其二,中药的作用主要体现在扶正固本和协调整体两方面,但当有明确疫病侵袭和相关症状时,要做到"中西结合",参照传统中医药和现代西医药理论立法组方,以完善和增强对病症的治疗及预防效果。若养殖户没有独立的能力做到以上两点,最好选择信誉可靠的兽用中药产品,并在其生产厂家的服务指导下根据养殖场特点制定用药疾病预防方案。其三,中药功效受原料产地、收获季节、收割部位、加工方式等影响。养殖户使用中草药作为饲料添加剂,最好在中兽医指导下进行。

4.酶制剂

酶是生物催化剂,各种营养物质的消化、吸收和利用都必须依赖酶的作用。通过生物工程方法产生具有活性的酶产品,称为酶制剂。1975 年,美国饲料业首次在大麦饲料中添加 β-葡萄糖酶,并取得了显著效果。20 世纪 80 年代国外配合饲料就普遍使用酶制剂,20 世纪 90 年代酶制剂开始引入我国。目前,在饲料工业中应用的有 20 多种,酶制剂的基本目的在于提高动物日粮消化率,改善动物生产性能,且不存在化学添加剂的药物残留和产生而耐药性等不良影响,因而是一种环保型绿色饲料添加剂,有着较广泛的市场前景和应用潜力。

目前在养猪业中已经得到充分肯定的酶制剂主要是植酸酶、β-葡聚糖酶和戊聚糖酶。微生物植酸酶是应用于猪饲粮中最成功的范例,后两者属于非淀粉多糖酶。现阶段最常用的是复合酶,是指将两种或两种以上具有生物活性的酶混合而成的产品,根据不同动物和不同生长阶段的特点进行配制,有较好的使用效果。现将几类主要饲用酶的作用分别介绍如下:

植酸酶的作用:植物性饲料中普遍含有抗营养因子植酸,猪等单胃动物体内缺少内源性的植酸酶,所以不能有效利用植酸磷。在猪日粮中添加植酸酶制剂可使植酸盐中的磷水解释放出来,使植酸磷消化率提高 60%～70%,这样可减少无机磷添加量,减少粪便磷的排放,减轻对环境的污染,而且还可以提高被结合的蛋白质、矿物元素的利用,提高消化率。

非淀粉多糖酶的作用:纤维素、β-葡聚糖等非淀粉多糖广泛存在于多种植物原料细胞壁中,是影响营养分子传递和吸收的重要的抗氧因子。非淀粉多糖酶主要包括戊聚糖酶、β-葡聚糖酶和纤维素酶等,现在应用的较成熟的是前两者,能够降低消化道中物质的黏度,改善猪肠道微生物区系,促进营养物质的吸收。非淀粉多糖酶添加特别适合于包含小麦、次粉、麸皮、大麦、米糠的饲粮,能显著提高其营养价值,可提供生长猪采食量,增加日增重,降低猪只腹泻的发生。

淀粉酶、脂肪酶、蛋白酶等的作用:仔猪消化机能不健全,4周前除乳糖酶活性充足外,淀粉酶、蛋白酶、脂肪酶等的活性均不足,28～35日龄断奶后头2～3周,由于应激反应,各种消化酶的活性和免疫力降低,消化吸收能力下降,胃酸分泌不足,这时肠道消化生理功能不能适应高淀粉、高蛋白的饲料日粮,易引起胃肠机能紊乱易诱发腹泻的发生。如果在仔猪饲料中加入外源性的淀粉酶、蛋白酶和脂肪酶来补充内源酶的分泌不足,可改善消化,减轻腹泻。许多研究表明,在仔猪中添加酶制剂,可提高仔猪增重5%～15%,饲料增重比下降3%～8%,并可减轻仔猪的腹泻率。

尽管有大量数据说明酶制剂正面的应用效果,但也有研究结果显示某些酶制剂在实际生产中的作用并不明显。主要原因在于饲料组成、底物浓度和保存时间、猪只年龄和生长阶段、饲料加工过程等环节对酶使用效果都有重要影响。因此,应合理应用酶制剂作为饲料添加剂。首先要慎重科学地选用酶制剂产品,最好选用一些信誉好、被人们广泛认可的产品;其次要根据动物种类和不同生长阶段应用,才能有效地发挥和提高酶制剂的作用效果,一般情况下,仔猪阶段消化系统的发育尚不完善,多种消化酶都分泌不足,是使用酶制剂较理想的阶段;第三要注意结合饲料中原料情况应用酶制剂,如饲料配方以玉米—豆粕型为主的,最好应用以木聚糖酶、果胶酶和β-葡聚糖酶为主的酶制剂,较多使用小麦、大麦和米糠等原料的,应选用以木聚糖酶和β-葡聚糖为主的酶制剂,饲料中稻谷粉、米糠和麦麸等含量较多时应选用 β-葡聚糖酶、纤维素酶为主的酶制剂,而饲料中较多使用菜籽粕、葵花籽粕等蛋白含量较高的原料时,最好选用以纤维素酶、蛋白酶和乙型甘露聚糖酶为主的酶制剂。最后要注意酶制剂与其他添加剂的相互影响,适当添加一些氧化钴、硫酸锰和硫酸铜等盐类,可提高酶制剂的作用效果,酶制剂也可以与抗生素类添加剂同时使用,但酶制剂对热、光、酸等因素较敏感,使用中应特别注意。

5. 酸化剂

酸化剂是指能提高饲料酸度,通过与饲料或水结合,动物食用后,能改善其消化道环境以满足营养需要及疾病预防的需要。酸化剂主要包括单一酸化剂和复合酸化剂,单一酸化剂分为有机酸和无机酸。目前使用的无机酸化剂主要包括盐酸、硫酸和磷酸,其中以磷酸居多。无机酸具有价格低、酸性强,在使用过程中极容易离解的特点。有机酸化剂主要有柠檬酸、延胡索酸、乳酸、丙酸、苹果酸、山梨酸、甲酸、乙酸等。复合酸化剂是将两种或以上的单一酸化剂按照一定的比例复合而成,复合酸化剂可以是几种酸配合在一起使用,也可以是酸和盐类复配而成。

酸化剂的作用机理主要为利用酸化剂降低胃肠道 pH 值,提高消化酶的活性。一般猪胃液中 pH 值稳定在适合的范围,pH 值过高能显著地抑制胃蛋白原的活化,当 pH 值高于 6 时,胃蛋白就会失活。早期断奶仔猪消化系统和免疫系统发育尚未成熟,当仔猪由母乳提供营养到饲料提供营养时,仔猪胃内酸液分泌不够,很难达到成年猪胃内的酸度水平(pH 值为 2.0~3.5)。饲料酸化剂的作用源于其酸化效应。添加酸化剂不仅可激活胃蛋白原,同时还可直接刺激消化的分泌。饲料中添加酸化剂可提高断奶猪的性能,最显著的促生长作用表现在断奶后最初的几周内。添加酸化剂,还可以提高胃中饲料蛋白质的水解程度和养分的消化率,降低肠内细菌的繁殖率和细菌代谢物的产生。

目前酸化剂在使用过程中存在的问题为使用效果不是很稳定。影响酸化剂使用效果的因素有很多,主要为酸化剂的种类和添加量。此外,日粮的类型、猪龄和体重、饲养环境也会影响酸化剂的使用效果。

另外,酸化剂添加量大,成本高。酸化剂在生产和使用过程会腐蚀机械、运输设备。

6. 大蒜素

大蒜为单子叶植物百合科葱属植物蒜的鳞茎,在我国南北地区均有种植。我国大蒜种植面积约 67.7 万公顷,约占全球总产量的 75.4%,居世界第一位。大蒜的活性成分为大蒜素,是具有挥发性、辛辣性的淡黄色挥发性油状物质,在其鳞茎、叶片中均含有。大蒜素能杀灭病菌,清瘟解毒,其主要成分为三硫化二丙烯和二硫化二丙烯。大蒜素因其杀菌力强,抗菌谱广,生物学性能良好,刺激性小,无毒副作用,同时增强动物抗病力,近些年来在畜牧生产得到广泛重视与应用。

大蒜素是大蒜中多种含硫化合物的总称,主要为各种烯丙基有机硫复合体。在生产中采用蒸气蒸馏和有机溶剂提取等多种方法从大蒜中提取获得的有效成分是大蒜油。大蒜油呈淡黄色至棕红色液体,具有浓烈的大蒜气味,其密度为 1.050~1.095 克/厘米²,折光率为 1.055~1.80,能溶于大多数非挥发性油,部分溶于乙醇,不溶于水、甘油和丙二醇。大蒜油化学性质较稳定,在非强酸环境中可耐超过 120℃ 高温而不易分解,但若长期暴露于紫外线下则可诱发分解,在强酸环境下将生成硫盐并析出硫,产生沉淀,在强氧化环境下则氧化成亚砜,有时也可氧化成砜。

天然大蒜油中有 16 种含硫化合物,其中含量较高的是丙基二硫化丙烯(约 60%)、二硫化二丙烯(23%~39%)、三硫化二丙烯(13%~19%)、二硫化二丙烷(4%~5%)及甲基二硫化丙烯等。人工合成大蒜油主要成分为三硫化二丙烯(50%~80%)、二硫化二丙烯(20%~50%)、少量单硫化二丙烯和四硫化二丙烯,其中四硫化二丙烯含量很少并易分解。这 4 种成分的总含量一般超过 92%,其余不到 8% 的成分为低沸点的丙酮、乙醇、丙基烯丙基硫醚和二丙基硫醚等杂质。大蒜油不稳定,可继续分解成一系列具有难闻气味的含硫化合物。生产中使用的大蒜素实际上是由大蒜素单体及其他含硫化合物的混合物,又称大蒜精油,经适当加工和包装制成。

作为大蒜的主要生物活性有效成分之一,大蒜素味辛辣,具有活血化淤、清瘟解毒、杀菌抑菌等功效。现代药理学研究表明,它是一种广谱抗菌药,具有消炎、降血压、降血脂、抑制血小板凝集、防癌、抗病毒等多种生物学功能。大蒜素添加仔猪、育肥猪及母猪日粮中,可提高猪的采食量、抗病力、促进猪的生长。

虽然,人们对大蒜素的理论研究及实际应用已取得了长足的进步,但仍有许多问题需要解决。大蒜素的臭味是限制大蒜素应用的"瓶颈"之一,目前已经开发出几种物理和化学的脱臭方法,但物理脱臭法费时、效率低(如植物油除臭)或成本高(如真空提取除臭)或安全隐患大、化学试剂残留(如化学脱臭)。总之,如何开发出一种经济、环保、高效的脱臭方法需要进一步研究。

7. 牛至油

牛至油作为新型植物抗生素,以其绿色、环保、广谱抗菌、促生长、无残留及不易产生耐药性等特点,在养猪业上的应用前景非常看好。牛至油是从植物牛至中提取的挥发油,这种常年生的中草药具有多种增进健康的功能,是一种古老的药用植物,其中起主要作用的是香芹酚。具有很强的杀菌、抗氧化防腐以及增强动物免疫的作用,可有效防治畜禽消化系统细菌性疾病,尤其对大肠杆菌和沙门氏菌有特效,可有效防治畜禽球虫病。研究表明,在仔猪的基础日粮中添加牛至油20毫克/千克与添加安来霉素10毫克/千克均能提高饲料蛋白质、干物质的消化利用率,促进仔猪生长,提高日增重,降低仔猪腹泻率,同时还有缓解应激的作用。同时添加牛至油组与添加安来霉素组相比,在饲料蛋白质、干物质的消化利用率、日增重、降低仔猪腹泻率等方面均差异不显著。这表明牛至油在降低仔猪腹泻,提高增重,提高饲料报酬等方面均能达到抗生素安来霉素的效果。

绿色安全饲料添加剂在饲料工业的应用,越来越受到人们的重视,饲料工业已从过去谋求向广度发展的趋势转向深度发展。21世纪的饲料工业将是以生物技术为主导的时代。充分利用人类不能直接利用的低质、廉价的饲料资源,充分发挥畜禽的生产潜力,保护人类的自然环境,是饲料工业发展的方向。

第四节　新型饲料添加剂的应用

世界饲料工业 100 年和中国饲料工业 25 年的历史形成了由抗生素、维生素、微量元素、氨基酸等单一添加剂产品、添加剂预混料、浓缩饲料和配合饲料组成的 4 大支柱产品,由此鼎力而起的饲料工业对现代畜牧业发展起着重要推动作用。当前中国饲料工业面临的主要难题:一是技术含量高、拥有排他性知识产权垄断、占有优势市场地位的重要添加剂主要依赖进口;二是畜产品药物残留引起的健康、社会、经济、贸易等问题备受关注。养殖业成本 70% 来自于饲料,饲料核心技术在添加剂。因此,采用新方法研制既保持动物生产性能又无安全隐患的新型安全产品,尤其是添加剂成为畜牧业和饲料产业发展的紧迫要求,是我国饲料和饲料添加剂学科发展的重要方向和优先课题。本节主要介绍几种新的饲料添加剂。

一、半胱胺

半胱胺(cysteamine)又称 β-巯基乙胺(简称 CS),相当于半胱氨酸的脱羧产物。其分子式为 $HSCH_2CH_2NH_2$,相对分子质量为 77.15,为白色结晶,熔点为 99～100℃,易溶于水及醇,呈碱性反应,在空气中易氧化成为二硫化物。由于其游离碱基的不稳定性,一般制成盐酸盐 $C_2H_7NS\cdot HCl$。半胱胺可化学合成,也可从动物毛发中提取。

半胱胺直接消耗体内组织的生长抑制激素,减弱对生长抑制激素分泌的抑制作用,使体内生长激素和胰岛素浓度升高。生长激素(GH)浓度升高促进 IGF-1 分泌进而刺激动物生长、泌乳,提高动物生产性能,提高胴体品质和瘦肉率,降低饲料消耗,并且在应激状态下能阻滞因应激导致生长激素含量降低,从而起到抗应激的作用。半胱胺在体内还是合成牛磺酸的原料,它通过合成牛磺酸维护机体功能,可替代蛋氨酸和胱氨酸合成牛磺酸。因为牛磺酸是必需营养素和细胞保护剂,它具有促进动物生长,防治动物心血管和中枢神经系统疾病,维护视觉、免疫系统和生殖系统正常功能的作用。半胱胺本身具有抗氧化功能,它还提高血液谷胱甘肽浓度,谷胱甘肽是体内主要抗氧化物质。半胱胺自身还通过谷胱甘肽起到抗氧化、增强免疫功能的作用。

半胱胺作为生长抑制激素的抑制剂,间接使动物体内生长激素(growth hormone,GH)水平提高,从而促进猪的生长。生长激素是生长轴的中心环节,是调节生长的主要激素。生长激素属于蛋白质激素,在体内主要由腺垂体分泌。它可以加速体内蛋白质的合成,减少脂肪沉积,促进动物的生长。其合成和分泌受生长激素释放激素(GHRH)和生长抑制激素(SS)双重调控。GH的分泌量取决于这两种肽类激素的兴奋和抑制程度的平衡。半胱胺的活性巯基能化学修饰生长抑制激素的二硫键,改变其分子结构和生理活性,从而降低生长抑制激素水平,导致GH水平提高,促进动物生长。也有的专家认为半胱胺能降低动物体内多巴胺的分解,促进下丘脑合成与分泌GH,促进动物的生长。

目前报道半胱胺对猪、禽和反刍动物都有促生长作用,口服剂量大致是每千克体重50~100毫克。半胱胺可以间歇饲喂,每次的效果可持续5~7天。由于半胱胺易氧化,生产中常用半胱胺盐酸盐或包被半胱胺饲喂动物。国家批准将包被的半胱胺可以作为饲料添加剂使用。

半胱胺产品在饲料中应用时应审慎对待半胱胺的使用剂量、持续使用时间。大剂量添加半胱胺可致消化道溃疡,大鼠每千克体重皮下注射300毫克,引起十二指肠溃疡,但小剂量(70~100毫克)则有保护消化道黏膜作用。一般每5天或每周口服一次半胱胺(50~100毫克/千克体重),表现效果好,如果每天持续添加,效果表现不明显。半胱胺食入后 24 小时,抑制生长抑制激素作用达到峰值,5 天后则生长抑制激素水平复原。包被半胱胺的作用效果受包被工艺影响。包被半胱胺效果优于半胱胺盐酸盐,半胱胺盐酸盐效果优于半胱胺。

二、碱式氯化铜

铜是动物必需的一种微量元素,过去饲料中主要由硫酸铜提供动物必需的铜。近年来开发了一种新型饲料铜源添加剂——碱式氯化铜。与硫酸铜比较,碱式氯化铜水溶性低,吸潮性差,理化性质稳定;在饲料生产中,能降低对饲料养分(微量元素如亚铁、碘,维生素、油脂等)的破坏;提高饲料混合的均匀性;提高铜的相对生物学效价和动物生产性能,同时降低粪便中的铜含量和可溶性铜含量,有利于保护环境。

碱式氯化铜是一种浅绿色结晶型粉末,分子式为 $Cu_2(OH)_3Cl$,相对分子质量为 213.57,是由 60% 单斜晶体与 40% 绿盐铜矿斜方晶体组成的混合晶体,结晶体的粒径为 30~300 微米。与硫酸铜比较,碱式氯化铜具有含铜量高,不溶于水和有机溶剂,易溶于氨水和酸,不易潮解,稳定性好等特点。硫酸铜中铜含量为 25.5%,碱式氯化铜中铜含量为 56%~60%。碱式氯化铜在水中的溶解度小于 0.2%,在中性柠檬酸铵、2% 柠檬酸和 0.4% 盐酸中的溶解度都超过 98%。碱式氯化铜(国产)的吸水力仅为 0.09,远远小于硫酸铜的 10.33。

国内外有关碱式氯化铜对猪生产性能作了大量的研究,结果均证实用低浓度的碱式氯化铜替代高浓度的硫酸铜,能起到同样的促生长效果。研究结果表明,碱式氯化铜在促进断奶仔猪生长方面和硫酸铜一样有效。150 毫克/千克碱式氯化铜比 200 毫克/千克的硫酸铜更有效。断奶仔猪日粮中 150 毫克/千克碱式氯化铜与 200 毫克/千克的硫酸铜具有同样的促生长效果。少剂量的碱式氯化铜可达到高剂量硫酸铜的饲喂效果,可以降低铜的添加剂量,降低铜的排放。据报道,饲料中添加相同剂量的铜,由碱式氯化铜提供,猪粪可溶性铜含量降低超过 15%,有利于保护环境,符合畜牧业可持续发展政策。

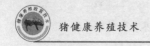

三、纳米微量元素

纳米科技是在 20 世纪 80 年代末 90 年代初才逐步发展起来的前沿、交叉性新兴学科领域,它的迅猛发展将成为 21 世纪科学技术发展的主流。它不仅是信息技术、生物技术等新兴领域发展的推动力,同时因其具有独特的物理、化学及生物特性,为畜牧业的发展提供了新的机遇。

"纳米"是国际长度单位之一,1 纳米 = 10^{-9} 米。纳米科技的定义是:在纳米的尺度上研究物质的特性和相互作用,以及利用这些特性的多学科交叉的科学和技术。纳米粒子具有极高的表面能和扩散率,具有特殊的吸附、催化、螯合性能。将饲料原料或添加剂加工成纳米粒子,可改变饲料原料及添加剂的某些物理化学特性。目前应用的有纳米钙、纳米硒、纳米锌以及纳米蒙脱石等。

纳米微量元素吸收利用率大大高于普通无机微量元素。无机微量元素的利用率一般在 30% 左右,而纳米微量元素的利用率可接近100%。如果碳酸钙被粉碎至纳米级,钙的吸收利用率可大大提高。另外,纳米微量元素还具有一些普通微量元素所不具备的功能,目前研究较多的是纳米硒,常以亚硒酸钠作为硒生物性质标准参考物,研究表明,纳米硒在吸收利用程度上与亚硒酸钠接近,但是纳米硒对超氧负离子和过氧化氢具有明显的清除作用,纳米硒体外清除羟自由基效率为无机硒的 5 倍,为有机硒的 2.5 倍。纳米硒与有机硒或无机硒相比,毒性明显下降。纳米氧化锌能显著提高仔猪日增重 10% 以上,明显降低料肉比、腹泻率,经济效益好于普通氧化锌。

有关纳米技术研究和应用还有许多问题待研究解决。纳米技术是一门新兴的科技,由于其特殊性、先进性,在畜牧业上的应用必将为该行业注入新鲜活力,并使我国有效的饲料资源得到充分的利用,并能最大限度发挥营养与保健功效,减少动物发病率。

四、外源核苷酸

核苷酸是生物体内一类低分子化合物,它具有调节生物体内能量代谢、参与遗传信息编码、传递细胞信号、加速小肠细胞的生长、分化和修复、促进消化器官功能的发挥、调节肠道内微生物区系以及提高机体免疫系统和机体抗氧化功能等重要的生理和生化功能。正常情况下,人和动物体内能够从头合成核苷酸,但在某些情况下,如机体迅速生长、受到免疫挑战时,一些器官、组织内源合成核苷酸不能满足机体的需要,需要外源补充。

由于动物体内对缺乏的核苷酸并未表现出明显的机能失调,所以核苷酸曾一度被认为是一类非必需营养物质。随着对核苷酸饲料添加剂研究的不断深入,人们普遍认为日粮核苷酸对于动物维持免疫系统正常功能、胃肠道发育、肝功能、脂代谢等有重要影响,添加外源核苷酸可以促进动物的生长发育和提高免疫力。目前核苷酸作为一种半必需营养物质,已应用到食品、医药和饲料等多个领域。

一些试验表明在仔猪日粮中添加核苷酸,具有促生长作用,核苷酸组比对照组增重提高了 22.9%,耗料量却下降了 11.54%,两组之间差异显著,并且核苷酸组死亡率显著降低。母猪的试验证明,在饲料中添加核苷酸可提高仔猪的存活率和仔猪离乳率,试验组的猪表现得更健康。据报道,饲喂核苷酸还具有抗应激的作用,能明显降低猪应激后引起的肌酸激酶、乳酸脱氢酶、天门冬氨酸转氨酸的活性,减少劣质肉的产生;此外,核苷酸对畜禽性腺的生长发育也有着影响,研究发现添加核酸后显著提高公鼠睾丸指数和血清睾酮的水平。

五、丁酸钠

丁酸钠,分子式为 $C_4H_7O_2Na$,相对分子质量为 110.09,广泛应用于食品、医药、化工、饲料、养殖等行业。工业上生产的丁酸钠为白色粉末,有吸潮性,对光、热稳定。丁酸钠的有效成分是一种短链挥发性脂肪酸——丁酸。游离的丁酸具有特殊的气味,不同于醋酸或丙酸等其他短链挥发性脂肪酸,丁酸既可溶于脂类,又可溶于水。日粮中添加丁酸钠,可以起到酸化、电解质平衡调节、胃肠道微生态平衡调节、诱食等作用。

丁酸钠的主要功能在于:其一,提供能量。丁酸盐是结肠上皮最好的氧化底物,占结肠细胞氧耗量的 80%,丁酸无需经过肝胆吸收和复杂的三羧酸循环系统,可以直接为肠上皮细胞提供能量,是肠上皮细胞的快速能量源,尤其是肠细胞(盲肠和结肠细胞)首选的能量,且极易从肠腔内吸收。丁酸钠为快速分化细胞的一种能源,它通过直接促进细胞更新而刺激损伤的肠绒毛得到恢复。丁酸钠可使断奶仔猪肠绒毛长度提高 30%,从而改善了养分消化和吸收能力。其二,维护胃肠道内有益微生物菌群。猪日粮内添加丁酸钠增加了有益菌如乳酸杆菌的数量,进而影响到胃肠道有益菌(如乳酸杆菌)和有害菌(如大肠杆菌)之间的平衡。丁酸钠可以显著降低猪沙门氏杆菌的繁殖和经粪排放。同理,丁酸钠可降低十二指肠、回肠,特别是盲肠内大肠杆菌的数量。其三,具有诱食功能。丁酸钠具有特殊的奶酪酸败气味,对仔猪具有一定的诱食效应。在仔猪饲粮中添加丁酸钠,还可以提高饲料转化效率和营养物质的表观消化率,从而改善仔猪的生长性能。

丁酸钠与传统酸化剂相比,其功能成分——丁酸,可转运到肠道,而传统的酸化剂的功能仅限于动物胃、嗉囊水平,从而显示了丁酸在小肠水平上较强的抗菌功能,抑制病原菌,如大肠杆菌,控制小肠微生物区系,使其处于正平衡。

丁酸钠不但可以添加在仔猪日粮中,还可以应用母猪上。仔猪日粮中添加丁酸钠,可提高仔猪的采食日增重,并减少断奶仔猪的腹泻。母猪日粮中添加丁酸钠,可提高哺乳母猪的泌乳量。一般丁酸钠在仔猪日粮中应用较多。

随着科学技术的进步,越来越多的饲料添加剂出现,包括营养性生长添加剂和非营养性饲料添加剂。营养性饲料添加剂如 65% 的赖氨酸、液体蛋氨酸、L-色氨酸及支链氨基酸、微量元素等,非营养性的添加剂有酶制剂、药物性添加剂、脱霉剂、中草药、微生态制剂、产品质量改进剂及抗应激添加剂等。每种添加剂都有其功能独特之处,也有其缺陷。因此,在选用添加剂时,应合理及安全。

六、使用添加剂应注意的问题

1. 根据猪不同类型及不同生长阶段选用适宜的饲料添加剂

饲料添加剂是针对不同畜禽的营养需要,根据基础日粮缺乏成分配制而成。饲料添加剂在实际使用中不能相互代替。若相互乱用,由于畜禽的生理消化特点不同易引起中毒或发生其他不良现象。

不同生长阶段的猪对添加剂的需要不同。仔猪应以满足快速生长需要为主,对矿物质添加剂的需要量较高,其次是氨基酸、维生素等。生长猪可用促进蛋白质沉积的促生长剂。繁殖母猪一般不添加药物性饲料添加剂。因此,要根据猪的类型及生长阶段选择适合的饲料添加剂,以发挥其生产潜力。

2. 选择适合猪营养状况的饲料添加剂

饲料添加剂种类繁多。一般分为营养性和非营养性 2 类,细分起来可达几十种,但在实际生产中并不是畜禽对每一种添加剂都缺乏。若不根据实际情况补充,不仅造成浪费,提高饲养成本,且会带来不应有的损失,如引起中毒、相互抑制吸收等。应用饲料添加剂时要根据畜禽营养状况及基础日粮情况,本着缺什么补什么的原则合理应用。就幼猪而言,以高粱和豆饼为主。粗蛋白质含量为 20% 的饲粮,其氨基酸含量为 0.97% 就能满足幼猪营养需要;而以高粱和花生饼为主的饲粮,粗蛋白质含量虽然也是 20%,但从饲养结果看,增重显著低于前者,故需增加赖氨酸。如养猪时,经常饲喂一些蔬菜或青饲料,此时可适当减少维生素的供给。

3. 饲料添加剂应安全性好、经济性强、使用方便

一些正规企业生产的饲料添加剂安全性较好,可放心使用。但如

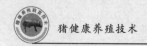

何选择价廉物美的添加剂就需要多咨询。就多种维生素而言,小型饲料厂可直接购买复合维生素添加剂,大中型饲料厂可直接购买单项维生素,然后复配。用低廉的合格产品代替高价进口产品或就地取材也是降低饲养成本的一条途径。

4.严格掌握添加剂添加剂量

饲料添加剂用量甚微,用量应根据猪营养需要标准适量添加。剂量过小,达不到预期目的;剂量过大,不仅加大饲料成本,还会影响畜禽生长发育,甚至中毒,间接危害人体健康。猪营养标准中规定的维生素、微量元素为维持猪健康的最低营养需要量,在实际生产中常根据生产状况,适当提高添加剂量。过量添加饲料添加剂,反而不利于猪的生长,尤其是一些药物性饲料添加剂。有的厂商为使猪皮肤发红,超大剂量使用含砷制剂;为使猪吃后粪便发黑而超量加入铜铁制剂;有的滥加镇静剂、催眠药品甚至使用国家违禁药品,从而影响人类健康。该类行为应当明确禁止。

5.使用饲料添加剂时要搅拌均匀

饲料添加剂用量很小,使用时应与饲料充分混匀,才安全有效。混合时既要考虑各种添加剂的理化特性、工艺要求及感官指标,又要注意原料间配伍性及配伍禁忌。混合时选用载体预混,然后逐级混合,以达到混合均匀的目的。

6.合理配合使用饲料添加剂

饲料添加剂合理配合使用。往往收到事半功倍的效果。如有的仔猪生长缓慢,膘情较差。怀疑有寄生虫病,可在服用驱虫剂的同时使用健味剂或生长促进剂,如复合酶制剂等能促进猪只生长,尽快恢复膘情等。

第五节　饲料的加工与调制

为了充分发挥饲料的作用和效能,去除某些有毒、有害物质,使猪只便于消化饲料,在饲喂前一般都要进行加工调制。饲料原料的调制方式主要有粉碎、制粒、膨化、焙炒、蒸煮、糖化、发酵等。

一、粉碎

用于各类籽实饲料及块状饲料。其目的主要是减少咀嚼,增加与消化液的接触面,从而提高饲料养分的利用率。限饲的母猪由于吃的很快,咀嚼不充分,饲料宜粉碎得较细。此外,粉碎的粗细因猪的生理阶段不同有一定差异。而且,粉碎的细度对饲料消化率的影响很大;细粉碎比粗粉碎可提高 10% 左右,比整粒饲喂可提高 20% 以上。粉碎过细时,易导致呼吸道疾病。一般仔猪饲料,常采用颗粒料;而大猪料常采用粉碎料。

二、制粒

加工成粉状并经配合的猪饲料,即全价饲料。将全价料通过挤压制粒后,可改善饲料的适口性,提高养分的消化率,避免动物挑食,减少浪费。制粒后的饲料,可提高饲料的采食量和利用率 5%～15%。

在制粒过程中,一般要经过蒸汽、热和压力的综合处理,这可使淀粉类物质糊化、熟化,改善饲料的适口性,使养分更容易消化、吸收,从而提高其利用率。

制粒并经冷却的颗粒料,水分低于 14%,不易霉变,易于保存。制粒后,体积变小,便于贮存、运输;也不像粉料那样,在运输中经抖动,易分层而破坏饲料组分的均匀度,降低适口性和饲料的营养价值。

为保证制粒的质量,通常需注意下面几个问题。

1. 原料成分的黏结性

制粒时,成粒性要好,应加入适量的淀粉。淀粉是影响颗粒黏结度最重要的饲料因素。制粒时,由于蒸汽和温、热作用使淀粉糊化而产生黏结性,有利于饲料成分黏结在一起。因此,饲料中含淀粉愈多黏结性愈好。不同来源的淀粉其黏结性也不一样,小麦、大麦所含淀粉的黏结性比玉米强。豆粕类由于含脂肪少,黏结性较好。所以,在制粒时,一般要加入一定量的小麦粉或次粉。仔猪料制粒时,若含有奶粉、乳清粉、蔗糖或葡萄糖,也可提高饲料的黏结性,如成粒性差,可适当增加次粉或小麦粉的用量。

2. 原料粉碎粒度

原料越细,淀粉越易糊化,颗粒的成粒性越好。对于猪饲料一般要求筛孔直径在 1 毫米以下。早期断奶仔猪可细到 0.3 毫米。

3. 水分、温度和蒸汽压力

水分和温度是淀粉糊化和黏结的必要条件,也是影响糊化和黏结的重要因素。制粒时,水分含量超过 8%～10%,硬度增加。一般制粒时蒸汽的供给量按饲料供给量 3%～6%通入,使总的水分含量在 16%～17%。温度太低,淀粉的糊化不充分,降低制粒效果;温度太高则使饲料中的某些养分损失,特别是维生素损失较严重。一般制粒温度要求不超过 88℃,根据成粒性和冷却后水分的含量,可变动于 82～88℃。成粒性差,水分含量高,温度可高一些。蒸汽压力与水分和温度直接相关,蒸汽压力合适,制粒效果好。一般蒸汽压力控制在 394～490 千帕。蒸汽压力愈大,蒸汽通入量也愈大,温度也较高。

三、膨化

膨化是将饲料加温、加压和加蒸汽调制处理,并挤压出模孔或突然喷出容器,使之骤然降压而实现体积膨大的加工过程。饲料膨化处理有比制粒更好的效果,但成本较高。对于猪饲料,主要用于膨化大豆,膨化的优点主要有:

(1)易消化吸收。饲料淀粉的糊化程度比制粒更高,可破坏和软化纤维结构的细胞壁,使蛋白质变性,脂肪稳定,而且脂肪可从粒料内部渗透到表面,使饲料具有一种特殊的香味。因此,经膨化处理的饲料更容易消化吸收。

(2)膨化的高温处理几乎可杀死所有的微生物,从而减少饲料对消化道的感染。

(3)膨化大豆代替豆粕,可使早期断奶的仔猪饲喂全脂膨化大豆,也可取得较快的生长速度和较好的饲料转化率。但对于育肥猪(80千克以后的猪),饲喂膨化大豆较豆粕并无明显优势。另外,大豆经膨化处理后,导致仔猪腹泻的一些大豆蛋白变性,从而减少仔猪的腹泻。

四、焙炒熟化

对于豆科籽实(如大豆、豌豆等),经过蒸煮后可以除去生味和有害物质,如大豆的抗胰蛋白酶因子,提高蛋白质的利用率,特别对于猪效果更明显。炒焙可以使谷类饲料产生一种清香的气味,并能提高淀粉的利用率,把炒焙的谷粒经磨碎后撒在青粗饲料上,可以大大提高适口性,增进猪的食欲,增加采食量。通常焙炒的温度130~150℃,加热过度可引起或加重猪消化道(胃)的溃疡。为了使仔猪提前开食,促进生长,往往从生后1周左右即可喂给炒焙的谷粒和高粱粒,以锻炼肠胃消化机能,促进生长发育和提高健康水平。炒焙的高粱粒含有一定的单宁,还可以防治仔猪下痢。烘烤类似焙炒,只是加热较均匀,不像焙炒,一些籽实可能加热过度,降低其营养价值。

五、糖化

一般富含淀粉的饲料,利用其本身或外加淀粉酶的作用,可以使饲料中所含的淀粉充分地转化为糊精和麦芽糖,从而使含糖量由1%左右提高到8%~12%,使饲料带有甜味,改进了饲料的口味。这种调制方法特别适用于养猪,因为猪的生活习性是爱吃带有甜味的食物。

其具体做法是:先将谷类饲料粉碎,并装在木桶、盆、缸或池内,然后按1份粉碎饲料加上2~2.5份水的比例,倒入80~90℃的热水,充分搅拌,再放在55~60℃的温度下,静置不动,使酶发生作用,这样约

经过 4 小时即可糖化成功。如果能加入 2％左右的干麦芽,糖化作用可以更快。经过糖化作用的谷类饲料,由于糖分增加,因而提高了饲料的适口性,这种饲料用以喂肥育猪,其效果特别好。

六、发酵

随着畜牧养殖业的快速发展,人畜共粮的矛盾日趋突出,为解决这一问题,世界各国科技界和工业界都在寻找和研究新的饲料资源,其中,发酵饲料尤其受到重视。发酵饲料是指在人工控制条件下,微生物通过自身的代谢活动,将植物性、动物性和矿物性物质中的抗营养因子分解、合成,产生更能被畜禽采食、消化、吸收养分和无毒害作用的畜禽饲料。

发酵饲料的主要优势在于利用了一部分廉价的非常规饲料原料,而生产出具有较高营养价值的饲料,并含有很高数量的益生菌。良好的菌种、合理的技术线路和先进的发酵设备可以获得优质的发酵饲料。发酵过程中微生物的某些代谢产物可以分解饲料中的毒素;由于微生物繁殖快、世代时间短,分泌大量的胞外酶,使原有的蛋白质被分解利用后形成新的优质蛋白;发酵饲料因所用菌种不同,产生的促生长因子种类含量也不同,主要有有机酸、B 族维生素和未知生长因子等;另外,研究表明发酵能有效地降低基料的粗纤维。发酵饲料的操作弹性大,可大比例使用廉价的玉米浆、豆渣和果渣等高水分含量的农业和轻工副产物,成品也不需要干燥,与传统发酵技术相比具有很大的成本优势。

目前,发酵饲料在市场上有一定的发展空间,正规厂家的产品在大型猪场中应用也得到确定效果,但是,据考察发现发酵饲料尚存在诸多问题,在实际应用中应引起高度重视。如发酵设备落后,管理、卫生条件差,生料发酵容易污染杂菌,检测、监控条件不完备,菌种来源复杂,营养水平较低等,有的不法厂家甚至乱用标签误导用户,夸大其作用。

我国现阶段对微生物添加剂、酶制剂都有明确的规定,必须经农业部核发生产许可证方能生产经营,而发酵饲料尚未列入其中。事实上,发酵饲料在配合饲料或浓缩饲料中的用量比微生物添加剂或酶制剂的用量大得多,发酵饲料的产品质量对动物营养有着重要的影响。因此,应对发酵饲料加强管理,以确保产品安全和产品质量。

七、在配制过程中应注意的问题

(1)饲料要严防发霉、变质;鱼粉要尽量少用,以降低饲养成本;菜籽饼、棉籽饼要做好去毒处理,饲喂怀孕母猪时要严格控制用量,一般不超过饲料总量的 5%;应用青绿多汁饲料饲喂公猪时不可过多,否则容易形成"草腹",影响配种能力,饲喂空怀母猪时,大量应用青绿多汁饲料可以促进发情。在喂猪的青、粗、精三类饲料中,青料含水分多,体积大、易消化,适口性好,并含有多种维生素、矿物质和质量好的蛋白质;粗料体积大,粗纤维含量较高,配制合理,可增加饲料与消化液的接触面,并有通便作用,会使猪有饱胀感,但难以消化;精料的特点是体积小,营养价值较高,易消化,但矿物质、维生素较缺乏。

(2)用于土种猪、二元杂交猪时,可以适当减少玉米、豆饼(粕)比例,用次粉、米糠等代替一部分玉米,用菜籽饼(粕)、棉籽饼(粕)等代替一部分豆粕。一般来说,仔猪、种公猪、催肥阶段的育肥猪,可选用精料型即精料可占日粮总重的 50%以上;繁殖母猪、后备母猪可选用青料型,即青饲料可占日粮总重的 50%以上,架子猪可选用糠麸型。

(3)应注意根据季节的不同来调整饲料比例。冬季应增加玉米等能量饲料的比例,适当降低豆饼(粕)等蛋白饲料比例,但粗蛋白下降不要超过 1.5 个百分点;夏季由于采食量下降,应减少玉米等能量饲料比例,并适当提高钙的含量。

(4)叶菜类饲料不宜闷煮,否则易引起亚硝酸盐中毒;嫩玉米苗、高粱苗不宜喂猪,否则易引起氢氰酸中毒;马铃薯芽及其新鲜茎叶不宜喂猪,否则,易引起龙葵素中毒;另外,要控制食盐、酒糟的喂量,防止引起

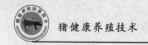

食盐中毒、酒糟中毒。

（5）为了确保猪能够吃进每天所需的营养物质，所选原料的体积必须与猪消化道容积相适应，如果体积过大，猪一天所需的饲料量吃不完，从而造成营养物质不能满足需要，同时还会加重消化道的负担；若体积过小，虽然营养物质得到满足，但猪没有饱感，表现烦躁不安，从而影响生长发育。

八、在选择饲料原料时应注意的问题

不同生产目的的猪以及不同生长阶段的猪，对营养物质的需要量不同，因而应根据猪的生产目的、年龄、体重等，选择不同的饲养标准来配制日粮。在选择饲料原料时，必须注意以下几点：

（1）注意原料的种类和用量。原料品种应多样化，以利发挥各种原料之间的营养互补作用。常用的猪饲料的比例为谷物类如玉米、稻谷、大麦、小麦、高粱等占 50%～70%，糠麸类如麦麸、米糠等占 10%～20%，豆饼（粕）占 15%～20%，有毒性的饼（粕）如棉籽饼（粕）及菜籽饼（粕）相应小于 10%，种猪不宜使用棉籽饼（粕）。动物蛋白质饲料如鱼粉、蚕蛹粉等占 3%～7%，草粉、叶粉小于 5%，贝壳粉或石粉占 3%～3.5%，骨粉占 2%～2.5%，食盐要小于 0.5%。

（2）要注意原料的质量安全。应注意饲料中有毒有害成分的含量，以及饲料的污染、有无霉变等情况。适口性差、含有毒素的原料用量应有所限制，严重污染的、霉变的原料不宜选用。

（3）重视经济性原则。应本着因地制宜，就地取材的原则，充分利用当地原料资源。

（4）各种原料必须混合均匀，配成全价料时再喂猪，这样才能保证猪吃进所需的各种营养物质。尤其是加有预混饲料时，如混合饲料混合不均匀，容易造成猪药物或微量元素中毒。

思考题

1.如何利用当地的饲料原料,减少养殖环境污染?

2.配制饲料时,如何节本增效,提高养猪的经济效益?

3.配制饲料时,如何减少饲料中抗生素的使用?

4.如何利用豆粕饲喂断奶仔猪?

5.使用推荐配方养猪时,可以养好猪吗? 注意事项有哪些?

6.如何利用玉米叶、草粉、苹果渣等低值饲料原料,配制高效饲料?

第五章

猪健康养殖饲养管理技术

　　导　　读　在养猪过程中,养好仔猪是发展养猪生产的基础,它不仅关系到仔猪的成活率和仔猪品质的好坏,而且对增强抗病力、后备猪生产性能的发挥以及种猪的利用价值和肥猪的肥育品质等都有着重大影响。本章重点介绍了新生仔猪的护理技术,乳猪、断奶仔猪和生长育肥猪的高效饲养管理技术及育肥猪的安全生产技术。

第一节　新生仔猪的护理

　　一个洁净及适宜温湿度的生活环境是保障仔猪正常生长的基本条件。由于新生仔猪生长发育快、代谢机能旺盛,它所需要的营养物质数量和质量都高,同时机体对铁质、水分及饲料中营养的平衡追求始终处于迫切状态。

一、新生仔猪的主要特点

　　(1)生长发育快、代谢机能旺盛、利用养分能力强。仔猪对营养物质的需要,无论在数量和质量上都高,对营养不全的饲料反应特别敏感,因此,对仔猪必须保证各种营养物质的供应。

（2）仔猪消化器官不发达、容积小、机能不完善。仔猪初生时,消化器官虽然已经形成,但其重量和容积都比较小。仔猪出生时胃内仅有凝乳酶,胃蛋白酶很少,由于胃底腺不发达,缺乏游离盐酸、胃蛋白酶没有活性,不能消化蛋白质,特别是植物性蛋白质。

新生仔猪消化器官的重量和容积都小,但增长很快。新生仔猪食物进入胃内到排空（通过幽门进入十二指肠）的速度快,新生仔猪缺乏反射性的胃液分泌,食物进入胃内直接刺激胃壁,才能分泌胃液。仔猪的消化酶随日龄增长其活性逐渐增强,新生仔猪唾液中淀粉酶活性很低,由于胃内酸性较弱,唾液淀粉酶在胃内仍能进行作用。

（3）先天免疫力欠发达,容易得病。猪的胎盘构造特殊,大分子免疫球蛋白不能通过血液循环进入胎儿体内,因而初生仔猪不具备先天免疫能力,必须通过吃初乳获得免疫能力。只有吃到初乳后,靠初乳把母体的抗体传递给仔猪,以后过渡到自体产生抗体而获得免疫力。缺乏先天免疫力,容易得病死亡,让新生仔猪尽快吃到初乳是保证仔猪成活的重要措施。仔猪一般在 10 日龄以后自体开始产生体液免疫抗体,至 21 日龄仍属免疫球蛋白青黄不接阶段,35～45 日龄的仔猪自体产生抗体逐步达到成熟水平。

（4）调节体温能力差,怕冷。

二、新生仔猪的护理要点

（一）对新生仔猪护理的关键技术

1.确保仔猪尽快吃足初乳

仔猪饲养管理关键是确保每个新生仔猪吃到充足的初乳。初乳是母猪分娩后最初分泌的乳汁。它的作用是提供养分和一些以高浓缩形式存在的必需物质;另外,初乳通过提供免疫球蛋白（抗体）来增强仔猪的抵抗力,这些抗体多为蛋白质,可被新生仔猪的肠道直接吸收,分娩后母乳中的抗体水平很快下降,而且仔猪发生闭锁,结果使仔猪很快丧失吸收抗体的能力。因此,如果仔猪在出生后24小时内没有吮吸乳汁,那么仔猪得到充足免疫保护的机会就会大大降低。需要记住一点,初乳中的抗体仅对母猪曾经接触的疾病有抵抗力。为了确保所有的仔猪吃到初乳,饲养员应经常观察刚出生的仔猪,帮助虚弱的仔猪接近母猪乳头并吮吸母乳。其中一种帮助仔猪吮乳的方法称为"分批吮乳",即在乳猪出生后不久,将半数乳猪从母猪身边移走,置于暖温而干燥的箱子内;另一半仔猪在母猪旁吮乳,两批乳猪轮流被放在母猪旁,使每头乳猪都可以最大限度地吮吸初乳。目前,从市场上可以买到含抗体和高能物质的代乳料,让乳猪口服这些产品可能会减轻仔猪对母猪初乳的依赖。确保仔猪得到初乳的另一种方法是给那些吮乳不足的虚弱乳猪口服(用一个小的注射器)冷冻的初乳。初乳中含有丰富的营养物质和免疫抗体,对初生仔猪有特殊的生理作用。仔猪生后应立即擦干黏液,断脐带消毒后,立刻帮助吃初乳。仔猪及时吃足初乳,可有以下几方面的好处:

(1)增强适应能力。仔猪能及时吃足初乳,可增强体质和抗病能力,从而提高对环境的适应能力。

(2)促进排胎便。初乳中含有较多镁盐,具有轻泻性,可促进胎便排出。

(3)有利于消化道活动。由于初乳的酸度高,可促进消化道的活动。

初生仔猪由于某些原因吃不到初乳,很难成活,即使勉强活下来,往往发育不良而形成僵猪。所以,初乳是仔猪不可缺少和取代的,初乳含有大量免疫球蛋白,每100毫升初乳含免疫球蛋白7~8克,分G型(占80%,主要在血液中杀菌防止败血症)、A型(占15%,主要在消化道抑菌防止下痢)和M型(占5%)三种类型。产后3天内初乳中免疫球蛋白从每100毫升含7~8克降到0.5克。初生仔猪肠道上皮24小时内处于原始的开放状态,大分子的免疫球蛋白很容易通过肠壁渗透进入血液,36～72小时后这种渗透性显著降低。因此,仔猪出生后应尽早吃到初乳,获得免疫力。此外,初乳酸度较高,含有较多的镁盐(有轻泻作用),其他营养成分也比常乳高。仔猪随产出随放到母猪身边吃初乳,能刺激消化器官的活动,促进胎便排出,增加营养产热、提高对寒冷的抵抗能力(据测定,不吃初乳的仔猪100毫升血液中的血糖为10毫克,而吃到初乳的仔猪为100毫克)。初生仔猪若吃不到初乳,则很难育活。不会吃乳的仔猪先口服10%葡萄糖,之后用注射器灌服10毫升初乳,然后人工辅助吃乳。

2.固定奶头

初生仔猪有抢占多乳奶头、并固定为已有的习性;在如此短暂的放奶时间内,如果仔猪吃奶的乳头不固定,则势必因相互争抢奶头而错过放奶时间,体大者称霸,发生强夺弱食,也干扰母猪正常放奶,有时因仔猪争抢咬痛奶头,母猪站起停止放奶。为避免发生这种现象,仔猪出生后2～3天内必须人工辅助固定奶头。奶头固定后,一般整个哺乳期内就不再串位,每次哺乳时,仔猪各就各位,不再乱抢奶头,安静地吃奶。这样有利于母猪泌乳,不伤奶头,仔猪发育均匀,多活快长。

固定奶头的原则是:为使仔猪能专一有效地按摩乳房(放奶前后仔猪都要拱摩乳房)和不耽误吃奶,一头仔猪专吃一个奶头;为使全窝仔猪发育整齐,宜将体大强壮的仔猪固定在后边、奶少的奶头,体大仔猪按摩乳房有力,能增加泌乳量,将体小较弱仔猪固定在前边奶多的奶头,能弥补其先天不足;为保证母猪所有乳房都能受到哺乳刺激而充分发育,也为了提高母猪利用强度,只要母猪体力膘情正常,则其所有的有效奶头都尽量不空(没有仔猪吃奶的乳房,其乳腺即萎缩),如果仔猪头数不够,可以从其他窝并入。

(二)寄养与并窝

寄养关系到仔猪断奶体重和出栏的整齐度,一般产仔当天来做。把仔猪寄养给合适的母猪喂养,并做好寄养记录。减少营养不良和饥饿问题,寄养是非常有效的技术。但是猪场发生母猪在产房就能够传

给仔猪的传染病,如繁殖和呼吸综合征时,不宜寄养。

在有多头母猪同期产仔时,对于那些产仔头数过多、无奶或少奶、母猪产后因病死亡的仔猪采取寄养,是提高仔猪成活率的有效措施。当个别母猪产后无奶、因故死亡或产活仔猪超过有效奶头,就需要为仔猪找"奶妈",即寄养到别的母猪去哺育。同时有两头母猪产仔少,可把两窝仔猪并作一窝,送给一头奶好的母猪去哺育,另一头母猪可提早发情配种。还有的猪场在高度集中产仔的情况下,采取将同时产的几窝仔猪按体重大小顺序混合重新编组,分别送给几头母猪哺育,每头母猪有效奶头占满、不留空位。好处是可使每窝仔猪均匀发育。适用于商品仔猪生产。

(1)寄养与并窝应注意以下几方面的问题:一是实行寄养时母猪产仔日期要尽量接近,最好不超过3~4天。二是寄养的仔猪一定要吃到初乳。仔猪吃到初乳才容易成活,如因特殊原因仔猪没吃到生母的初乳时,可吃养母的初乳。三是后产的仔猪往先产的窝里寄养要拿体大的,先产的仔猪往后产的窝里寄养要拿体小的个体。四是寄养母猪必须是泌乳量高、性情温顺、哺育性能强的母猪,只有这样的母猪才能哺育好多头仔猪。五是使被寄养仔猪与养母仔猪有相同的气味。猪的嗅觉特别灵敏,母仔相认主要靠嗅觉来识别。

(2)寄养时应做好以下技术:①先用来苏儿喷洒寄养母猪、被寄养仔猪,消除异味。寄养应在傍晚进行。②产期尽量接近(不超过3天),否则难以成功。③寄养的仔猪必须吃过初乳。④寄养母猪泌乳量要高。

(三)防止压踩

根据出生仔猪死亡统计分析可看出,初生仔猪被踩致死的比例相当大,其原因如下:

(1)母猪产后疲劳,或因母猪肢蹄有病疼痛,起卧不方便,也有个别母猪母性差,不会哺育仔猪造成压踩仔猪。当母猪泌乳量不足时,仔猪时感饥饿,经常在母猪腹部叼咬乳头,或者围着母猪乱转,便增加了压踩仔猪的机会。

（2）产房环境不良、管理不善造成压踩仔猪。如产房温度低，仔猪找不到取暖的地方，当母猪侧卧时，仔猪便向母猪肚子底下或腿内侧钻，如母猪稍一活动就会压住仔猪。

防压措施有以下几方面：

（1）设母猪限位架。母猪产房内设有排列整齐的分娩栏，在栏的中间部分是母猪限位栏，供母猪分娩和哺育仔猪，两侧是仔猪吃奶、自由活动和吃补助饲料的地方。

（2）保持环境安静。产房内防止突然的响动，防止闲杂人等进入，去掉仔猪的獠牙，固定好乳头，防止因仔猪乱抢乳头造成母猪烦躁不安、起卧不定，可减少压踩仔猪的机会。

另外，产房要有人看管，夜间要值班，一旦发现仔猪被压，立即轰起母猪救出仔猪。

（四）标记称重

仔猪吃足初乳后，及时对仔猪标记称重，特别是种猪场，便于查对血统和建立档案，对于商品场也可以评价母猪的生产性能。

标记有许多种方法，一是传统的耳缺和耳洞法，此法比较容易辨认，并且终生携带，但比较麻烦，对仔猪应激较大。准备耳缺钳、耳洞钳，在耳朵边缘打耳缺，在耳朵中心打耳洞，耳缺、耳洞打好后涂碘酊消毒。通用规则：上一下三，左大右小。按照猪的方向，右耳上缘一个缺口是1，下缘一个缺口是3，耳尖一个缺口是100，耳洞是400；左耳上缘一个缺口是10，下缘一个缺口是30，耳尖一个缺口是200，耳洞是800，把耳缺和耳洞代表的数相加就是该猪的号码，相当于人的身份证号码，见图5-1。

二是耳标法，准备耳标和耳标钳，用耳标钳将耳标固定在仔猪耳朵上，用记号笔把编号写在耳标上，此法操作简单但在饲养过程中容易丢掉。

三是现代的耳刺法，此法对仔猪应激小，能够长久不变，猪只携带

图 5-1　耳缺和耳洞法

终生,但要求较高,时间长久不易辨认。准备好耳刺钉、耳刺钳。打耳刺时,先用耳刺墨刷一下耳朵,再用钳打耳刺,需用力确保打得清晰,然后再用耳刺墨刷一下,打耳刺后刷洗耳刺钳、耳刺钉并消毒。

做好标记后认真准确地称取仔猪的初生重,并做记录。

(五)预防疾病

初生仔猪抗病能力差、消化机能不完善,容易患病死亡。对仔猪危害最大的是腹泻病。仔猪腹泻病是一个总称,包括多种肠道传染病,最常见的有仔猪红痢、仔猪黄痢、仔猪白痢和传染性胃肠炎等。

预防仔猪腹泻病的发生,是减少仔猪死亡、提高猪场经济效益的关键,预防措施如下:

(1)养好母猪。加强妊娠母猪和哺乳母猪的饲养管理,保证胎儿的正常生长发育,产出体重大、健康的仔猪,母猪产后有良好的泌乳性能。哺乳母猪饲料稳定,不吃发霉变质和有毒的饲料。保证乳汁的质量。

(2)保证猪舍清洁卫生。产房采取全进全出,前批母猪仔猪转走后,地面、栏杆、网床及空间都要进行彻底的清洗、严格消毒,消灭引起仔猪腹泻的病菌病毒,特别是被污染的产房消毒更应严格,最好是经过取样检验后再进母猪产仔,妊娠母猪进产房时对体表要进行喷淋、刷洗消毒,临产前用 0.1% 高锰酸钾溶液擦洗乳房和外阴部,减少母体对仔猪的污染。产房的地面和网床上下不能有粪便存留,随时清扫。

(3)保持良好的环境。产房应保持适宜的温度、湿度,控制有害气体的含量,使仔猪生活的舒服,体质健康,有较强的抗病能力,可防止或减少仔猪的腹泻等疾病的发生。

(4)采用药物预防和治疗对仔猪危害很大的黄白痢病。注射长效广谱的抗生素给仔猪做好保健,注射或灌服对肠道菌敏感的抗生素进行治疗。

另外,还可利用疫苗进行预防,预防的措施是在母猪妊娠后期注射K_{88}、K_{99}、987P 等大肠杆菌多价菌苗,母猪产生抗体,这种抗体可以通过初乳或者乳汁供给仔猪。

(六)剪牙(商品猪)断尾

仔猪出生后就有成对的上下门齿和犬齿(俗称獠牙,共 8 枚)。这些牙齿对仔猪哺乳没有不良影响,但哺乳时由于争抢乳头而咬痛母猪乳头造成母猪起卧不安,易压死仔猪。另外,咬伤同窝仔猪的颊部,引起细菌感染,所以,在仔猪出生后打耳号的同时,用锐利的钳子从根部切除这些牙齿,注意断面要剪平整。剪牙钳要锋利,用 75%的酒精充分消毒,牙齿要剪平,大约在牙的一半处剪断,切勿伤到牙龈和舌头,防止链球菌等病菌感染,同时灌服 2 毫升庆大霉素,防止感染和拉痢。

仔猪出生 24 小时内要剪尾,一般尾巴留 2.5～3 厘米长,即母猪可以盖住阴户,公猪到阴囊中部即可,断尾后用碘酊涂伤口。

为防止感染,不建议剪牙和断尾。

第二节　乳猪的健康饲养管理

一、补充铁质

铁是造血和防止营养性贫血的营养物质,据报道,新生仔猪体内铁的贮存量一般为 50 毫克,初生仔猪平均每天需 7～11 毫克铁,但铁在每百克猪乳中不足 0.2 毫克,猪乳供给仔猪需要的铁量不足 5%。由于母乳中缺少造血元素(铜、铁、钴),因此就不能维持仔猪血液中血红蛋白的正常水平,红细胞数量随之减少。缺铁仔猪会表现出贫血症状,生长快的仔猪常因缺氧而突然死亡,或者精神不振,生长缓慢,进食困难,还易并发白痢、肺炎。

小猪生长在干净的环境,很容易缺铁而产生贫血下痢,以前小猪可以从泥土里得到铁的补充,产床或水泥地面杜绝了铁的来源,补铁是非常必要的。

母乳养分浓度高并且利用率高,一般被认为是一种近乎完美的乳猪食物。母猪乳汁中唯一不能满足乳猪需要量的是铁,因此需要给乳猪补铁,否则会引起贫血,甚至导致死亡。

总的来说,哺乳仔猪容易发生缺失性贫血,母猪初乳与常乳中含铁低、仔猪与含铁的土壤接触少、哺乳猪生长速度快是补铁的重要因素。

补铁的方法很多,可口服或肌肉注射。仔猪出生后2~3日龄在颈部注射牲血素或血宝,补充量为100毫克。也可以用2.5克硫酸亚铁和1克硫酸铜溶于1 000毫升水中,过滤后装瓶使用,当仔猪吃奶时,滴于母猪乳头处,使仔猪吸食。或滴于仔猪口中。补铁最可靠的方法是:仔猪出生后3天用9号20毫米的针头颈部肌肉注射1毫升含硒牲血素(150毫克/毫升),1周后再重复注射一次。补铁时注意的事项:铁针不要与青霉素一起用,尽管注射部位不同,但仍然会产生毒性反应;在硒缺乏的猪群,铁能产生很大的毒性,因此要使用含硒牲血素或注射硒;不要让铁剂污染,要使用消毒后干净的针头;饮水或饲料中含铁高,小猪需要的铁少,生长发育快的猪,需要的铁多。乳猪对铁的需要量在很大程度上取决于仔猪的断奶日龄。据有关研究人员估算,为了保证仔猪最大生长速度,每天需要10毫克左右的铁。如果仔猪3周龄断奶,一次注射150~200毫克右旋糖酐铁就足够了。如果仔猪断奶日龄较迟,可在14~21天进行加强注射。检验补铁是否适宜的方法是测定乳猪的血红蛋白含量,该值通常高于8毫克/100毫升。注射铁的部位应在颈部而不是腿部,以避免污染猪胴体中价值最大的分割部分——腿。

尽管补铁对乳猪的健康至关重要,但铁过量也会提高乳猪腹泻的发生率,主要原因是在乳猪体内铁通常以与铁蛋白的形式存在,铁与蛋白质的结合大大降低细菌接触铁的可能性,而当铁的补充量超出蛋白质的结合能力时,病原菌就可能增生。因而要注意确保给乳猪补充适量的铁,防止铁过量。注射铁会导致一些仔猪的猝死,可能表明这些乳猪缺乏维生素 E、硒。

二、补充水分

水是动物血液和体液的重要组成成分,是消化、吸收、运送养分、排出废物的溶剂,对调节体温和调节体液电解质平衡起着重要作用。由于新生仔猪体温高、呼吸快、生长发育快、代谢旺盛,母猪乳汁浓(乳脂率 8％左右),故仔猪需水量大,如得不到水的补充会造成食欲下降,失水,消化作用减缓,常因口渴而饮污水或尿液,损害健康,引起下痢,为保证仔猪饮水,最好采用自动饮水。

仔猪一出生就需要水,因此从它们出生的第一天起就应提供饮水,尤其是在比较温暖的环境条件下。给乳猪提供饮水并不会降低吮乳动机,相反,它们会从补充的饮水中受益,尤其是当母乳不足而不能从有限的母乳中获得足够的水分时。在出生 1～3 天内,生长缓慢的猪比同窝生长迅速的猪需要饮更多的水。提供新鲜水源有利于降低仔猪断奶应激,断奶前就学会从饮水系统中饮水的猪比断奶后才学会饮水的猪遇到的总量少。应使新生猪易于找到饮水。仔猪花费较多的时间才能找到乳头饮水器,因此最好在仔猪饮水以前,在乳猪保育区提供一个杯状饮水器。如果使用乳头饮水器,应让水嘴尖朝下以免乳猪戏玩乳头饮水器而浪费水。供应的饮水应是清洁的温水,饮水中可加入少量食盐和麦麸,也可以加入少量甜味剂。

三、补充饲料

补料时间一般从 5～7 日龄开始。在 5～7 日龄时诱食或教槽,可在仔猪吃奶前,将料涂在母猪乳头上;或将炒香的高粱、玉米或大小麦料撒在干净地上,让母猪带仔舔食;也可在乳猪料中加调味剂如乳猪香,让仔猪自由采食。近几年随着养猪规模扩大和技术提高发现,仔猪早期教槽工作直接影响断奶后采食与增重。为了尽快顺利搞好仔猪早期教槽工作,不断开发出很多的高档教槽料,可将教槽料调成糊状,在母猪每次放奶前涂于乳房。训练开食的时间宜选择中午环境温度较高时进行,此时仔猪多出来活动,并且可有效利用其好奇心理。仔猪5~7日龄时,在仔猪小食槽中加少量料诱食,添多了仔猪就不吃了,造成浪费;随着日龄的增加,采食量的增大,逐渐增加添料次数和饲料量。仔猪料必须保持新鲜、无粪尿污染,最好调成糊状,抹至仔猪口内,但抓猪动作要轻柔。一般来说,随着仔猪日龄的增长,喂量逐渐增加,严格避免将仔猪料槽放在加热灯下,防止饲料变质。对个别弱小仔猪实行人工哺乳。

仔猪的生长非常迅速,在2~4周龄时,母乳所提供的营养物质已不能满足其生长需要,同时补饲能减少断奶后饲料转换应激。据研究,12日龄开始补饲,21日龄断奶时胃内盐酸和胃蛋白酶分泌量均高于断奶前未补饲的仔猪。补饲还可防止肠绒毛和隐窝加深的程度。

及时补水、补料的目的是促进仔猪胃肠发育成熟,发挥仔猪最大的生产潜能,减少断奶应激,增加采食量,提高生长速度。尤其是断奶前增加采食量不仅提高断奶体重,而且断奶后很快适应固体饲料,预防断奶应激而引起的生长停止现象,再说仔猪增加采食量会减少对母乳的依赖程度,其结果减少母猪体重损失,使母猪发情期来得早。而且哺乳期采食量越多,断奶体重越重,所以应让哺乳仔猪采食更多的饲料。为了提高采食量,应供应给适口性好、消化率高的优质饲料。哺乳期让仔猪吃到1千克以上的饲料,能最大限度地减少断奶后生长停滞现象。因为仔猪嗅觉灵敏,开食料的适口性和消化率比营养含量更重要,可在乳猪料中加调味剂,让仔猪自由采食。补料时要尽量少喂勤添,防止饲料浪费。每天要将剩余的部分清出,料槽清洗消毒后再用。训练仔猪从吃母乳到吃饲料,是仔猪补料中的首要工作。补料可锻炼仔猪的消化道,提高消化能力,为大量采食饲料做准备,还可减少白痢病的发生。

饲料形态和适口性、环境温度是仔猪认料开食的重要前提,训练方法有多种,可利用仔猪出外活动时,让日龄大、已开食的仔猪诱导采食,或在饲喂母猪时在地面上撒些饲料让仔猪认食。最有效的方法是强制补料,仔猪7日龄时,定时将产床的母猪限位区与仔猪活动区封闭,在仔猪补料槽内加料,仔猪因饥饿而找寻食物,然后解除封闭,让仔猪哺乳,短期内即可达到提前开食的目的。

代乳料用于饲喂吮乳猪或母猪无能力哺乳的乳猪。代乳料也可用于饲喂同母猪在一起的乳猪,以提高断奶体重,减少早期断奶(出生21天或21天以前断奶)仔猪断奶体重的变异。需要记住一点,即使使用代乳料,乳猪仍需从母猪或其他途径获得初乳。

人工饲养乳猪应少喂勤添,每天喂4~6次,每次每头饲喂10毫升代乳料。当每头乳猪的代乳料日消耗量逐渐增加至300~400毫升时,应该引入固体饲料。在用代乳料饲喂猪时要防止乳猪过食或弄湿身体。成功地使用代乳料,以减少断奶前发育不良仔猪的死亡。

随着配合诱食料和早期断奶仔猪料的研制与开发,商品猪场对代乳料的需求和应用将逐渐扩大。一些早期断奶饲料可以使7日龄或更早断奶的仔猪达到很高的生产性能。

1. 开口料的配方

补饲的主要目的是为了补充母乳不足,补饲料提供所有的营养素。在评定补饲料时,消化率和适口性要比养分含量更重要,当然这并不是说补饲料的养分含量不重要。一般来讲,补饲料至少含1.25%(最高可达1.7%)的赖氨酸和14 280~15 120千焦/千克的消化能。最近渥太华加拿大农业研究院的实验表明,采食高度复合、适口性好的补饲料,乳猪的采食量、生长速度和饲料转化率均较高,在断奶后2周内,仔猪的生长速度较采食玉米-豆粕型日粮仔猪高。

从2~3周龄一直到5千克体重,仔猪的消化道内消化淀粉、蔗糖和非奶蛋白的酶的活性较低。仔猪的消化道适合消化奶蛋白(酪蛋白）、乳糖、葡萄糖和特定的脂肪,所以仔猪日粮中应含脱脂乳粉、乳清粉、优质备注制品、脂肪(含中链脂肪酸较多的可可油,或含不饱和脂肪酸较多的玉米油、双低菜油、大豆油等)、蒸煮谷物(如燕麦或玉米片)和葡萄糖。同时,在补饲料中也应添加少量的非奶蛋白以促进仔猪消化酶系统的发育,高质量的开食料可作为5千克以下乳猪的补饲料。

在3周龄或仔猪体重达到5千克以后,仔猪料可以谷物和优质蛋白饲料为基础配制廉价的开食料,一般以玉米、小麦和豆粕为基础,同时含一些和补饲料相同的成分,通常加去壳燕麦、膨化玉米、鱼粉、脱脂、乳清粉、糖和脂肪以提高适口性和消化率。代乳料也可作为5千克以上乳猪的补饲料。

2.补料的方法

给仔猪补料可分为调教期和适应期两个阶段。

(1)调教期 从开始训练到仔猪认料,一般需要1周左右。补料的目的在于训练仔猪认料,锻炼仔猪咀嚼和消化能力,并促进胃内盐酸的分泌,避免仔猪啃食异物,防止下痢。训练采取强制的办法,每天数次将仔猪关进补料栏,限制吃奶强制吃饲料,设置自动饮水器,可自由饮用清洁水。

(2)适应期 从仔猪认料到能正式吃料的过程,一般需要10天左右。补料的方法,每个哺乳母猪圈都装设仔猪补料栏,内设自动食槽和自动饮水器。饲料应是高营养水平的全价饲料,仔猪由于消化道及其酶系统发育不健全,因此不适应植物性蛋白质高的日粮,但可较好地利用奶蛋白和高消化性动物蛋白质。所以,应用动物性蛋白质饲料(如鱼粉、蚕蛹粉、脱脂奶粉、喷雾干燥猪血浆粉等),并通过平衡氨基酸来降低饲粮蛋白质水平,可降低仔猪断奶后腹泻的发生率,而且还可以改善饲料的利用率,提高仔猪的生长性能。尽量选择营养丰富、容易消化、保证松脆、香甜等良好的适口性。

3.仔猪补饲有机酸

给仔猪补饲有机酸,可提高消化道的酸度,激活某些消化酶,提高饲料的消化率。并有抑制有害微生物繁衍的作用,降低仔猪消化道的疾病发生率。常用有机酸有柠檬酸、甲酸、乳酸、延胡索酸等。补喂有机酸,可降低肠道中 pH 水平,减少细菌数量。

4. 仔猪饲粮中添加抗生素

抗生素有增强抗病力和促进生长发育的作用,其效应随年增长而下降,仔猪生后的最初几周是抗生素效应最大时期。给仔猪饲粮中添加抗生素,可以提高成活率、增重速度和饲料利用率。猪用的抗生素有杆菌肽、土霉素、青霉素和泰乐菌素等。

5. 仔猪饲粮中添加中草药、益生素和酶制剂

中草药中含有多种生物活性成分,作为饲料添加剂,具有增强动物营养,改善动物机体代谢的功能;益生素是猪肠道内的正常菌群,具有在胃肠道内产生有机酸或其他物质来抑制致病性细菌的能力,进而可以降低仔猪的腹泻病发生,目前使用较多的益生菌主要有乳酸杆菌、芽孢杆菌、链球菌和酵母菌;而添加酶制剂可补充仔猪消化道内某些消化酶的不足,提高仔猪的饲料利用率。

6. 补充矿物质

哺乳仔猪除了补充铁以外,还要注意补充如钙、磷、钾、钠、氯等,也需要微量元素,如铜、锰、钴、锌、碘、硒等。吃料前的哺乳仔猪所需要的矿物质元素主要来自母乳,少量母乳不能满足需要的微量元素,则要单独补给,如铜、硒等。

补铜:铜是猪所必需的微量矿物质元素之一,与体内正常的造血作用和神经细胞、骨骼、结缔组织及毛发的正常发育有关。铜的缺乏会减少仔猪对铁的吸收和血红蛋白的形成,同样会发生贫血。仔猪对铜的需要量不大,在通常情况下不易缺乏。除微量在仔猪体内的正常生理功能以外,高剂量铜对幼猪的生长和饲料利用效率有促进作用。

补硒:硒是仔猪生长发育不可缺少的微量元素。硒是谷胱甘肽过氧化物酶的主要组成成分,能防止细胞线粒体的脂类过氧化,保护细胞内膜不受脂类代谢副产物的破坏。硒和维生素 E 具有相似的抗氧化作用,它与维生素 E 的吸收、利用有关。仔猪缺硒时突然发病,而且发

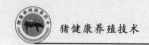

病多从体大、营养状况良好或生长快的仔猪开始。仔猪缺硒症多发生在缺硒地区，也有因大量饲喂缺硒地区所产饲料而导致缺硒症的发生。对缺硒仔猪生后 3～5 日龄，肌肉注射 0.1％的亚硒酸钠溶液 0.5 毫升，60 日龄再注射 1 毫升，即可保证仔猪的需要。近来也有给仔猪肌肉注射维生素 E-硒合剂的，效果也很好。

四、去势

商品猪场的小公猪、种猪场不能做种用的小公猪，都在哺乳期间（9～21 日龄）进行去势，哺乳期间去势，一来猪小容易操作，二来容易恢复。给公猪去势时消毒液用 75％的酒精和 5％碘酊，注意不能将任何结缔组织留挂在皮肤上。早去势抓猪比较容易，会减少小猪应激，在断奶前伤口就可愈合，但是，如果小猪下痢，去势必须推迟。

五、免疫治疗

经常巡视所有仔猪，注意其精神状态及有无疾病，是否有饥饿、下痢、关节问题等问题存在，以便及时采取措施。发现拉痢，要准确、全面的分析原因，对症治疗。

第三节　断奶仔猪的饲养管理

采用早期断奶技术的仔猪在饲养管理上又提出了严格的要求，无论在仔猪饲料的配制、饲喂方法、断奶方式、饲养方案等均应严格适应仔猪生活需求。

一、断奶仔猪的特点

大规模养猪场多采取 3 周龄断奶,一般规模场 4～5 周龄断奶。

1. 仔猪生理特点

仔猪整个消化道发育最快的阶段是在 20～70 日龄,说明 3 周龄以后因消化道快速生长发育,仔猪胃内酸环境和小肠内各种消化酶的浓度有较大的变化。仔猪出生后的最初几周胃内酸分泌十分有限,一般要到 8 周以后才会有较为完整的分泌功能。这种情况严重影响了 8 周龄以前断奶仔猪对日粮中蛋白质的充分消化。哺乳仔猪因母乳中含有乳酸,使胃内酸度较大,即 pH 值较小。仔猪一经断奶,胃内 pH 值则明显提高。

仔猪消化道内酶的分泌量一般较低,但随消化道的发育和食物的刺激而发生重大变化。其中碳水化合物酶、蛋白酶、脂肪酶会逐渐上升。

2. 微生物区系变化

哺乳仔猪消化道的微生物是乳酸菌,它可减轻胃肠中营养物质的破坏、减少毒素产生、提高胃肠黏膜的保护作用、有力地防止因病原菌造成的消化紊乱与腹泻。乳酸菌最适宜在酸性环境中生长繁殖。断奶后,胃内 pH 值升高,乳酸菌逐渐减少,大肠杆菌逐渐增多(pH 值为6.8 时环境中生长),原微生物区系受到破坏,导致疾病发生。

3. 仔猪的免疫状态

新生仔猪从初乳中获得母源抗体,在 1 日龄时母源抗体达最高峰,然后抗体滴度逐渐降低。第 2～4 周龄母源抗体滴度较低,而主动免疫也不完善,如果在此期间断奶,仔猪容易发病。

4. 应激反应

仔猪断奶后,因离开母猪,在精神和生理上会产生一种应激,加之离开原来的生活环境,对新环境不适应,如舍温低、湿度大、有贼风,以及房舍消毒不彻底,从而导致仔猪发生条件性腹泻。

二、仔猪早期断奶饲养技术

仔猪早期断奶是国内外集约化养猪生产中普遍关注的先进技术。它能提高母猪的繁殖率,缩短繁殖周期;减少疾病由母体向仔猪的传播;充分利用母乳中高含量抗体水平;提高母猪栏舍利用率;提高生长期的生产性能和胴体品质。所有这些都可给猪场带来巨大的经济效益。仔猪早期断奶成功的关键在于断奶体重和断奶仔猪饲料的质量,仔猪早期断奶体重也直接影响以后一生的生长,在乳猪哺乳期尽早补料,可使断奶体重增大、提高免疫力及抗病力、缓减断奶应激、减少腹泻、提高生产性能和断奶成活率。

仔猪早期断奶时受心理、环境及营养因素影响,从而面临很大的应激,常表现为食欲差、消化功能紊乱、抗病力下降、腹泻、生长迟滞、成活率降低、饲料利用率低等所谓“仔猪早期断奶综合征”,最终影响生长性能和经济效益。因此提供优质的断奶仔猪饲料及配套饲养技术,对缓减仔猪早期断奶综合征,提高仔猪断奶后生长性能极其重要。

三、断奶仔猪环境条件建设

1.温度

断奶仔猪适宜的环境温度是,30～40 日龄为 21～22℃,41～60 日龄为 21℃,60～90 日龄为 20℃。为了能保持上述的温度,冬季要采取保温措施,除注意房舍防风保温和增加舍内养猪头数保持舍温外,最好安装取暖设备,如暖气(包括土暖气在内)、热风炉和煤火炉等。在炎热的夏季则要防暑降温,可采取喷雾、淋浴、通风等降温方法,近年来许多猪舍采用了纵向通风降温取得了良好效果。

2.湿度

育仔舍内湿度过大可增加寒冷和炎热对猪的不良影响。潮湿有利于病原微生物的孳生繁殖,可引起仔猪多种疾病。断奶仔猪舍适宜的相对湿度为 65%～75%。

3.清洁卫生

猪舍内外要经常清扫,定期消毒,杀灭病菌,防止传染病。

4.保持空气新鲜

猪舍空气中的有害气体对猪的毒害作用具有长期性、连续性和累加性。对舍栏内粪尿等有机物及时清除处理,减少氨气、硫化氢等有害气体的产生,控制通风换气量,排除舍内污浊的空气,保持空气清新。

四、仔猪断奶方式

目前,规模养殖场均采取一次性断奶,即当仔猪达到预定断奶日期时,断然将母仔分开的方法。由于断奶突然,极易因食物及环境突然改变而引起消化不良性拉稀,因此,可在断奶的最初几天将仔猪仍留在原圈饲养,饲喂原有的饲料,采用原有的饲养管理方式。此法虽对母仔刺激较大,但因方法简单,便于组织生产,所以应用较广,规模养猪场常采用该断奶方法。一般散养猪采取分批断奶,基于散养比重逐渐减少,在此不作介绍。

断奶注意事项:

(1)断奶前母猪减料。仔猪断奶前的 5～6 天,每天适当减少母猪精饲料的供给量,以减少母猪泌乳量,促使仔猪多吃饲料。减少哺乳母猪喂料量还可防止母猪发生乳房炎。

(2)仔猪断奶日龄、体重必须适宜。21 日龄左右,体重达 5 千克以上,日采食量达 150 克以上断奶为宜。否则推迟断奶。

(3)避免应激因素影响。仔猪进行免疫注射、疾病治疗期应暂缓断奶,因为这些因素会加重断奶应激。体弱的仔猪应待体重和采食量达到断奶要求时,再行断奶。

五、断奶仔猪易出现的问题

断奶意味着仔猪不再通过母乳获取营养。仔猪需要一个适应过

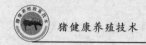

程,一般时间为 1 周,这就是通常所说的"断奶关"。这期间若饲养管理不当,仔猪会出现一系列的问题。

1. 负增长

断奶仔猪由于断奶应激,断奶后的几天内食欲较差,采食量不够,造成仔猪体重不仅不增加,反而下降。往往需 1 周时间,仔猪体重才会重新增加。断奶后第 1 周仔猪的生长发育状况会对其一生的生长性能有重要影响。据报道,断奶期仔猪体重每增加 0.5 千克,则达到上市体重标准所需天数会减少 2～3 天。

2. 腹泻

断奶仔猪通常会发生腹泻,表现为食欲减退、饮欲增加,排黄绿稀粪。腹泻开始时尾部震颤。但直肠温度正常,耳部发绀。死后解剖可见全身脱水,小肠胀满。

3. 发生水肿病

仔猪水肿病多发生于断奶后的第 2 周,发病率一般为 5％～20％,死亡率可达 100％。表现为震颤,呼吸困难,运动失调,数小时或几天内死亡。尸检可见胃内容物充实,胃大弯和贲门部黏膜水肿,腹股沟浅淋巴结、肠系膜淋巴结肿大,眼睑和结肠系膜水肿,血管充血和脑腔积液。

六、断奶仔猪饲养管理

断奶仔猪饲养只是一个短暂的过渡期,是猪只必须经历的,也是养猪生产过程的一个关键环节,必须加强这一时期的饲养管理,对提高整体生产水平起着非常重要的作用。

1. 饲料

断奶后继续饲喂断奶前饲料,并保持 20％以上的蛋白水平,13 440 千焦/千克的消化能,以满足仔猪的营养需要,防止饲料突然变化给仔猪造成不适。以后需要更换饲料,需循序渐进地进行。

(1)合理选择日粮原料。选择适合仔猪消化生理特点的饲料原料,是配制高质量断奶仔猪日粮、提高断奶后采食量、提高生长速度和减少下痢的重要条件。这些原料包括脱脂奶粉、乳清粉、乳糖、喷雾干燥血浆粉、优质鱼粉、膨化大豆等。据研究,乳清粉能明显改善3～4周龄断奶仔猪最初2周的生产性能。由于是乳制品,含天然乳香味,既能促进仔猪食欲,提高采食量,进入胃中又能产生乳酸,降低断奶仔猪胃中pH值,有利于食物蛋白的消化。在断奶仔猪日粮中添加8％～12％的脱脂奶粉或乳清粉,不仅可提高饲料适口性,而且可以减少断奶综合征的发生。喷雾干燥血浆粉含68％的蛋白质,而且含有抗病因子,口味又极好。是断奶仔猪日粮的理想原料。

(2)使用特殊添加剂——酸化剂。仔猪的消化和生理功能直到6周龄后才基本完善。此时应加强管理,将环境温度控制在25℃以上,除搞好清洁卫生,给予充足而清洁的饮水外,断奶后的头2周应饲喂易消化的饲料,并使用特殊添加剂。在断奶仔猪日粮中,添加1％～2％柠檬酸或10％乳酸或1％～1.5％甲酸钙等有机酸,能降低胃液的pH值,激活胃蛋白酶及其他消化酶,促进消化吸收,减少仔猪断奶综合征的发生。大量研究表明,在3～4周龄断奶仔猪玉米-豆粕型日粮中添加有机酸,可明显提高仔猪的日增重和饲料的转化率。同时还可应用高铜高锌。仔猪日粮中添加高剂量的铜具有明显的促进生长的效果,并能提高饲料转化率。添加量一般为0.02％～0.05％。仔猪日粮中添加高锌具有和高铜相似的作用,除能够提高仔猪生产性能外,还能防止仔猪下痢。

2.饲喂方式

有条件的场,在断奶的前几天可人工控制采食量,采取多次少量的方法,逐渐过渡到自由采食,可有效地防治腹泻。

3.管理措施

(1)舍温要适宜。刚断奶仔猪对低温非常敏感。一般仔猪体重越小,要求的断奶环境温度越高,并且越要稳定。

(2)地面要干燥。应该保持仔猪舍清洁干燥。潮湿的地面不但使动物被毛紧贴于体表,而且破坏了被毛的隔热层,使体温散失增加。原本热量不足的仔猪更易着凉和体温下降。

（3）防贼风。研究表明,暴露在贼风条件下的仔猪,生长速度减慢6％,饲料消化增加16％。

4.应用抗生素

断奶应激会导致仔猪免疫力下降,感染胃肠道传染病,如传染性胃肠炎,肠毒埃希氏杆菌病等。在断奶仔猪日粮中添加喹乙醇、土霉素或金霉素等能预防细菌性胃肠道疾病,利于营养成分的渗透吸收。

5.供足饮水

水是各种营养物质的溶剂和运送载体。仔猪体内代谢产物的排出须通过水;仔猪各器官运动需水起润滑作用;体温调节,水也起着重要作用。缺水,则会影响仔猪食欲和消化吸收,加重断奶应激。因此,不能以调和饲料的水代替饮水。一般25千克的小猪,每1天自然饮水量需4.2～5.2千克,5千克重的小猪,则不低于0.8～1.2千克。供足饮水的同时要防止仔猪饮水过多,以免仔猪大量排尿造成猪台潮湿,而引发仔猪疾病。

6.减少应激

断奶是仔猪出生后最大的应激因素。其饲养管理技术将直接关系到仔猪的生长发育,搞不好会造成仔猪生长发育迟缓、腹泻、发生水肿病,甚至大批死亡等严重后果。作为养猪场户,必须了解仔猪断奶后容易出现的问题,并寻求最佳的解决方案,尽量减少由此造成的损失。

断奶阶段仔猪受到各种应激源刺激,若不加强预防,则导致仔猪生产性能下降,死亡率升高。例如,仔猪离开母猪后,仔猪被迫从采食以乳糖、脂肪及乳蛋白为主的液体日粮转变为采食含有不同蛋白、脂肪及碳水化合物的固体日粮。母乳中含有多种非营养成分,对促进消化和预防疾病有极其重要的作用。此外,仔猪由母乳向开食料转变过程中,采食量几乎不可避免地要降低。采食量降低导致代谢体增热相应减少,使仔猪对断奶时的低温环境更加敏感。因此,控制环境温度非常关键,而且在一定程度上,环境温度的控制与日粮组成有关。

除营养和疾病方面的应激外,必须充分估计不适宜的环境及畜群关系对断奶仔猪的影响。断奶仔猪的管理非常重要,特别对于工厂化饲养的猪,仔猪断奶日龄提前,因此其管理显得特别重要。调整日粮不足以克服恶劣环境造成的损失,同样创造良好环境也不能补偿劣质日粮引起的损失。因此,必须从营养、环境及疾病3个方面考虑,采取综合措施来解决这一难题。

仔猪腹泻问题至今仍一直扰着广大养殖者,给养猪生产带来巨大损失,从营养角度配制适合仔猪消化生理的饲粮、应用高效的抗菌促生长添加剂是克服仔猪早期断奶综合征的有效方法。

七、断奶仔猪的营养需要与饲养方案设计

1. 饲养标准的确定

与其他阶段的猪一样,断奶仔猪的营养需求受多种因素的影响,其中包括基因型、环境及健康状况。通常在理想状态下确定仔猪的营养需求及日粮组成。假设仔猪具有好的基因,良好的健康状况以及适宜的环境,采用此法基于以下3方面的原因:①目前很难准确掌握仔猪健康状况、环境和营养需求三者间的关系。在生产过程中断奶阶段仔猪的生产性能非常重要,因此人们在配制断奶仔猪日粮时,常会造成仔猪日粮养分过剩或不足。②断奶阶段日粮养分过剩造成饲料成本增加,而生产性能提高产生的效益足以消除饲料成本增加造成的损失,事实上,断奶期间仔猪摄入的饲料较少,因此生产中很少拿经济效益与生产性能作比较;在断奶期间,仔猪消耗的饲料为全饲养阶段所耗饲料的10%。在断奶早期,仔猪日粮的成本受原料种类的较大影响,而受原料中养分含量的影响较小。③断奶阶段仔猪每日养分的摄入量是限制其生产性能的关键因素。基因型、环境和健康等因素都会影响仔猪的采食量,由于日粮的养分浓度受实际情况和经济因素的限制,因此仔猪几乎不可能采食到能充分发挥其遗传潜力的日粮。

2. 阶段饲养方案

由于仔猪消化道的发育程度不同,断奶仔猪日粮的成本也各不相

同,因此适宜的断奶仔猪日粮几乎每周变换一次。阶段饲养制度取决于仔猪的断奶日龄,因此阶段饲养制度对于平衡动物生产性能和饲料成本非常重要。

研究表明,某些日粮蛋白可引起早期断奶仔猪暂时性的过敏反应,如豆粕中的蛋白质可引起断奶仔猪暂时性的过敏反应。当仔猪采食含豆粕的补饲料或偶尔采食母猪料时,仔猪对豆粕中的大豆蛋白产生特异性抗体,过敏反应破坏仔猪小肠绒毛,损伤了上皮细胞的消化吸收功能,随时间推移,仔猪逐渐产生耐受性,过敏反应减弱甚至消失。

4周龄以后,断奶仔猪采食大量的补饲料,对大豆蛋白产生耐受力,因此仔猪断奶后的过敏反应逐渐减缓。对于处于断奶早期的仔猪而言,由于仔猪的采食量较低,仔猪尚未产生耐受性,因此反应较强烈。

为了克服日粮抗原引起的仔猪过敏反应,近年来研究出多种大量大豆产品如大豆蛋白分离物或浓缩物。此外,堪萨斯州立大学研究出多种热处理方式,以消除大豆蛋白引起的过敏反应,其中包括湿法膨化加工。

3.饲养方案设计

由于仔猪消化道的发育程度不同,断奶仔猪日粮的成本也各不相同,因此适宜的断奶仔猪日粮几乎每周变换一次。阶段饲养制度取决于仔猪的断奶日龄,因此阶段饲养制度对于平衡动物生产性能和饲料成本非常重要。

刚断奶仔猪(特别是4周龄以前断奶)对高养分浓度、高消化率及适口性好的日粮有独特的需求。要想满足这些营养需求,需要非常昂贵的原料。但随着日龄增加,仔猪对日粮的要求逐渐降低,原料选择范围加大,因此许多原料都可保证仔猪的生产性能。

4.原料选择与日粮配制

(1)日粮组成 要想满足断奶仔猪的营养需要,必须提供平衡的日粮。仔猪消化道发育尚未完善,易受抗营养因子影响,因此日粮的组成成分及其含量对仔猪极为重要。同时,仔猪日粮的适口性也不容忽视。配制断奶日粮的基本目标是为仔猪提供充足的养分适宜仔猪未成熟消化道,避免抗营养因子的抑制作用,保证仔猪达到最大采食量。

脂肪和油:仔猪特别在断奶时,对脂肪的类型非常敏感。短链脂肪酸较中链脂肪酸易消化,长链脂肪酸的消化率最低。3周龄内的仔猪对不同类型脂肪酸的消化率差异很大,而且随周龄增加仔猪对脂肪酸的消化能力逐渐降低。因此,为了保证足够的能量可在仔猪日粮中适量添加脂肪。

血制品:在仔猪日粮中仅使用喷雾干燥的血制品,气流干燥和急骤干燥的血制品营养价值较低,在仔猪日粮中应禁用。

生产喷雾干燥血粉的过程中,必须严格控制胶水层的条件,以防破坏蛋白质。喷雾干燥的血浆蛋白及血细胞的生产工艺与喷雾干燥血粉的工艺基本相同。处理全血液时必须添加抗凝剂,以保持其液状。通过离心作用将血浆与血清分离,然后按全血液处理方式,将细胞喷雾干燥。目前人们对血浆蛋白等制品越来越感兴趣,而日粮中血粉的用量愈来愈少。

血制品的生产有助于早期断奶措施的成功实施。血制品中蛋氨酸含量非常低,例如,全血液制品中,蛋氨酸与赖氨酸比为0.12,低于肥育猪日粮需要的一半,因此在配制含血制品日粮时,必须注意日粮蛋氨酸的水平。

乳清粉和脱脂奶粉:断奶仔猪日粮生产中通常使用乳清粉,对于断奶仔猪,乳糖和乳蛋白显然优于淀粉和植物蛋白。尽管乳清粉很贵,但喷雾干燥的乳清粉适口性好,乳糖含量高,有利于早期断奶仔猪的生长发育。如果使用高品质的乳清粉,生产者将获得高的生产效益。

断奶仔猪日粮中也常使用高脱脂奶粉。脱脂奶粉是一种昂贵的乳糖和酪蛋白资源,若价格再便宜些,脱脂奶粉将是仔猪日粮中理想组成成分。

脱皮谷物饲料:在仔猪开食料中,脱皮燕麦是一种适口性好的饲料。一些地区通常大量使用玉米以外的谷物饲料,脱皮中提高燕麦中可消化能的含量,也可提高燕麦和大麦中的能量含量,仔猪开食料中脱皮燕麦所含的准确的能值尚未确定。

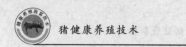

（2）日粮配方配制　随着断奶饲养制度的发展,日粮配制也发生变化。本章提供的配方仅作为例子。由于仔猪日粮的配制是一项专业性较强的科学,可显著提高仔猪生产率,因此生产者有必要与营养师共同讨论仔猪的特殊需要。

第一阶段日粮适用于断奶至 7 千克体重或 1 周龄的仔猪,有时用作补饲料。一般情况下,断奶日龄越早,日粮中淀粉及植物性蛋白质的含量越低,乳糖及乳蛋白的含量越高。对于 2 周断奶的仔猪,日粮中乳糖的含量应高于 20%。喷雾干燥的血浆蛋白、血液蛋白及血红非常适合仔猪。仔猪日粮中各种血制品的添加量取决于圈舍条件和经济效益。

第二阶段日粮饲喂 7～12 千克体重的猪。有些情况下生产者会发现 4 周龄仔猪采食该日粮生产性能表现较好,这样就可避免采用第一阶段较贵的日粮。

第三阶段日粮配方设计最简单,不需要添加价格较贵的血浆蛋白和乳清粉等。若血粉的价格不高,也可使用;如果仔猪生产性能不好,可使用乳清粉,但正常情况下如果前两阶段饲养方案得力,第三阶段的日粮将不再需要乳清粉。

第四节　保育猪饲养管理

一、保育舍进猪前的准备工作

进猪前的准备工作是一项细致而繁琐的工作,目的是为断奶仔猪提供一个清洁、干燥、温暖舒适、安全的生长环境,尽量减少对仔猪的各种应激。

1.圈舍冲洗

保育舍采用全进全出制生产方式。一栋猪保育期满后全部转入育成猪舍,之后彻底冲圈清理猪舍,将地面、墙壁、屋顶及栏杆、料槽、漏缝板等舍内设施的粪便、污物、灰尘用清洗机彻底冲刷干净,不留任何死角,同时将地下管道集中处理干净,并结合冲圈进行灭蝇和灭寄生虫工作,还要注意节约用水。

2.空舍消毒

圈舍冲洗干净后对圈舍及舍内设施分别用火碱、过氧乙酸、灭毒威(酚类消毒剂)进行3次喷雾消毒,每次消毒间隔12~24小时,最后用石灰乳对网床、地面及墙壁进行涂刷消毒,必要时还须熏蒸消毒(方法见消毒程序)。做完以上工作后关闭门窗待干燥后进猪。

3.预热猪舍准备进猪

保育舍采用火炉和红外线供热保暖,接猪前一天应将洗刷干净晾干的灯泡灯罩安装并调试好,升起火炉预热房间,使舍内温度达到28℃左右。

在猪舍消毒闲置期间,对破损的圈舍、门窗要抓紧修复,猪舍内外的明沟、暗渠要进行疏通,对缺少的工具、物品需要补充,总结上一批仔猪饲养的经验教训,迎接下一批仔猪进舍。

二、转猪及饲养管理

断奶仔猪转入保育舍进行为期42~49天的保育。适当延长保育时间,可以获得增重速度快、效率高的仔猪,尤其寒冬季节可适当延长,炎热季节酌情缩短。在转入保育舍前进行称重以获得仔猪平均断奶重及平均断奶窝重,同时进行健康检查,从产房进入本舍的仔猪,需经兽医技术人员的检疫,确认发育正常、健康无病的仔猪才能进舍。

(1)分群。仔猪转入保育舍,最好原窝转入。依据各场情况,也可在产房时让相邻2~3窝猪互相串栏自由活动;断奶时根据仔猪性别、个体大小、体质好坏等将互相串栏的2~3窝仔猪进行分群,每头占栏面积为 0.28～0.30 米²,同群体重相差不超过 0.5 千克,弱仔猪另组一群精心护理。每个猪圈不宜超过 10 头(遵循冬密夏稀的原则)。

(2)给水。调整饮水器高度,给仔猪充足卫生的饮水,并在饮水中添加抗应激营养药物(如葡萄糖、电解多维、补液盐)以缓解断奶应激对仔猪的影响,这个时期严防仔猪脱水,最好给每栏都加一方形饮水槽并经常加水(至少对弱仔栏应做到)。每栏至少有 2 个饮水点,保证 8 头仔猪一个;不够用水槽代替。

(3)喂料。不同生长期的饲料及换料程序:仔猪转入保育舍后前 1 周饲喂哺乳仔猪料,第 2 周开始转为保育仔猪料直至保育结束。为减少饲料更换给仔猪带来的应激,换料采取逐渐更换饲料用 4～5 天的时间将饲料改换过来。

仔猪转入保育舍后的前 5 天进行限制饲喂防止仔猪因过食而引起的腹泻,这个时期饲料应遵循勤添少加的原则,一般断奶后 3 天采食较少,第 3 天猛增,这时注意限饲,以每天 300 克/头为宜。饲料不要更换,仍然使用哺乳期的高档仔猪料,1～2 周后逐渐更换成保育期仔猪料。

(4)做好断奶仔猪的调教管理工作,使之形成良好的生活习惯。新断奶转群的仔猪吃食、卧位、饮水、排泄区尚未形成固定位置,所以,要加强调教训练,使其形成理想的睡卧和排泄区。这样既可保持栏内卫生,又便于清扫。仔猪培育栏最好是长方形(便于训练分区),在中间走道一端设自动食槽,另一端置自动饮水器,靠近食槽一侧为睡卧区,另一侧为排泄区。训练的方法是:排泄区的粪便暂不清扫,诱导仔猪来排泄。其他区的粪便及时清除干净。当仔猪活动时对不到指定地点排泄的仔猪用小棍轰赶并加以训斥。当仔猪睡卧时,可定时轰赶到固定区排泄,经过 1 周的训练,可建立起定点卧睡和排泄的条件反射。

(5)圈内设置铁环玩具,改善断奶仔猪的生活习性。刚断奶仔猪常出现咬尾和吮吸耳朵、包皮等现象,原因主要是刚断奶仔猪企图继续吮乳造成的,当然,也有因饲料营养不全、饲养密度过大、通风不良应激所引起。防止的办法是在改善饲养管理条件的同时为仔猪设立玩具,分散注意力。玩具有放在栏内的玩具球和悬在空中的铁环链两种,球易被弄脏不卫生,最好每栏悬挂两条由铁环连成的铁链,高度以仔猪仰头能咬到为宜,这不仅可预防仔猪咬尾等恶癖的发生,也满足了仔猪好动玩耍的需求。

(6)做好断奶仔猪的疫苗注射工作,以预防传染病的发生。仔猪注射猪瘟、猪丹毒、猪肺疫和仔猪副伤寒等疫苗,并在转群前驱除内、外寄生虫。

(7)认真观察猪群情况,掌握猪群的健康状况。观察如仔猪的精神、采食、排粪、起卧、活动等情况,发现病猪及时隔离,对症治疗。对瘦弱、体小、患病的仔猪要及时挑出,单独饲养,特殊照顾,以利于尽快恢复健康。

(8)做好生产记录,使之将来有据可查。做好各种疫苗的免疫记录、称重记录、治疗记录、死亡记录、喂料记录、猪群调出调进的生产统计记录。

三、保育舍环境控制

1.温度的调控

仔猪耐热怕冷,对环境温度的变化反应敏感,保育舍采用火炉供温,外加红外线灯或玻璃钢电热板于仔猪躺卧处局部供温。

断奶仔猪转入保育舍后的前2周温度控制在28℃,第3、4周控制在25～28℃,以后随日龄的增长和仔猪抵抗力的增强逐渐降低环境温度,保育后期控制在20～25℃。

2.室内温度控制措施

随着猪只的生长逐渐升高红外线灯的高度或将电热板的温度调至低档,同时撤去或关掉部分红外线灯以降低局部小环境的温度;为逐渐降低猪舍温度,应逐渐停掉供热的火炉。适时通风换气,使猪只躺卧自然不挤堆,呼吸均匀自然。

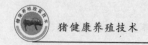

3.大环境温度控制

一年四季外界气温的变化幅度很大,外界气温对猪舍内温度的影响很大。夏季做好防暑降温工作,防止高温高湿的出现;冬季做好保温工作,防止贼风直吹猪体,同时协调好保温与通风的矛盾;春秋季节,防止舍温的骤升骤降。

4.湿度的调控

保育舍相对湿度控制在 60%～70%,舍内湿度过低时,通过向地面洒水提高舍内湿度,防止灰尘飞扬。偏高时应严格控制洒水量和带猪消毒的次数,减少供水系统的漏水,及时清扫舍内粪尿,保持舍内良好通风。

5.空气质量的调控

适时通风换气以降低有害气体、粉尘及微生物的含量;及时清理粪尿以减少氨气(NH_3)和硫化氢(H_2S)等气体产生;保持舍内湿度适宜;及时清理炉灰;清扫地面前适当洒水;抛洒在地面上的粉料及时扫除。

6.噪声控制

尽量减小各种奇怪声响,防止仔猪的惊群。

四、猪群的日常管理

1.观察猪群状况

每天早、中、晚3次观察检查每头猪的健康状况(包括精神、呼吸等变化),若发现病弱仔猪,及时隔离分群饲养,以便特别护理,同时报告兽医作进一步处理。当发现个别较为严重的病猪或死亡病例时,除及时报告兽医外应立即清除传染源,并对可疑受污染的场所、物品的同圈的猪进行临时性的消毒。听猪只的鸣叫是否正常,防止咬尾现象。

2.观察仔猪采食情况

喂料时如果上顿料槽内有剩料,说明投料多了,如果料槽内被舔得干净,说明喂料不足,如见料槽内还有一点破碎料,这说明喂料量适中。

3.观察仔猪活动情况

喂料时,仔猪不着急吃料,不叫、不围槽,说明不饿,可少喂料。如果一听喂料声响便蜂拥到料槽前,拥挤吱叫,说明饥饿。喂料后很快被抢食一空,仍在料槽前张望,说明喂料不足,可多加点饲料。

4.观察猪群粪便

观察有无腹泻、便秘或消化不良等现象。如果仔猪粪便褐色、粗细适中为正常粪便。如果仔猪粪便呈糊状、淡灰色,并有零星混有饲料的黄色粪便,说明粪内含有未消化的饲料,仔猪吃食过量,应停食或限饲,直到仔猪粪便正常。如果粪便呈绿色糊状,粪内混有脱落的肠黏膜等,说明消化道有病,要停食一顿,同时用抗生素及时治疗,第二顿喂少许饲料,以后逐渐增至原料量。

5.检查饮水器

检查供水是否正常,有无漏水或断水现象并及时处理。

6.检查舍内环境状况

检查舍内温度、湿度是否正常,并及时调控使之符合仔猪的生长发育需要。每次上班注意感觉舍内是否有刺鼻或刺眼的气味。根据季节、气候的变化,随时调节舍内的小气候,如适时开、关门窗,定时启动通风装置,当舍温低于 $16℃$ 的寒冷季节时,要设法增温、保温,当舍内空气污浊,有害气体超标时,除了加强通风换气外,应喷雾空气洁净消毒剂。

7.搞好弱仔的处理和康复

及时隔离:在大群内发现弱仔及时挑出放入弱仔栏内;增加弱仔栏局部温度:弱仔栏靠近火炉处并加红外线灯供温;补充营养:在湿拌料中加入乳清粉、电解多维,在小料槽饮水中加入口服补液盐,对于腹泻仔猪还可加入痢菌净等抗菌药物,以促进体质的恢复。

8.减少饲料浪费

每天检查料槽是否供料正常,及时维修破损料槽。防止饲料变质,及时清理发霉变质或被粪尿污染的饲料。

五、保育结束后的转群工作

提前 3 天通知育肥舍；提前 1 天在饮水中加抗应激药物；饲料刚好吃完；一次一栏的将猪轻柔地赶到肥育舍；避免不良天气（雨、雪、风）转群；全部转出，不留任何猪；转群应在傍晚进行，减少应激。

第五节　生长育肥猪的饲养管理

一、肉猪的生长发育规律

1. 肉猪体重的增长

肉猪在 70～180 日龄为生长速度最快的时期，是肉猪体重增长中最关键时期，肉猪体重的 75% 要在 110 天内完成，平均日增重需保持 700～750 克。25～60 千克体重阶段日增重应为 600～700 克，60～100 千克阶段日增重应为 800～900 克。即从育成到最佳出栏屠宰的体重，该阶段占养猪饲料总消耗的 68.47%，也是养猪经营者获得最终经济效益高低的重要时期。为此，养猪者必须掌握和利用肉猪增重体组织变化的规律，了解影响肉猪的遗传、营养、环境、管理等因素，采用现代的饲养管理技术，提高日增重，饲料利用率，降低生产成本，提高经济效益，满足市场需要。

2. 肉猪体组织的生长

瘦肉型猪种骨骼、皮、肌肉、脂肪的生长是有一定规律的。随着年龄的增长，胴体中水分和灰分的含量明显减少，蛋白质仅有轻度下降，活重达到 50 千克以后，脂肪量急剧上升。骨骼从生后 2～3 月龄开始到活重 30～40 千克是强烈生长时期，肌纤维也同时开始增长，当活重达到 50～100 千克以后脂肪开始大量沉积。虽然因猪的品种,饲养营养与管理水平不同,几种组织生长强度有所差异,但基本上表现出一致性的规律。肉猪生产利用这个规律,生长肉猪前期给予高营养水平,注意日粮中氨基酸的含量及其生物学价值,促进骨骼和肌肉的快速发育,后期适当限饲减少脂肪的沉积,防止饲料的浪费,又可提高胴体品质和肉质。

3. 肉猪机体化学成分的变化

随着肉猪各体组织及增重的变化,猪体的化学成分也呈一定规律性的变化,即随着年龄和体重的增长,机体的水分、蛋白质和灰分相对含量下降,而脂肪相对含量则迅速增长。瘦肉型猪体重 45 千克以后,蛋白质和灰分是相当稳定的。

猪体化学成分的变化的内在规律,是制定商品瘦肉猪体不同体重时期最佳营养水平和科学饲养技术措施的理论依据。掌握肉猪的生长发育规律后,就可以在其生长不同阶段,控制营养水平,加速或抑制猪体某些部位和组织的生长发育,以改变猪的体型结构,生产性能和胴体结构,胴体品质。

二、育肥用仔猪的选择

1. 选择性能优良的杂种猪

仔猪质量对肥育效果具有很大的影响,在我国的肉猪生产中,大多利用二元或三元杂种仔猪进行肥育,因为杂种猪具有生长速度快、饲料利用率高、体质健壮等优点。所用的二元杂种,大多是以我国地方猪种或培育猪种为母本,与引进的国外瘦肉型品种猪为父本杂交产生;三元杂种猪大多是以我国地方猪种或培养猪种为母本,与引进的国外瘦肉型品种猪做父本的杂种一代母猪作母本,再与引进的国外瘦肉型品种做终端父本杂交而产生。我国各地区通过多年来的试验筛选和生产应用,已筛选出很多适应各地条件的优良二元和三元杂交组合,生产中应根据条件选用。

规模化养猪场都是按照相应的杂交方式生产商品肉猪,但在我国广大农村饲养的一部分肉猪却是来源不清、血统混杂的"杂种猪",还有一部分是以纯种来进行生产。显然这两种情况不能获得杂种优势,有时(血统混杂的"杂种猪")还有可能产生劣势。这是目前生产水平低的一个重要原因。

选择合适的杂交组合,对于自繁自养的养猪生产者来说比较容易办到,在进行商品仔猪生产时只要选择好杂交用亲本品种(系),然后按相应的杂交配套体系进行杂交就可以获得相应杂种仔猪。对于已经建立起完整繁育体系地区的养猪生产者来说,也比较容易办到,因为该地区已经选定了适合当地条件的杂交组合,肉猪生产者只要同相应的生产场或养母猪户签订购销合同,就可获得合格的仔猪。但对于从交易市场购买仔猪的生产者来说,选择合适杂交组合的难度就大一些,风险也较大。

2.提高肥育用仔猪的体重和均匀度

在正常情况下,仔猪的初生重和断奶重与肥育效果之间存在密切的关系。初生重越大,仔猪生活力越强,体质越健壮,生长越快,断奶重也越大。而断奶重与4月龄体重、4月龄体重与后期增重也存在着密切的关系。从目前的饲养管理水平出发,肥育用仔猪的肥育起始体重以20~30千克为宜。肥育开始时群内均匀性越好,越有利于饲养管理,肥育效果越好。因此,无论从提高断奶重,还是从提高均匀度考虑,都必须加强哺乳仔猪的培育,为肉猪的肥育打下良好的基础。

3.去势

性别对肥育效果的影响,已为国内外长期的养猪实践所证实。公、母猪去势后肥育,其性情安静,食欲增强,增重速度快,肉的品质好。国外的猪种性成熟较晚,肥育时一般只公猪去势而母猪不去势。同时,小母猪较去势公猪的饲料利用率高,并可获得较瘦的胴体。

4.预防接种

对猪瘟、猪丹毒、猪肺疫和仔猪副伤寒等传染病要进行预防接种。自繁自养的养猪场(户)应按相应的免疫程序进行。为安全起见,外购仔猪进场后一般全部进行一次预防接种。

5.驱虫

猪体内的寄生虫以蛔虫感染最为普遍,主要危害 3～6 月龄仔猪,病猪多无明显的临床症状,但表现生长发育慢、消瘦、被毛无光泽,严重时增重速度降低 30％以上,有的甚至可成为僵猪。驱虫一般在仔猪 90 日龄左右进行,常用药物有虫必清、驱蛔灵等,具体使用时按说明进行。

三、饲粮及饲养

(一)饲粮的营养水平

1.能量水平

在不限量饲养的条件下,肉猪有自动调节采食而保持进食能量守恒的能力,因而饲粮能量浓度在一定范围内变化对肉猪的生长速度、饲料利用率和胴体肥瘦度并没有显著影响。但当饲粮能量浓度降至每千克 10.8 兆焦消化能时,对肉猪增重、饲料利用率和胴体品质已有较显著的影响,生长速度和饲料利用率降低,胴体瘦肉率提高;降至每千克 8.8 兆焦消化能时,则会显著减少猪的日进食能量总量,进而严重降低猪的增重和饲料利用率,但胴体会更瘦。而提高饲粮能量浓度,能提高增重速度和饲料利用率,但胴体较肥。

针对我国目前养猪实际,兼顾猪的增重速度、饲料利用率和胴体肥瘦度,饲粮能量浓度以每千克 11.9～13.3 兆焦消化能为宜,前期取高限,后期取低限。为追求较瘦的胴体,后期还可适当降低。影响饲粮能量浓度的主要因素有水分、粗纤维和粗脂肪含量。饲料中水分、粗纤维含量越高,消化能越低。

2.蛋白质和必需氨基酸水平

蛋白质不足,猪的增重速度减慢,严重时甚至使体重减轻。因此,以不同蛋白质水平饲粮饲喂生长肥育猪,猪的增重速度及胴体组成会有很大差异。

当饲粮粗蛋白质水平在17.5％时就可获得较高的日增重,当蛋白质水平超过22.5％时,日增重反而下降,但有利于胴体瘦肉率的提高,而用提高蛋白质水平来改善胴体品质并不经济。在生产实际中,应根据不同类型猪瘦肉生长的规律和对胴体肥瘦要求不同来制订相应的蛋白质水平。对于高瘦肉生长潜力的生长肥育猪,前期(60千克体重以前)蛋白质水平16％～18％,后期13％～15％;而对于中等瘦肉生长潜力的生长肥育猪,前期14％～16％,后期12％～14％。为获得较瘦的胴体,可适当提高蛋白质水平,但要考虑提高胴体瘦肉率所增加的收益能否超出提高饲粮粗蛋白质水平而增加的支出。

除蛋白质水平外,蛋白质品质也是一个重要的影响因素,各种氨基酸的水平以及它们之间的比例,特别是几种限制性氨基酸的水平及其相互间的比例会对肥育性能产生很大的影响。在生产实际中,为使饲粮中的氨基酸平衡而使用氨基酸添加剂时,首先应保证第一限制性氨基酸的添加,其次再添加第二限制性氨基酸,如果不添加第一限制性氨基酸而单一添加第二限制性氨基酸,不仅无效,还会因饲粮氨基酸平衡进一步失调而降低生产性能。

3. 矿物质和维生素水平

肥育猪饲粮一般主要计算钙、磷及食盐(钠)的含量。生长猪每沉积体蛋白100克(相当于增长瘦肉450克),同时要沉积钙6～8克,磷2.5～4.0克,钠0.5～1.0克。根据上述生长猪矿物质的需要量及饲料矿物质的利用率,生长猪饲粮在20～50千克体重阶段钙0.6％,总磷0.5％(有效磷0.23％);50～100千克体重阶段钙0.5％,总磷0.4％(有效磷0.15％)。食盐通常占风干饲粮的0.3％。

生长猪对维生素的吸收和利用率还难准确测定,目前饲养标准中规定的需要量实质上是供给量。而在配制饲粮时一般不计算原料中各种维生素的含量,靠添加维生素添加剂满足需要。

4. 粗纤维水平

同其他家畜相比,猪利用粗纤维的能力较差。

粗纤维的含量是影响饲粮适口性和消化率的主要因素,饲粮粗纤维含量过低,肉猪会出现拉稀或便秘。饲粮粗纤维含量过高,则适口性差,并严重降低饲粮养分的消化率,同时由于采食的能量减少,降低猪的增重速度,也降低了猪的膘厚,所以纤维水平也可用于调节肥瘦度。为保证饲粮有较好的适口性和较高的消化率,生长肥育猪饲粮的粗纤维水平应控制在6%~8%,若将肥育分为前后两期,则前期不宜超过5%,后期不宜超过8%。在决定粗纤维水平时,还要考虑粗纤维来源,稻壳粉、玉米秸粉、稻草粉、稻壳酒糟等高纤维粗料,不宜喂肉猪。

(二)饲粮类型

1. 饲料的粉碎细度

玉米、高粱、大麦、小麦、稻谷等谷实饲料,都有坚硬的种皮或软壳,喂前粉碎或压片则有利于采食和消化。玉米等谷实的粉碎细度以微粒直径1.2~1.8毫米为宜。此种粒度的饲料,肉猪采食爽口,采食量大,增重快,饲料利用率也高。粉碎过细,会降低猪的采食量,影响增重和饲料利用率,同时使胃溃疡增加。粉碎细度也不能绝对不变,当含有部分青饲料时,粉碎粒度稍细既不致影响适口性,也不致造成胃溃疡。

2. 干粉料

现代生猪规模生产中,多采取干粉料自由采食,供足饮水,也将玉米、高粱、大麦、小麦、稻谷等谷实饲料及其加工副产品糠麸类,加工成粉状料后直接生喂。有条件的可补充部分青绿多汁饲料,只需打浆或切碎饲喂即可。

3. 湿拌料

将配制好的干粉料按照料水比例混合后饲喂,既可提高饲料的适口性,又可避免产生饲料粉尘,但加水量不宜过多,一般按料水比例为1∶(0.5~1.0),调制成潮拌料或湿拌料,在加水后手握成团、松手散开即可。如将料水比例加大到1∶(1.5~2.0)时,即成浓粥料,虽不影响饲养效果,但需用槽子喂,费工费时。在喂潮拌料或湿拌料时,特别是在夏季注意不要使饲料腐败变质。小规模饲养下,哺乳母猪可适当采取湿拌料饲喂效果良好。

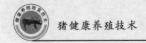

4.颗粒料

在现代养猪生产中,常采用颗粒料喂猪即将干粉料制成颗粒状(直径7～16毫米)饲喂。多数试验表明,颗粒料喂肉猪优于干粉料,可提高日增重和饲料利用率8%～10%。但加工颗粒料的成本高于粉状料。

(三)饲喂方法

1.不限量饲喂法

不限量饲喂时猪采食量大,日增重快,胴体背膘厚;限量饲喂时,日增重较低,但饲料利用率较高,胴体背膘薄。在决定饲喂方法前,必须了解肌肉和脂肪的生长规律,在猪达到最大的瘦肉生长潜力之前,脂肪生长相对较少,只见于肾周脂肪等保护性脂肪组织的生长,一旦达到最大瘦肉生长潜力时,食入的多余营养物质才导致脂肪生长的增加。所以在实施限量饲喂时应注意:第一,限量饲喂必须在瘦肉达到最大生长潜力后进行,否则会影响瘦肉的生长;第二,一些瘦肉生长潜力较高的猪对限量饲喂的反应不是很明显的。

不限量饲喂,最常应用的方法是将饲料装入自动饲槽,任猪自由采食;另一种方法是按顿不限量饲喂,每顿喂到稍有剩余为止。

2.日喂次数

肉猪每天的饲喂次数应根据猪只的体重和饲粮组成作适当调整。体重35千克以下时,胃肠容积小,消化能力差,每天宜喂3～4次。35～60千克的猪,胃肠容积扩大,消化能力增加,每天应喂2～3次。体重60千克以后,每天可饲喂2次。饲喂次数过多并无益处,反而影响猪只的休息,也增加了用工量。有的大规模养猪场在育肥猪和怀孕母猪饲养中采取日喂1次的方法,并未见有不良影响。

3.给料方法

通常采用饲槽和硬地面撒喂两种方式饲喂肉猪。饲槽饲喂又有普通饲槽和自动饲槽。用普通饲槽时,要保证有充足的采食槽位,每头猪至少占30厘米,以防强夺弱食。夏季尤其要防止剩余残料的发霉变质。地面撒喂时,饲料损失较大,饲料易污染,但操作简便,大群地面撒喂时要注意保证猪只有充足的采食空间。

四、适宜的环境条件

1.温度

猪舍的温度与气温、气流速度、空气温度、畜床类型、地面的干燥情况和猪只身体状况一起,对猪的采食量和生产性能产生影响。如果环境温度过低,猪只可通过提高采食量的方法来保持体温恒定;采食量会下降,生长速度减慢。

在适宜温度下,猪的增重快,饲料利用率高。适宜温度随猪只体重的不同而不同。舍内温度在 4℃ 以下时,会使增重下降 50%,而单位增重的耗料量是最适温度时的 2 倍。温度过高时,为增强散热,猪只的呼吸频率增高,食欲降低,采食量下降,增重速度减慢,如果再加之通风不良,饮水不足,还会引起中暑死亡。

温度对胴体的组成也有影响,温度过高或过低均显著地影响脂肪的沉积。但如果有意识地利用这种环境来生产较瘦的胴体则不合算,因其所得不足以补偿增重慢和耗料多以及由于延长出栏时间而造成的圈舍设备利用率低等的损失。

对于猪来说最适温区相当窄,并随着体重的增加而降低。一般来说,生长猪舍的温度不要低于 18～20℃;当猪达到上市体重时,畜舍温最好保持在 12℃,但前提是猪舍干燥、通风良好。

2.湿度

单纯评价湿度对肥育的影响是有困难的,一般湿度与温度共同产生影响。湿度的影响远远小于温度,如果温度适宜,则空气湿度的高低对猪的增重和饲料利用率影响很小。实践证明,当温度适宜时,相对湿度从 45% 上升到 80% 都不会影响猪的采食量、增重和饲料利用率。

空气相对湿度以 40%～75% 为宜。对猪影响较大的是低温高湿和高温高湿。低温高湿,会加剧体热的散失,加重低温对猪只的不利影响;高温高湿,会影响猪只的体表蒸发散热,阻碍猪的体热平衡调节,加剧高温所造成的危害。同时,空气湿度过大时,还会促进微生物的繁殖,容易引起饲料、垫草的霉变。但空气相对湿度低于40%也不利,容易引起皮肤和外露黏膜干裂,降低其防卫能力,会增加呼吸道和皮肤疾患。

3. 空气新鲜度

猪舍内的空气经常受到粪尿、饲料、垫草的发酵或腐败形成的氨气、硫化氢等有害气体的污染,猪只自身的呼吸又会排出大量的水汽和二氧化碳以及其他有害气体。如果猪舍设计不合理或管理不善,通风换气不良,饲养密度过大,卫生状况不好,就会造成舍内空气潮湿、污浊,充满大量氨气、硫化氢和二氧化碳等有害气体,从而降低猪的食欲、影响猪的增重和饲料利用率,并可引起猪的眼病、呼吸系统疾病和消化系统疾病。因此,除在猪舍建筑时要考虑猪舍通风换气的需要,设置必要的换气通道,安装必要的通风换气设备外,还要在管理上注意经常打扫猪栏,保持圈舍清洁,减少污浊气体及水汽的产生,以保证舍内空气的清新和适宜的温度和湿度。

4. 光照

有许多试验研究过光照对肉猪增重、饲料利用率和胴体品质及健康状况的影响。总的说来,光照对这些指标的影响不大,从猪的生物学特性看,猪对光也是不敏感的。因此肉猪舍的光照只要不影响操作和猪的采食就可以了。强烈的光照会影响肉猪的休息和睡眠,从而影响其生长发育。

5. 饲养密度

猪的饲养密度对猪的生产性能、健康、行为和福利都有影响。在正常情况下,动物群体中个体与个体之间总要保持一定距离,群体密度过大时,使个体间冲突增加,炎热季节还会使圈内局部气温过高而降低猪的食欲,这些都会影响猪只的正常休息、健康和采食,进而影响猪的增重和饲料利用率。兼顾提高圈舍利用率和肥育猪的饲养效果两个方面,随着猪体重的增大,应使圈舍面积逐渐增大。为满足猪对圈栏面积的需求,又保证肥育期间不调群,最好的办法就是采取移动的栏杆圈栏。这样既可以随猪只体重增大相应地扩大围栏面积,又可避免调群造成的应激。

饲养密度(每头占围栏面积)满足需要时,如果群体大小不能满足需求,同样不会达到理想的饲养效果。当群体过大时,猪与猪个体之间的位次关系容易削弱或打乱,使个体之间争斗频繁,互相干扰,影响采食和休息。肥育猪的最有利群体大小为4~5头,但这样会相应地降低猪舍及设备利用率。实际生产中,在温度适宜、通风良好的情况下,每圈以10~15头为宜,最大不宜超过20头。表5-1是生长猪的饲养密度。如果饲养密度过大,则会过于拥挤而使其生产率降低。另外,其他因素如圈舍大小、每圈的饲养头数、肥育舍的设计和位置,同样会影响饲养密度和生产性能。

表 5-1 生长猪的饲养密度

体重(千克)	全条板式地面(米²)	部分条板式地面(米²)
25	0.30	0.33
50	0.48	0.53
75	0.62	0.70
100	0.76	0.85

五、适宜的出栏体重

1.影响出栏体重的因素

猪的类型及饲养方式、消费者对胴体的要求、生产者的最佳经济效益、猪肉的供求状况等是影响出栏体重的主要因素。

不同类型的猪肌肉生长和脂肪沉积能力不同,如高瘦肉生长潜力的猪肌肉生长能力较强,且保持强度生长的持续期较长,因而可适当加大出栏体重。后期限制饲养也可适当加大出栏体重。

消费者对猪肉的要求,集中表现在胴体肥瘦度和肉脂品质上,经济发展程度不同的国家,对猪的胴体品质的要求也不同。发达国家 20 世纪 60 年代将猪油作为食用油已显著减少,并且担心动物脂肪过多对人类健康的不良作用。为满足消费者的需求,需确定一个瘦肉率高、品质好的肉猪适宜屠宰体重。

生产者的经济效益与肉猪的出栏体重有密切关系,因为出栏体重直接影响肥育期平均日增重、饲料利用率,生产者还必须考虑不同品质肉的市场售价,全面权衡经济效益而确定适宜的出栏体重。

市场猪肉供求状况也影响出栏体重,供不应求时,提高出栏体重,增加产肉量(也提高经济效益)是常用的措施,供过于求时,消费者的要求必然提高,导致出栏体重降低。

2. 选择适宜的出栏体重

确定适宜出栏体重需根据肥育期平均日增重、耗料增重比、屠宰率、不同质量胴体(活猪)的售价等指标综合考虑。随着肉猪体重的增加,日增重先逐渐增加,到一定阶段后,则逐渐下降。但随着体重的增加,维持需要所占比例相对增多,胴体中脂肪比例也逐渐增多,而瘦肉率下降,且饲料转化为脂肪的效率远远低于转化为瘦肉的效率,故使饲料利用率逐渐下降。

由于不同地区肉猪生产中所用的杂交组合和饲养条件不同,肉猪的适宜出栏体重也不同。我国早熟易肥猪种适宜出栏体重为 70 千克,其他地方猪种为 75~80 千克。我国培育猪种和地方猪种为母本、引入国外瘦肉型猪种为父本的二元杂种猪,适宜出栏体重约为 90 千克;两个引入的国外瘦肉型猪种为父本的三元杂种猪,适宜出栏体重为 90~100 千克;全部用引入的瘦肉型猪种生产的杂种猪出栏体重可延至110~120 千克。

六、育肥猪高效饲养管理技术

1. 公母猪分饲方案

公母分饲可提高猪舍空间的利用效率。因公猪比母猪生长快,公、母猪分开饲养,同一栏中的猪生长将更整齐,公猪栏的腾空及再利用速度比母猪加快,因此,采用公、母猪分饲,每年用相同的饲养空间可养更多的猪。

公、母分饲意味着公猪与母猪将饲喂不同的饲料,青年母猪由于采食量低而瘦肉生长快,因而氨基酸及其他养分的需求量较去势公猪高,其日粮氨基酸水平或者说氨基酸能量比在生长阶段、肥育阶段分别比去势公猪高5%和15%左右。

青年母猪对日粮能量升高的反应更为明显。生产者可以考虑尝试采用能量高于去势公猪的日粮饲喂青年母猪,一直达到较大的体重。另一方面,肥育阶段的去势公猪日采食量可适当降低,因为在这个阶段,猪体内主要沉积体脂,降低采食量可以轻微提高饲料效率和胴体品质。如果采用公母分饲的方案来组织生产,应该牢记公母猪在生产性能上的差异,因此最佳的饲养策略将随猪的品种和基因型不同而变化。不论何时采用公母分饲方案,监测公母猪采食量及生产性能差异均显得尤为重要。

2.全进全出的饲养管理模式

所谓"全进全出"就是在同一范围内只进同一批日龄、体重相近的育肥猪,并且同时全部出场。出场后彻底打扫、清洗、消毒,切断病源的循环感染。消毒后密闭1~2周,再饲养下一批猪。这种饲养制度的最大优点是便于管理、容易控制疫病。因整栋(或整场)猪舍都是日龄、体重相近的猪,温度控制、日粮更换、免疫接种等极为方便,出场以后便于彻底打扫、清洗、消毒,切断病源的循环感染,保证猪群健康高产。现代肉猪生产要求全部采取"全进全出"的饲养制度。它是保证猪群健康、根除病原的根本措施,并且与"非全进全出"制相比,增重率高,耗料少,死亡率低。

因此,在采用全进全出制时,首先要选择生长发育较整齐的猪仔,在饲养时要提供良好的饲料和足够的饲槽,在管理时要采取公和母、强和弱分群饲养,同时要加强疾病的预防保健等有效措施,只有这样才能做到猪群同期出场。

第六节　育肥猪健康安全生产技术

一、健康安全猪肉生产

在安全猪肉生产方面,兽药及化学物质残留在动物机体内的问题,已成为众人关注的焦点。这种残留来自于杀虫剂、除草剂、有机毒素、重金属以及药品、饲料添加剂的使用不当,也来自动物机体本身。为了提高动物生长率、饲料效率及繁殖力等使用的抗生素、驱虫剂以及激素类药物种类繁多,已达 300 余种。

治疗急性传染病等疾病时一般投药 1～7 天,虽然投药期较短,但如投药量较大,没有休药期,药物就有残留在机体的可能性。因此,各国政府都制定了食品中兽药的残留标准,对残留药物的控制,不仅仅是政府部门的事情,广大的养殖户、饲料厂、屠宰厂、流通渠道工作者,都有责任和义务来执行。

在发达国家,为了控制从家畜的饲养到食品加工全过程中存在的危害因素,制定并实行总管理标准(HACCP),把先进管理模式(GMP)的 HACCP 体系,纳入到国际贸易中,以确保食品安全性。韩国福利部从 1995 年 12 月起制定并实行了食品卫生法第 32 条第 2 行,强制实行了 HACCP 制度,开设了研究基金。制定 HACCP 制度的目的在于分析、解决畜产品的生产、加工及消费当中药物残留问题。

二、健康安全猪肉生产允许使用的添加剂

为了减少药物残留,各个养猪场应严格遵守相关的法律法规,寻找抗生素替代品,并遵守休药期限(表 5-2)。

表 5-2 允许在无公害生猪饲料中使用的药物饲料添加剂

名称	含量规格	用法与用量(1 000 千克饲料中添加量)	休药期(天)	商品名
杆菌肽锌预混剂	10%或 15%	4～40 克(4 月龄以下),以有效成分计	0	
黄霉素预混剂	4%或 8%	仔猪 10～25 克,生长、肥育猪 5 克,以有效成分计	0	富乐旺
维吉尼亚霉素预混剂	50%	20～50 克	1	速大肥
喹乙醇预混剂	5%	1 000～2 000 克,禁用于体重超过 35 千克的猪	35	
阿美拉霉素预混剂	10%	4 月龄以内 200～400 克,4～6 月龄 100～200 克	0	效美素
盐酸素钠预混剂	5%,6%,10%,12%,45%,50%	25～75 克,以有效成分计	5	优素精赛可喜
硫酸黏杆菌素预混剂	2%,4%,10%	仔猪 2～20 克,以有效成分计	7	抗敌素
牛至油预混剂	2.5%	用于预防疾病 500～700克;用于治疗疾病 1 000～1 300 克,连用 7 天;用于促生长 50～500 克	诺必达	
杆菌肽锌、硫酸黏杆菌素预混剂	杆菌肽锌 5%,硫酸黏杆菌素 1%	2 月龄以下 2～40 克,4 月龄以下 2～20 克,以有效成分计	7	万能肥素
土霉素钙	5%,10%,20%	4 月龄以下 10～50 克,以有效成分计		
吉他霉素预混剂	2.2%,11%,55%,95%	用于促生长:5～55 克;防治疾病:80～330 克,连用 5～7 天,以有效成分计	7	
金霉素预混剂	10%,15%	4 月龄以下 25～75 克,以有效成分计	7	

续表 5-2

名称	含量规格	用法与用量(1 000 千克饲料中添加量)	休药期(天)	商品名
恩拉霉素预混剂	4%,8%	2.5～20 克,以有效成分计	7	

注:1.表中所列的商品名是由相应产品供应商提供的产品商品名,给出这一信息是为了方便本标准的使用者,并不表示对该产品的认可。如果其他等效产品具有相同的效果,则可使用这些等效产品。

2.摘自中华人民共和国农业部农牧发[2001]20 号"关于发布《饲料药物饲料添加剂使用规范》的通知"中《饲料药物添加剂使用规范》。

三、影响猪肉品质的主要因素

随着生活水平的提高和对健康意识的增强,肉质已成为人们讨论的一个热门话题。影响猪肉品质的因素很多,包括品种、性别、屠宰体重、屠前管理等。

1.品种

品种是影响肉质的最主要因素。大量研究证明,我国地方品种猪肉质优于外来品种。陈润生对民猪等 10 个中国地方猪种肉质性状的研究证明,地方猪肌肉品质的特点是肉色鲜红,系水力强,肌肉大理石纹适中,肌肉水分少,而粗脂肪含量高。肌纤维直径小,肌束内纤维束多。均优于对照组瘦肉型猪。用我国地方猪种和国外肉用型猪种杂交所生产的后代杂种肉质一般优于国外猪种,但与本地猪相比都有劣化现象。

在外来猪种中,杜洛克猪不仅生长快,而且具有较高的肌内脂肪含量,此外,杜洛克产生 PSE 等劣质肉的比率很低。这也可能是杜洛克猪肉口感较好的原因之一。杜洛克为抗应激品种,其次是约克夏、长白猪的多数品系发生率较高,而皮特兰猪发生率最高。

2.性别

同窝、同一饲养条件的公猪、阉猪及母猪相比较,公猪的瘦肉率最高,其次为母猪与阉猪。但公猪的肉质比阉猪及母猪差,公猪异味比母猪肉高,可能原因是肉质中沉积较多雄烯酮和粪臭素,产生公猪膻味。

3. 屠宰体重

随着屠宰体重增加,猪肉重量或背脂厚增加,猪屠体的瘦肉比率减少,脂肪比率增加。然而在肉的理化学性状即猪肉肉质方面未见有差异。

4. 宰前处理与运输对猪肉品质的影响

生猪宰前环境条件直接影响猪的应激状态,从而影响肌肉代谢和肉质。恶劣的环境因素能直接导致生猪宰前发生应激综合征。宰后发生 PSE 肉(苍白、松软、脱水)或 DFD 肉(灰暗、僵硬、干燥)。

在猪运输前减少喂食可以减少猪在运输途中的活动性,增加猪肉的 pH 值,从而减少 PSE 肉的产生。但禁食会降低胴体产量,增加DFD 肉的发生率,禁食时间在 12 小时以上,就会增加猪与猪之间的争斗。消耗体内储存的能量。目前的做法多是宰前 12~16 小时断食。

运输性应激不但可引起商品猪宰前掉膘等现象,而且可引起宰后发生 PSE 肉。按照下面的指导方针,可以减少运输途中应激反应:①避免在装载栏里和卡车上拥挤;②避免使猪激动和使猪受到恐惧的机会;③不要把从没有饲养在一起的猪混合到一起;④要安静地装卸猪,不要用电棒驱赶;⑤避免异常的温度和其他异常环境条件;⑥不要在一天中最热的时间让猪移动。此外,宰前使猪有充分时间休息有利于缓冲应激打击,防止 PSE 肉的发生。

5. 处死方法及屠体处理对猪肉品质的影响

在猪的打晕处理中,使用二氧化碳窒息法可以减少猪的应激,但电击晕法由于使用方便而得到广泛的使用。采用低压高频电击方式(75~85 伏、24 000~30 000 赫兹)似乎有利于降低 PSE 肉的发生率。猪打晕后要立即放血屠宰,冷却在较低的温度下,可以减少猪体糖原酵解的速度,降低 PSE 肉的发生率。

四、提高猪肉品质的饲养制度

影响猪肉品质的因素很多,有品种、性别、年龄、应激、肉品的加工以及营养与饲喂制度等。下面谈谈怎样饲养才会提高猪肉品质。

将肉猪整个肥育期,按体重分成两个阶段,即前期 30~60 千克,后期 60~100 千克。根据肉猪不同阶段生长发育对营养需要的特点,采用不同营养水平和饲喂技术。肥育前期,采用较高的营养水平和自由采食的饲喂方法,肥育后期,采用适当限制喂量或降低饲粮能量水平的饲喂方法。

肥育前期,采用较高的营养水平和自由采食的饲喂方法,其目的在于使猪采食量达到最高,进而使其日增重达到最高。另外,自由采食与限饲相比,肌肉嫩度和多汁性较好。自由采食生长速度较快,蛋白分解酶活性较强,屠宰后这些酶仍保持较高活性,肉的熟化较快,肉的嫩度较好。同时由于生长较快,达到上市体重的日龄较短,肉中结缔组织的含量较低。另外,自由采食肌间脂肪含量较高,肌肉较嫩。

肥育后期,适当限饲,可以防止脂肪过多沉积,提高胴体瘦肉率。另外屠宰前短期限饲(屠宰前限饲 10~18 小时)可以降低 PSE 肉的发生。这主要是由于屠宰前限饲能够降低骨骼肌肌纤维中肌糖原的数量,肌肉中的乳酸较少,肉的 pH 值较高。但限饲时间不能超过 24 小时,否则肌肉能够从脂肪组织中获能,使其能贮恢复到未限饲前的水平,这样反而会对肉质产生不利影响。

五、应激因素的控制

应激是机体对各种非常刺激产生的全身非特异性应答反应的总和,能引起猪只应激反应的各种环境因素称为应激源。如高温、寒冷、潮湿、饮水短缺、饥饿、防疫、转群、运输、拥挤、微生物的入侵等都会造成应激,可导致猪只疾病的发生,甚至死亡。在炎热的夏季,热应激会导致猪的生产性能急剧下降,甚至造成死亡;在秋冬季节,应激对猪呼吸道疾病的影响更为严重。因此,在生产实际工作中,要积极采取有力措施,预防和减少各种应激源对猪只造成的不良应激。

1. 改善舍内通风

猪在恶劣的空气环境中多数会发生肺炎。搞好通风可调节畜舍内的温湿度和降低有害气体的浓度。要千方百计防止贼风,因为贼风更易引起应激。除了考虑整栋猪舍的通风状况外,还要考虑局部风的强度,高速的局部气流可使猪感到寒冷而引起应激。其标准是,猪身水平处的风速不应超过每秒 0.3 米。如进风口位置不当、门没关好、门窗破了或者墙上和帘子上有洞,风速都会增强,这样猪就会发生呼吸系统疾病。即便在最热的天气,也要对风速加以控制。

2. 控制舍内温度

在理想的温度条件下,猪只任何时间都会感到舒适。酷热和寒冷都会造成应激,降低猪的免疫力,增加发病几率。应保证新断奶猪舍足够温暖,必要情况下进猪前应提前 24～48 小时为猪舍增温。猪对温度的需求是随着年龄的增长而降低,生长肥育猪最适宜的温度是:体重 60 千克以前为 16～22℃(最低 14℃),体重 60～90 千克为 14～20℃(最低 12℃),体重 90 千克以上为 12～16℃(最低 10℃)。气温过低或过高均影响商品猪增重和饲料利用率。

3. 搞好湿度调节

猪舍内的相对湿度以 50%～75% 为宜。潮湿空气的导热性为干燥空气的 10 倍,冬季如果舍内湿度过高,就会使猪体散发的热量增加,使猪只更加寒冷;夏季舍内湿度过高,就会使猪呼吸时排散到空气中的水分受到限制,猪体污秽,病菌大量繁殖,易引发各种疾病,增加养猪成本,降低养猪效益。生产中可采用加强通风和在室内放生石灰块等办法降低舍内湿度。

4. 合理的饲养密度

饲养密度依气候而不同,夏季应尽可能的小,冬季可稍大一些。但

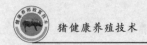

每个圈舍内应有总面积 2/3 的干燥地面用于猪只躺卧和休息。无论是水泥地面还是裸露的地面,都要保证睡眠区的清洁干燥和舒适,从而减少猪的应激。

5. 饮水消毒

饮水消毒可减少水中病原对猪只造成的应激,减少猪只发病,提高猪只的健康水平。最好是采用地下水或不含有害物质和微生物的水,同时要注意随时供应清洁充足的饮水,以满足猪体的需要。

6. 适量的碳水化合物和脂肪

高温环境下猪采食量减少,造成能量供给不足。为缓解猪受高温环境的影响,一般在高温季节应给予猪较高营养浓度的日粮,以弥补因高温引起的能量摄入量的不足。四川农业大学研究表明,15~30 千克、30~60 千克和 60~90 千克的猪在平均气温 31℃条件下,适宜能量分别为 7.25 兆卡(14.49 兆焦)/千克、7.31 兆卡(14.62 兆焦)/千克和 7.73 兆卡(15.46 兆焦)/千克。炎热气候条件下,碳水化合物代谢加强,产热量明显增多,其体增热大于脂肪,因此要适当降低饲料中碳水化合物的含量。舒邓群等(1996)在生长猪日粮中加入 2% 植物油,并相应降低碳水化合物的含量,从而可以减少体增热,减轻猪的散热负担。

7. 合理的蛋白质和氨基酸

炎热环境下,猪体内的氮消耗多于补充,热应激时尤为严重。张敏红等(1998)研究发现,高温使猪血浆尿素含氮量升高,表明高温时蛋白质分解代谢加强。舒邓群等(1996)认为,高温条件下,采食量下降使蛋白质摄入的绝对量减少,且有证据表明在热应激期间蛋白质的需要量也增加;在饲料和各种养分中,虽然蛋白质的体增热大,占代谢能的 30%,但高蛋白日粮只要符合猪只的生理需要,体增热不是增加而是减少;在日均气温 30.7℃ 的高温条件下,将生长猪能量提高 3.23%,蛋白质增加 2 个百分点,在日采食量相同的情况下,日增重提高 8.03%,料肉比降低 7.69%。也有报道认为平衡氨基酸、降低粗蛋白摄入量是缓解猪热应激的重要措施。Stahly(1979)报道,喂给合成的赖氨酸代替天然的蛋白质对猪有益,因为赖氨酸可减少日粮的热增耗。炎热气候条件下,以理想蛋白质为基础,增加日粮中赖氨酸的含量,饲料转化率可得到改进,猪生产性能、胴体品质与常规日粮相比,无显著差异。

8.注意维生素的添加剂量

高温环境造成饲料中某些维生素氧化变质,降低其生物利用率。正常情况下猪体内合成的维生素减少,而猪为了适应高温应激,对一些维生素的需要却增加了,因此必须通过饲料或饮水补充维生素,以保证机体的特殊需要。余德谦等(1999)在肥育猪饲料中添加维生素 C 1 克/千克,有一定的抗热应激作用,生产性能已接近温度适宜的对照组。维生素 E 可以调节猪体内物质代谢,增强免疫功能,提高抗应激能力。王胜林等(2004)在饲料中添加维生素 E 200 国际单位/千克,可有效缓解肥育猪的热应激,降低肉猪在热应激时的体温和呼吸数,并可有效改善肥育猪的生产性能。当温度超过 34℃时,可酌情使用维生素 C、维生素 E、生物素、碳酸氢钠(250 毫克/千克)和胆碱等抗热应激添加剂。

9.适宜的抗热应激药物

热应激时猪的体热增加,为减少肌肉不必要的活动和产热,可用镇静类药物来抑制中枢神经及机体活动,从而减轻热应激的影响。余德谦等(1999)在热应激肥育猪饲料中添加安宝(具有镇静和抗应激作用)200 毫克/千克,可提高热应激期间肥育猪的生产性能和免疫机能,有一定的抗应激作用。王胜林等(2002,2003)在热应激肥育猪基础日粮中添加牛磺酸 400 毫克/千克,对提高热应激时肥育猪的采食量有益,但不能改善增重和饲料利用率;能降低呼吸数和皮质醇水平,提高免疫力。

六、提高猪肉品质营养新技术

1.屠宰前清除饲料中的矿物质

矿物质是育肥猪生长不可缺少的营养成分,尤其是高铜具有促进生长和抑菌作用。生产中,钙、磷、铜、铁、锌、锰、硒、碘等矿物质的剂量总是超标准添加,由于畜禽排泄物质的大量排放,造成环境严重污染,致使土壤中磷、铜严重超标,同时由于其在猪体内的残留,猪肉产品也十分不安全,影响人们身体健康。武英等(2004)试验表明:屠宰前10～20天饲料中停止添加矿物质和抗生素,不影响猪的生长速度和瘦肉率,而且有利于肉质的改善,试验猪的肉色、大理石纹、pH、肌内脂肪含量、瘦肉率和肌纤维直径等肉质指标优于对照组。所以,屠宰前清除饲料中的矿物质和抗生素不仅减轻环境污染,而且有利于提高猪肉的品质。试验1组(屠宰前20天停止使用矿物质、抗生素)和试验2组(屠宰前10天停止使用矿物质、抗生素)的滴水损失分别比对照组降低11.76%、35.9%($P>0.05$),滴水损失降低表明水分不易渗出,有利于维持肌肉的嫩度和多汁性。

2.饲料中添加甜菜碱

甜菜碱是一种季胺型生物碱,无毒、无害,且性质稳定,20世纪70年代初,芬兰率先推出了饲用甜菜碱,作为水生动物诱食剂。90年代,欧美、澳洲一些国家相继在畜、禽饲料中用甜菜碱作添加剂进行了试验。

大量研究表明,日粮中添加甜菜碱饲喂育肥猪,可增大眼肌面积,提高胴体瘦肉率,使肥育猪的平均背膘厚度和板油重明显下降,胴体脂肪率显著降低。

肉的色、香、味是评定肉质的3个重要指标,猪肉的颜色主要取决于肌肉中肌红蛋白的含量,香味主要与肌肉中肌肉脂肪含量有关,鲜味来源于肌肉中鲜味物质,主要是肌苷酸,它是味精鲜度的50多倍。邢军等(1999)的研究可见,试验组熟肉率比对照组提高6.46个百分点;背最长肌纤维直径,试验组比对照组高出16.3个百分点。汪以真等(2000)研究表明,甜菜碱明显提高了背最长肌肌红蛋白、粗脂肪和肌苷酸以及肌肉大理石纹的评分,其中甜菜碱1 750毫克/千克使猪背最长肌肌红蛋白含量提高了14.80%($P<0.01$),背最长肌粗脂肪含量提高了18.45%($P<0.01$),背最长肌肌苷酸含量提高

21.97%（$P<0.01$）。

武英等（2005）研究表明，日粮中添加甜菜碱500毫克/千克、1 000毫克/千克、1 500毫克/千克，可使杜莱肥育猪肌肉大理石纹评分提高9.09%～18.18%；肌肉颜色评分升高14.55%～27.27%；肌内脂肪提高2.7%～67.57%。

日粮中添加甜菜碱饲喂育肥猪，可显著降低猪的胴体脂肪率、提高胴体瘦肉率。而且，甜菜碱还可通过提高猪肉中肌红蛋白、肌内脂肪和肌苷酸的含量而有效改善猪肉的色泽，提高肉的嫩度、多汁性和香味。

3.肉碱的合理应用

肉碱是一种类维生素的营养物质。肉碱有左（L型）、右（D型）旋两种异构体，在动物体内有生理作用的只有L-肉碱。猪从天然饲料中摄入的左旋肉碱含量变化很大，平均为10毫克/千克。随着养猪业的高度集约化，为满足其繁殖和快速生长的需要，天然饲料中摄入的左旋肉碱已远远不能满足猪的营养需要。因此，它作为一种新型饲料添加剂，具有广阔的应用前景。

在商品猪日粮中添加L-肉碱已成为提高胴体瘦肉率和的肉质的途径之一。Newton等（1992）报道，在平均体重为74.6千克的商品猪日粮中添加L-肉碱5毫克/千克，饲喂35天后平均日增重比对照组提高3.61%，料重比下降4.62%。效果明显，而且背膘厚有所下降，商品猪添加L-肉碱10毫克/千克可提前两天达到屠宰重。Owen等（1994）报道，L-肉碱对育肥猪的眼肌面积和胴体背膘厚有明显的正效应，最佳添加量为50毫克/千克。余佳胜等（1999）报道，饲料中添加L-肉碱可改善饲料转化率，显著提高育肥猪日增重，降低背部脂肪，增加瘦肉率。

4.共轭亚油酸对猪胴体肉品质的影响

共轭亚油酸（conjugated linoleic acid，CLA）是一类含共轭双键的18碳脂肪酸的总称，是指与亚油酸（LA）的不饱和双键位置和空间构型不同的一类脂肪酸同分异构体的混合物，因其同时含有反式双键和共轭双键而具有多种有益的生理功能。早期大量医学研究证明，共轭

亚油酸具有抗癌、抗动脉粥样硬化、降低胆固醇、抗氧化、防止糖尿病、缓和免疫副作用等多种生理功能。近年来,随着合成共轭亚油酸成本的降低,国内外研究者开始探索其在畜禽生产中的应用效果,并发现共轭亚油酸可改善饲料利用率、减少脂肪沉积、提高瘦肉率、改善动物产品品质,调节动物免疫机能。

5. 维生素类添加剂的科学使用

研究表明,日粮中添加维生素能明显改善肉的质量,其中维生素 E、维生素 B、维生素 C、维生素 D 和生物素对肉品质的影响尤为显著。

6. 屠宰前日粮中添加镁

饲料中添加镁对降低应激和"PSE"肉发生率的效果。镁离子是许多酶和代谢系统的辅助因子。由于镁离子能够降低神经突触前末梢的钙离子浓度,防止囊泡的泡外分泌,而囊泡内含有乙酰胆碱,当乙酰胆碱的分泌降低时,神经突触的连接降低,骨骼肌的活动降低。同时镁离子能够降低神经末梢和肾上腺中儿茶酚胺(去甲肾上腺素和肾上腺素)的分泌。由于儿茶酚胺能够通过合成 cAMP 抑制肌肉中糖原的分解,降低皮质醇、去甲肾上腺素、肾上腺素和多巴胺浓度,从而降低猪的应激,有利于提高肉的品质。

7. 饲料中添加色氨酸

屠宰和运输过程中突然的应激会引起脑中枢神经递质的释放,神经受到刺激,释放激素到血液,结果是肌肉代谢受到刺激,造成不良肉质。许多研究已经证明,应激使下丘脑复合胺浓度较低。于是人们考虑是否能够通过饲料中添加某种营养元素来提高下丘脑中复合胺的浓度,并以此来减缓应激。对此人们进行了有益的尝试,研究发现当提高日粮中色氨酸浓度时,下丘脑复合胺前体物浓度提高,并且饲料中添加色氨酸能够有效降低由于屠宰前应激引起的 PSE 肉的发生率。

但饲料中添加色氨酸,必须考虑日粮的氨基酸平衡,尤其是色氨酸与亮氨酸、异亮氨酸、缬氨酸、苯丙氨酸和酪氨酸之间的平衡,因为这些氨基酸竞争通过血脑屏障,这无疑限制了色氨酸在饲料中的添加。

8.饲料中添加肌肽

肌肽是由 β-丙氨酸和组氨酸组成的二肽,广泛存在于哺乳动物和鸟类的肌肉组织中,尤其是在骨骼肌中含量较高。研究表明,肌肽对提高肉的品质有重要作用。日粮中添加肌肽 0.9 克/千克,能够改善肉色,提高骨骼肌的氧化稳定性,保持肌间脂肪的含量与质量,延长肉品保存的货架期。

七、商品猪的最佳屠宰体重及活体运输注意事项

(一)影响最佳屠宰体重的因素

商品猪体重增长速度的变化规律,是决定肉猪出售或屠宰的重要依据之一。猪体重的增长是以平均日增重表示,随日龄增长而提高,表现为不规则的抛物线,呈现慢—快—慢的趋势。即随日龄(体重)的增长平均日增重上升,到一定体重阶段出现日增重高峰,然后日增重逐渐下降。日增重高峰出现的早晚与品种、杂交组合、营养水平和饲养条件有关。据试验,国外品种与国内品种杂交,日增重高峰在 80~90 千克,少量在 90 千克以上。按月龄表示在 6 月龄左右,这一阶段生长速度快、饲料利用率高、经济效益好。日增重高峰过后,饲料利用率降低、经济效益也会相应变差。

不同猪种最佳屠宰体重有较大差异。早熟、易肥小型猪屠宰体重应小些,而大型瘦肉型杂种商品猪屠宰体重可适当大些。归纳多数试验结果,瘦肉型杂种商品猪以 100~110 千克屠宰为宜,个别体型大的杂种商品猪可延至 120 千克屠宰,体重再大不合适。

(二)生猪活体运输注意事项

生猪的活体运输过程中易受冷热、饥饿、缺水、疲劳、拥挤、外伤等应激因素的影响,引起机体营养物质大量消耗,免疫力下降,从而导致各种疾病的发生,应多加防范。

1.装车时的注意事项

保持冷静,使猪群慢慢移动,绝对不要使用电棍或使劲用棍棒拍打、大声喊叫、猛敲大门或用棍棒在猪群中搅动,因为受到惊吓的生猪们将会为了安全而更紧密地聚集在一起,使得把它分开更为困难。

驱赶生猪的小通道必须要有1米宽,至少容许2头猪并排通过。因为没有猪喜欢成为领头者(但是如果有一头猪觉得好奇往前走,其他猪就会犹犹豫豫地慢慢跟上来),2头猪在一起因为好奇心互相壮胆而易于通过。研究表明,1次5头或6头猪通过产生的麻烦最少,猪的紧张应激度最低。另外装车时尽量不要把从没有饲养在一起的猪混合到一起。

2.猪长途贩运的综合应对措施

(1)在运输之前,应请当地兽医部门严格检验检疫并出具证明,严禁体质瘦弱猪、患病猪混入。

(2)使用专用的运输车,夏季注意防暑降温,冬季注意防风防寒;运输车最好平铺些细沙或木屑,减少铁板的滑性,保护猪蹄。

(3)携带适量易消化饲料,最好是能够保证每日2次饮食,为减少运输途中应激反应对猪的危害,也可以在饮水中添加适量的电解多维液、葡萄糖或补液盐。

(4)猪在装车前不能喂得过饱。刚开始起运时,应控制车速慢行,待猪适应后,再以正常速度行驶,并防紧急刹车。

(5)运输途中要经常检查猪群的情况,尤其是在饲喂饲料时更要仔细观察,发现问题及时处理。

3.运输过程中易发的疾病

(1)易引发严重感冒、支气管炎和支气管肺炎等呼吸系统疾病。

(2)易引起猪消化功能紊乱,发生胃弛缓和积食等消化系统疾病。

(3)易造成猪脱水、电解质紊乱和代谢性酸中毒等营养代谢疾病。

(4)少数肉猪由于应激反应而中毒死亡。

4.运途中应携带的药品及器械

(1)解热镇痛药。如安乃近、氨基比林、跛痛宁等。

（2）抗生素类药。青霉素、链霉素等。

（3）急救药品。安钠咖、肾上腺素、阿托品、止血散等。

（4）健胃药。人工盐、槟榔四消散等。

（5）镇静药。眠乃宁、静松灵。

（6）器械及外用药品。注射器、止血钳、酒精、碘酊、消炎粉等。

八、商品猪饲料添加剂使用标准（表 5-3）

表 5-3　允许使用的饲料添加剂品种目录（2008）

类别	通用名称	适用范围
氨基酸	L-赖氨酸、L-赖氨酸盐酸盐、L-赖氨酸硫酸盐及其发酵副产物（产自谷氨酸棒杆菌，L-赖氨酸含量不低于 51%）、DL-蛋氨酸、L-苏氨酸、L-色氨酸、L-精氨酸、甘氨酸、L-酪氨酸、L-丙氨酸、天（门）冬氨酸、L-亮氨酸、异亮氨酸、L-脯氨酸、苯丙氨酸、丝氨酸、L-半胱氨酸、L-组氨酸、缬氨酸、胱氨酸、牛磺酸	养殖动物
	蛋氨酸羟基类似物、蛋氨酸羟基类似物钙盐	猪、鸡和牛
	N-羟甲基蛋氨酸钙	反刍动物
维生素	维生素 A、维生素 A 乙酸酯、维生素 A 棕榈酸酯、β-胡萝卜素、盐酸硫胺（维生素 B_1）、硝酸硫胺（维生素 B_1）、核黄素（维生素 B_2）、盐酸吡哆醇（维生素 B_6）、氰钴胺（维生素 B_{12}）、L-抗坏血酸（维生素 C）、L-抗坏血酸钙、L-抗坏血酸钠、L-抗坏血酸-2-磷酸酯、L-抗坏血酸-6-棕榈酸酯、维生素 D_2、维生素 D_3、α-生育酚（维生素 E）、α-生育酚乙酸酯、亚硫酸氢钠甲萘醌（维生素 K_3）、二甲基嘧啶醇亚硫酸甲萘醌、亚硫酸氢烟酰胺甲萘醌、烟酸、烟酰胺、D-泛醇、D-泛酸钙、DL-泛酸钙、叶酸、D-生物素、氯化胆碱、肌醇、L-肉碱、L-肉碱盐酸盐	养殖动物

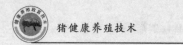

续表 5-3

类别	通用名称	适用范围
矿物元素及其络(螯)合物[1]	氯化钠、硫酸钠、磷酸二氢钠、磷酸氢二钠、磷酸二氢钾、磷酸氢二钾、轻质碳酸钙、氯化钙、磷酸氢钙、磷酸二氢钙、磷酸三钙、乳酸钙、硫酸镁、氧化镁、氯化镁、柠檬酸亚铁、富马酸亚铁、乳酸亚铁、硫酸亚铁、氯化亚铁、氯化铁、碳酸亚铁、氯化铜、硫酸铜、氧化锌、氯化锌、碳酸锌、硫酸锌、乙酸锌、氯化锰、氧化锰、硫酸锰、碳酸锰、磷酸氢锰、碘化钾、碘化钠、碘化钾、碘酸钙、氯化钴、乙酸钴、硫酸钴、亚硒酸钠、钼酸钠、蛋氨酸铜络(螯)合物、蛋氨酸铁络(螯)合物、蛋氨酸锰络(螯)合物、蛋氨酸锌络(螯)合物、赖氨酸铜络(螯)合物、赖氨酸锌络(螯)合物、甘氨酸铜络(螯)合物、甘氨酸铁络(螯)合物、酵母铜*、酵母铁*、酵母锰*、酵母硒*、蛋白铜*、蛋白铁*、蛋白锌*	养殖动物
	烟酸铬、酵母铬*、蛋氨酸铬*、吡啶甲酸铬	生长肥育猪
	丙酸铬*	猪
	丙酸锌*	猪、牛和家禽
	硫酸钾、三氧化二铁、碳酸钴、氧化铜	反刍动物
	稀土(铈和镧)壳糖胺螯合盐	畜禽、鱼和虾
酶制剂[2]	淀粉酶(产自黑曲霉、解淀粉芽孢杆菌、地衣芽孢杆菌、枯草芽孢杆菌、长柄木霉*、米曲霉*)	青贮玉米、玉米、玉米蛋白粉、豆粕、小麦、次粉、大麦、高粱、燕麦、豌豆、木薯、小米、大米
	支链淀粉酶(产自酸解支链淀粉芽孢杆菌)	
	α-半乳糖苷酶(产自黑曲霉)	豆粕
	纤维素酶(产自长柄木霉)	玉米、大麦、小麦、麦麸、黑麦、高粱
	β-葡聚糖酶(产自黑曲霉、枯草芽孢杆菌、长柄木霉、绳状青霉*)	小麦、大麦、菜籽粕、小麦副产物、去壳燕麦、黑麦、黑小麦、高粱
	葡萄糖氧化酶(产自特异青霉)	葡萄糖

续表 5-3

类别	通用名称	适用范围
酶制剂[2]	脂肪酶(产自黑曲霉)	动物或植物源性油脂或脂肪
	麦芽糖酶(产自枯草芽孢杆菌)	麦芽糖
	甘露聚糖酶(产自迟缓芽孢杆菌)	玉米、豆粕、椰子粕
	果胶酶(产自黑曲霉)	玉米、小麦
	植酸酶(产自黑曲霉、米曲霉)	玉米、豆粕、葵花籽粕、玉米糁渣、木薯、植物副产物
	蛋白酶(产自黑曲霉、米曲霉、枯草芽孢杆菌、长柄木霉*)	植物和动物蛋白
	木聚糖酶(产自米曲霉、孤独腐质霉、长柄木霉、枯草芽孢杆菌、绳状青霉*)	玉米、大麦、黑麦、小麦、高粱、黑小麦、燕麦
微生物	地衣芽孢杆菌*、枯草芽孢杆菌、两歧双歧杆菌*、粪肠球菌、屎肠球菌、乳酸肠球菌、嗜酸乳杆菌、干酪乳杆菌、乳酸乳杆菌*、植物乳杆菌、乳酸片球菌、戊糖片球菌*、产朊假丝酵母、酿酒酵母、沼泽红假单胞菌	养殖动物
	保加利亚乳杆菌	猪、鸡和青贮饲料
非蛋白氮	尿素、碳酸氢铵、硫酸铵、液氨、磷酸二氢铵、磷酸氢二铵、缩二脲、异丁叉二脲、磷酸脲	反刍动物
抗氧化剂	乙氧基喹啉、丁基羟基茴香醚(BHA)、二丁基羟基甲苯(BHT)、没食子酸丙酯	养殖动物
防腐剂、防霉剂和酸度调节剂	甲酸、甲酸铵、甲酸钙、乙酸、双乙酸钠、丙酸、丙酸铵、丙酸钠、丙酸钙、丁酸、丁酸钠、乳酸、苯甲酸、苯甲酸钠、山梨酸、山梨酸钠、山梨酸钾、富马酸、柠檬酸、柠檬酸钾、柠檬酸钠、柠檬酸钙、酒石酸、苹果酸、磷酸、氢氧化钠、碳酸氢钠、氯化钾、碳酸钠	养殖动物
着色剂	β-胡萝卜素、辣椒红、β-阿朴-8′-胡萝卜素醛、β-阿朴-8′-胡萝卜素酸乙酯、β,β-胡萝卜素-4,4-二酮(斑蝥黄)、叶黄素、天然叶黄素(源自万寿菊)	家禽
	虾青素	水产动物

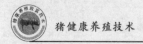

续表 5-3

类别	通用名称	适用范围
调味剂和香料	糖精钠、谷氨酸钠、5′-肌苷酸二钠、5′-鸟苷酸二钠、食品用香料[3]	养殖动物
黏结剂、抗结块剂和稳定剂	α-淀粉、三氧化二铝、可食脂肪酸钙盐、可食用脂肪酸单/双甘油酯、硅酸钙、硅铝酸钠、硫酸钙、硬脂酸钙、甘油脂肪酸酯、聚丙烯酸树脂Ⅱ、山梨醇酐单硬脂酸酯、聚氧乙烯20山梨醇酐单油酸酯、丙二醇、二氧化硅、卵磷脂、海藻酸钠、海藻酸钾、海藻酸铵、琼脂、瓜尔胶、阿拉伯树胶、黄原胶、甘露糖醇、木质素磺酸盐、羧甲基纤维素钠、聚丙烯酸钠*、山梨醇酐脂肪酸酯、蔗糖脂肪酸酯、焦磷酸二钠、单硬脂酸甘油酯	养殖动物
	丙三醇	猪、鸡和鱼
	硬脂酸*	猪、牛和家禽
多糖和寡糖	低聚木糖(木寡糖)	蛋鸡和水产养殖动物
	低聚壳聚糖	猪、鸡和水产养殖动物
	半乳甘露寡糖	猪、肉鸡、兔和水产养殖动物
	果寡糖、甘露寡糖	养殖动物
其他	甜菜碱、甜菜碱盐酸盐、大蒜素、山梨糖醇、大豆磷脂、天然类固醇萨洒皂角苷(源自丝兰)、二十二碳六烯酸(DHA)、啤酒酵母培养物*、啤酒酵母提取物*、啤酒酵母细胞壁*	养殖动物
	糖萜素(源自山茶籽饼)、牛至香酚*	猪和家禽
	乙酰氧肟酸	反刍动物
	半胱胺盐酸盐(仅限于包被颗粒,包被主体材料为环状糊精,半胱胺盐酸盐含量27%)	畜禽
	α-环丙氨酸	鸡

注:*为已获得进口登记证的饲料添加剂,进口或在中国境内生产带"*"的饲料添加剂时,农业部需要对其安全性、有效性和稳定性进行技术评审。

1.所列物质包括无水和结晶水形态;

2.酶制剂的适用范围为典型底物,仅作为推荐,并不包括所有可用底物;

3.食品用香料见《食品添加剂使用卫生标准》(GB 2760—2007)中食品用香料名单。

思考题

1.新生仔猪的主要特点有哪些？

2.仔猪及时吃足初乳,有哪几方面的好处？

3.寄养与并窝应注意哪几方面的问题？

4.寄养时应做好哪些工作？

5.断奶的方法有几种？

第六章

疫病防治与生物安全措施

导　　读　本章重点介绍了我国当前猪的传染病流行的特征及其造成猪病流行的原因;控制猪病流行的生物安全体系的建设;健康养猪的卫生消毒技术;规模猪场应如何制定免疫程序和如何做好免疫接种以及接种疫苗后如何对猪群的免疫效果进行评价;规模化猪场寄生虫病的发生流行特点和如何做好规模化猪场寄生虫病的控制;如何采样,做好利用实验室检测等内容。详细描述了生产实践中具体操作技术,便于读者学习运用。

　　建立猪场疫病控制体系的基本原则是:"以养为主,养重于防,防重于治",建立良好的生物安全体系。措施是正确的场址选择,科学规划布局、自繁自养、全进全出的饲养制度,正确有效的卫生消毒和管理;全价的饲料营养与科学饲喂,增强猪只自身的抗病能力;制定科学合理的免疫程序,做好重大传染病的预防注射;搞好粪污处理和舍内外环境控制,降低和减少病原微生物的浓度,给猪提供适宜的温湿度、清新的空气和清洁卫生的环境,使猪健康快乐,切断疫病传播的途径。

第一节　当前猪病流行特点和动态

近年来,随着我国养猪业的发展,规模化养猪单位增多,生产规模较大,养猪数量多,猪及产品流通渠道多而频繁,给传染病的发生传播流行提供了有利条件;其次,养猪经营主体多元化,规模化猪场和个人扩大生产,外出引种,忽视防疫工作,特别是广大的个体养猪户,普遍存在忽视疫病防制工作的倾向;第三,我国对疫病的防控基础比较薄弱,防疫、检疫、监测手段不够健全和完善,基层防疫队伍不稳定,也缺乏大规模控制疫病的手段和经验;第四,我国养猪的规模和体例很不相同,差异较大,除有规模化的养猪方式外,广大农村仍以散养为主,总的来说养猪业总体条件较差,由于这种规模化和散养并存,规模化猪场除了要防止本场疫病的发生和从外地传染病的传入外,还要防止从周围农村传染病的传入,这为规模化猪场传染病的防制增加了压力和难度。所以,养猪生产中传染病时有发生,且所发生的疫病种类较多,疫情复杂,给防疫工作带来极大困难。猪病的发生和对规模化养猪生产的危害日趋加重,特别是传染性疾病,成为严重影响我国规模化养猪业健康、稳定发展的主要威胁。

一、疾病流行特征

1.猪群对疫病的易感性增加

随着集约化养猪场的增多和规模的不断扩大,猪群饲养密度加大,猪舍管理不善、消毒卫生不严、通风换气不良,猪场及环境污染越加严重,细菌性疫病明显增多,兼之各种应激因素增多等不良因素,使得猪群机体抵抗力降低,导致猪群对病原微生物的易感性增强。

2.非典型化和病原出现新的变化

在疫病流行过程中,受环境或免疫力的某些病原的毒力常出现增强或减弱等变化,从而出现新的变异株或血清型。加上猪群免疫水平不高或不一致,导致某些疫病在流行病学、临床症状和病理变化等方面从典型向非典型和温和型转变;从频繁的大流行转为周期性波浪形的地区性散发流行等。最终使疫病出现非典型变化,使某些旧病以面貌出现。此外,有些病原的毒力增强,即使经过免疫的猪群也常发病,给疾病诊断、免疫和防治制造成较大困难。疾病的发生呈现出一种非典型化的趋势,该趋势给兽医诊断带来很大的困难,如非典型猪瘟的出现,猪繁殖与呼吸综合征(PRRS)病毒、猪瘟病毒的持续性感染以及传染性胸膜肺炎的持续性感染等。

3.呼吸道疾病危害严重

呼吸道疾病已经成为我国养猪生产中危害最为严重的疾病,规模化猪场几乎都有该病的存在,发病率通常为 20%～50%,死亡率为 5%～20%,预防和控制十分棘手。在猪的各个日龄段,从母猪、哺乳仔猪、仔猪培育、育肥猪都存在呼吸道疾病的危害。病猪临床表现明显,常见病猪体温升高,食欲下降或废绝,咳嗽、呼吸次数增加,甚至喘气、呼吸困难,重者呈犬坐姿势,猪只生长发育受阻,消瘦,死亡率增高。剖检病理变化以气管、肺脏及胸腔等部位和器官的变化为特征,轻重程度和范围大小不同。

引起猪呼吸道疾病的原因是多方面的,因此,称为猪呼吸道疾病综合征(PRDC)。猪呼吸道疾病综合征的病因,一个是病原性的,由一种或两种以上的病毒、一种或两种以上的细菌,或者是病毒和细菌共同感染引起的,出现呼吸道症状,促进和加重猪只发病。另一个主要的病因,就是饲养管理和环境应激因素引起的,把病因的注意力集中在病原学上,特别容易忽视饲养管理和环境的作用这一重要的原因。引起猪呼吸道疾病综合征,可以是原发的病原体,如猪肺炎支原体、猪瘟病毒、猪繁殖与呼吸综合征病毒、猪圆环病毒 2 型、猪伪狂犬病病毒、猪支气管败血波氏杆菌等;引起猪呼吸道疾病综合征的也可以是继发性病原体,如猪多杀性巴氏杆菌、猪副猪嗜血杆菌、猪沙门氏菌等,这几种细菌在健康猪的上呼吸道或肠道带菌比较普遍,一旦有使猪机体抵抗力降低的因·素存在,就可能引起内源性继发感染,加重病情,出现明显的呼吸道疾病的症状。除了上述病原体以外,猪群恶劣的饲养管理条件也是直接引起猪呼吸道疾病综合征的重要原因,如猪群饲养密度过大、不同日龄的猪只混养在一起、猪舍潮湿、通风换气不良、空气中有害气体过多、猪舍消毒卫生差、粪尿没及时清除、猪舍温度变化大、饲料单一、猪只营养不良以及其他降低猪体抵抗力的因素等多种应激,都可成为猪呼吸道疾病暴发的诱因。

4.新病不断出现

随着养猪业对外交往的增多,从国外引进种猪的数量明显增加,国内种猪、仔猪流通频繁,由于缺乏有效的检疫、诊断与监测手段,卫生防疫跟不上等原因,导致一些新的传染病传入和发生。据农业部1996—1990年对全国畜禽疫病普查结果统计,我国动物传染病有202种之多,其中20世纪80年代发现的新病达17种(传染病15种,寄生虫病2种)。这17种传染病中有猪细小病毒病、猪传染性胃肠炎、猪流行性腹泻、猪痢疾和猪衣原体病。90年代以来又新发现传染病10种,包括猪传染性接触性胸膜肺炎、副猪嗜血杆菌病、猪繁殖与呼吸综合征、猪圆环病毒2型感染、猪附红细胞体病和猪增生性肠炎等。加上原有在我国较多猪场发生的猪瘟、猪气喘病、口蹄疫病、仔猪大肠杆菌病、猪伪狂犬病、猪传染性萎缩性鼻炎、猪链球菌病、猪布鲁氏菌病、猪流行性乙型脑炎等,这些新旧传染病已是我国较大范围内猪场的常发病和多发病,有些虽然只是区域性发生,但却具有很大的潜在危险,真可谓旧病未除,新病又增,防不胜防,给养猪业造成极大的危害。

尤其是蓝耳病的继续肆虐。2006年始发于我国南方数省,并波及我国主要养猪地区的所谓"高热病"(经国家农业部认定高致病性蓝耳病变异株为主要病原之一)疫情,使我国养猪业再度经受了一次沉重打击,一些疫情严重的地区猪存栏量至少减少40%,不少中小型猪场因此而倒闭,此次疫情造成的损失要远大于1996—1998年的蓝耳病暴

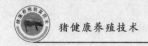

发。至今在不少规模化猪场因此次疫情所产生的影响仍在继续。

5.混合感染和疾病综合征逐渐增多

近些年来,在养猪实际生产中,多病原的多重感染或混合感染已是普遍发病的规律。猪群中发病,常常不是由某单一的病原体引起,而是两种以上的病原体共同作用造成的,即常称的共感染,其结果造成猪只的高发病率和高死亡率,诊断和防治难度加大,造成巨大的经济损失。

由于兽医防疫上的不足、环境消毒卫生不严、生物安全措施不到位等,造成环境中残存多种病原体,一旦猪群抵抗力降低,环境、气候发生变化,强毒力野毒或细菌侵袭,即可出现从单一病原体所致疾病转为两种或多种病原体所致的多重感染或混合感染,因而生产上常见并发病、继发感染和混合感染的病例显著上升,并导致猪群的高发病率和高死亡率。在混合感染中,既有两种病毒(如 PRRSV 与 PCV2)或三种病毒(如 PRRSV 与 PRV 和 PCV2)所致的双重或三重感染、两种细菌(如猪肺炎支原体与猪胸膜肺炎放线杆菌)或三种细菌(如猪肺炎支原体与猪胸膜肺炎放线杆菌和多杀性巴氏杆菌)所致的双重或三重感染,也有病毒与细菌、病毒与寄生虫、细菌与寄生虫的混合感染,甚至出现由多种病原和其他因素引起的疾病综合征。据有关报道,80%的发病猪只都是两种或两种以上疫病混合感染,且70%以上发病猪只都是以病毒病为主,病毒病又以猪瘟、猪繁殖与呼吸综合征(蓝耳病)、圆环病毒病为主;75%以上的猪只有细菌病伴发,细菌病以猪链球菌病、气喘病、巴氏杆菌病、附红细胞体病、弓形体病、传染性胸膜肺炎、副猪嗜血杆菌病为主。加之饲养环境、卫生状况、霉变饲料等的影响,使猪场疫病更为复杂、更难控制。

多重感染常常导致猪群的高发病率和高死亡率,危害极其严重,而且控制难度大。多重感染包括病毒的多重感染、细菌的多重感染以及病毒与细菌的多重感染。

在病毒的多重感染中,以蓝耳病病毒、猪圆环病毒2型、猪瘟病毒、猪流感病毒以及伪狂犬病病毒之间的多重感染较为常见,特别是猪蓝耳病病毒与猪圆环病毒2型的双重感染,由此造成猪群的双重免疫抑制,使抵抗力下降。

细菌的多重感染主要以猪肺炎支原体、副猪嗜血杆菌、传染性胸膜肺炎放线杆菌、多杀性巴氏杆菌、大肠杆菌、沙门氏菌、猪链球菌、附红细胞体等为主。

细菌与病毒的多重感染主要以气喘病＋蓝耳病＋附红细胞体病；气喘病＋蓝耳病＋圆环病毒 2 型感染；链球菌病＋猪瘟；猪瘟＋附红细胞体病＋链球菌病；巴氏杆菌病＋猪瘟；猪蓝耳病＋传染性胸膜肺炎＋气喘病；猪瘟＋附红细胞体病等为主。

病原的继发感染在规模化养猪场十分普遍,特别是猪群存在原发性感染(如蓝耳病病毒、猪圆环病毒 2 型、猪肺炎支原体)的情况下,一旦有应激因素,就很容易发生细菌性的继发感染。

6.免疫抑制性疾病的危害加重

许多病原微生物均可诱导机体产生明显的免疫抑制。如猪瘟野毒感染可导致胸腺萎缩,B 细胞减少;猪繁殖与呼吸综合征病毒(PRRSV)可损伤免疫系统和呼吸系统,尤其是肺,肺泡巨噬细胞是PRRSV 主要的繁殖场所,所以易被破坏;根据病理学、免疫组织学和血流细胞计数研究认为断奶仔猪多系统衰竭综合征(PMWS)病猪确实存在免疫抑制;猪肺炎支原体感染,淋巴细胞产生抗体的能力下降,肺泡巨噬细胞对病原的吞噬和清除能力下降,而抑制性 T 细胞的活力增强,导致呼吸道免疫力减弱;猪附红细胞体感染能致使猪红细胞被大量破坏,导致免疫抑制。引起免疫抑制的因素众多,尤以 PRRSV、PCV2、PRV、SIV 等传染性因素最为重要,但应激、真菌毒素等引起的免疫抑制也不容忽视。PRRSV 和 PCV2 除直接危害养猪生产外,更重要的是两者均可侵袭猪的免疫器官和免疫细胞,使体液免疫和细胞免疫受到抑制,使机体抗病能力减弱,增加对其他疾病的易感性,这可能是近年来猪病越来越多、越来越复杂的重要原因之一。

7.治疗模式改变,病原菌抗药性增加,抗生素疗效降低

由于疾病进一步复杂化,临床上治疗模式也发生相应的变化,从单一治疗转为综合治疗,抗病毒或抗细菌药物以及抗血清、球蛋白、中西

药物混合使用。尤其是盲目大量滥用抗生素。例如有的猪场长期使用治疗用抗生素作为促生长剂,有的甚至于疫苗溶液中混加抗生素。如此长期滥用抗生素,使一些常见的细菌产生强耐药性,使抗生素的疗效降低,并造成其在猪产品中的残留。大量使用抗生素在杀死有害菌时也杀死有益菌,引起二重感染和内源性感染。因而一旦发生细菌性传染病,很多抗生素都难以奏效。

8. 猪繁殖障碍性传染病仍是养猪中的主要疫病

引起猪繁殖障碍性传染病的有猪瘟、猪繁殖与呼吸综合征、猪圆环病毒 2 型感染、猪伪狂犬病、猪细小病毒病、猪流行性乙型脑炎、猪流感、猪布鲁氏菌病、猪衣原体、猪钩端螺旋体病、附红细胞体病、弓形虫病等。回顾养猪历史,在规模化养猪兴起的 20 世纪 80 年代,我国曾提倡大建规模化猪场,因猪源缺少,到处抢购猪苗,结果导致初产母猪暴发细小病毒病,造成大批母猪发生流产,引起巨大的经济损失;“流产风”过后的几年又陆续由猪瘟、猪伪狂犬病、猪繁殖与呼吸综合征、圆环病毒 2 型感染引起较多的繁殖母猪发病。要特别提出,猪瘟这一古老的疾病,可以引起母猪繁殖障碍为主症的新的致病特点。我国当前以猪繁殖和呼吸综合征、圆环病毒 2 型感染、猪附红细胞体病造成的繁殖障碍最为普遍和严重。特别是这几种病原发生双重感染,可以引起 70% 以上的初产母猪发生流产、产死胎、弱仔,造成巨大的损失。

9. 慢性疾病

许多慢性疾病虽然死亡率不高,但由于造成生长速度减慢、饲料利用效率降低,并发二次感染,增加药物和治疗费用等,经济损失极大。据国外研究报道,萎缩性鼻炎可使生长速度降低 5%,如果与肺炎并发,可导致生长速度降低 17%;由于地方性肺炎导致肺的不同程度损坏,每损坏 10% 的肺组织可降低 5% 的生长速度;猪群由于胸膜肺炎的影响,可使销售额降低 20%,并导致达 100 千克延长 12 天;某些皮肤病如猪疥癣可降低 10% 的生长和饲料利用率,并且可能诱发皮脂炎而严重影响胴体品质,据国内有关数据显示,病毒、细菌等混合感染引起的呼吸道疾病,除了造成直接死亡之外,可使猪日增重降低 15%、饲料利用率降低 18%、出栏时间推迟 23 天,甚至更多,增重下降或生长停滞的猪可达 70%甚至更多。

10.寄生虫病

寄生虫病也是引起猪场效益下降的重要疾病。美国明尼苏达大学的一项调查研究结果表明,在管理良好的猪场里,寄生虫的感染依然存在,即使是轻微的感染,也能引起大量的损失,包括饲料利用率降低、生长速度下降、由于蛔虫、鞭虫等内寄生虫的移行造成内脏的损伤和机体免疫系统的损害等方面所引起经济效益的下降等。据机械化养猪协会陈健雄博士在我国南方某猪场大群体的驱虫试验结果表明,采用科学的驱虫模式进行驱虫,猪群的日增重(20~90 千克)比没有驱虫的猪提高了 9.3%,而饲料消耗却降低了 10.9%,生长速度提高 10.9%,肉料比提高 0.36,并且由于有效地控制了疥螨病的发生,使外贸出口合格率大大提高,内销屠宰时因肝脏蛔虫斑而造成肝脏废弃的情况不再出现。一头猪从出生到出栏,按驱虫计划进行驱虫所支出的费用(包括公、母猪驱虫分摊的费用)为 3.8 元,而由此获得的收益可达 28 元以上,从另一个角度可看到猪场寄生虫病对猪场经济效益影响之大。

二、流行病学特点

1.猪群的流行特点

表现四大症候群:高热、呼吸困难、繁殖障碍、腹泻,这四大症候群有的病原是交叉的,有的是非交叉的。

从传染源病原上来讲,主要是猪瘟、蓝耳病、圆环病毒、伪狂犬、副猪嗜血杆菌、流行性腹泻和传染性胃肠炎等。从传染的来源来看,主要是外源性疫源为主,但是内源性疫源呈明显上升趋势。从空间分布情况看有一定的差异,其中华南、华中、华东较高,西北、东北、内陆发病相对较低。

2.疫病流行沿交通网络分布,沿交通干线传播

疫病的传播有明显的方向性,每年都是从沿海地区华南、华中、华

东逐渐向内陆发展。传播时间顺序：比如每年进入安徽是 4 月下旬至 5 月上旬，结束在 7 月底至 8 月初。进入河南 7 月下旬至 8 月上旬，进入山东在 8 月上旬至 11 月底结束。

3. 流行态势逐渐转化

从区域暴发逐渐转为点状散发，点多面广。强度减弱，发病率低，死亡率低。

(1)中小规模发病率高，规模化养殖场发病率低。

(2)哺乳、断奶仔猪发病率高，种猪、育肥猪发病率低。

(3)临床呈现多种疫病感染复杂的现象。

(4)时间分布、周期性、季节性没有种间差异。高热病逐渐打破了季节性发病特点，冬季下雪时照样发病，呈现四季分布的状况；呼吸道综合征候群呈长期趋势。

三、猪病流行病因分析

1. 引种携带隐性病原

为达到优质、高产、高效的目的，提高猪群总体质量和保持较高的生产水平，猪场和养猪户都经常到质量较好的种猪场引进种猪。健康的种猪能给使用者带来巨大的经济效益，相反，如果引进的种猪携带疾病，则将遭受经济损失，甚至是毁灭性的打击。

改革开放以来，我国养猪业发展迅速，从国外引进种猪数量显著增加，从 20 世纪 80 年代末期开始，我国开始大批量从境外引进种猪，先后从美国、丹麦、英国、法国、荷兰、比利时等世界上养猪业发达的国家和地区引进了大批种猪，对我国瘦肉型猪的品种改良起了很大的作用，由于缺乏有效的监测手段而且配套措施不力，甚至与制度上的缺陷(如通过隔离检疫，检测的阳性猪被扑杀，其他猪被放行，实际上，被放行的猪是假定健康猪)一些危害严重的疫病(如猪繁殖与呼吸综合征、伪狂犬病、传染性胸膜肺炎、环状病毒、猪萎缩性鼻炎等)带进了国门，给养猪生产者造成了很大的经济损失。

2.抗病性能在育种选育中被忽视

遗传因素在疾病的发生发展中扮演着相当重要的角色,不同品种的猪对传染病的易感性不同,或易于发生某种遗传性疾病。抗病力可分为特殊抗病力和一般抗病力,它们具有不同的遗传机制。特殊抗病力是指家畜对某种特定疾病或病原体的抗病性;而一般抗病力不限于抗某种病原体,它受多基因及环境的综合影响,而很少受传染因子的来源、类型和侵入方式的影响。鉴于遗传因素在疾病抗性中的作用,许多单位开展了抗病育种研究。

但是,长期以来,我国猪优良品种(品系)的选育工作的开展一直致力于生产、繁殖性能和胴体品质,取得了可观成效。但是在育种方案中所考虑的诸多目标性状中,几乎从未涉及个体抗病性能,因此群体抗病性能并未提高,而与此同时,由于病原体不断变异、集约化饲养方式导致圈舍空间环境恶化、病原体浓度加大等各种诱因,使得群体对各种疾病的易感性增加。

3.饲养规模扩大,构成疫病传播的有利条件

饲养总量的增加,使畜禽群体越来越大。易感动物的增多自然容易造成疫病传播、流行。此外饲养方式的改变,畜禽高度密集,构成疫病传播的有利条件。如笼养母猪,使饲养面积由过去栏养母猪每只 10 米^2 压缩到不足 2 米^2,同等面积栏舍的饲养数量增加了几倍,虽然管理效率提高,但疫病传染的机会同样加大。

4.高度发达的交通运输业成为传播猪病的载体

交通运输的发达,各地市场活跃,商品交易频繁,畜产品(活畜及产品)流通范围不断扩大,由于没得到有效监管,使疫病随畜禽及产品传播。据中国动物卫生与流行病学中心李晓成报道,2008 年 1~8 月对东北、华东、华南、华中四个区域进行监测,包括 13 个省,630 个县市区,发病猪群 2 881 群,检样总数 4 687 份。通过检测发现,疫病的发生与货物的运输大通道有密切关系。其中,华中和华南情况比较严重,然后是华东,最后是东北。所谓"高热病"的发生也是以交通网络分布,沿交通运输干道传播。在交通干线 5 千米以内的猪场发病率占 63.28%,

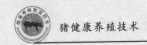

5 千米以外的占 26.5％，差距是比较明显的。

5. 生产发展与管理水平不同步

我国畜牧生产的数量已达到或超过一些发达国家的水平，但由于生产方式以散户和小规模养殖为主体，给实行管理带来极大的困难，有关法律法规未能严格实施，一些管理制度尽管已经建立，但实施起来有很大的困难。微观上，养殖户的技术水平、文化素质以及法律意识等未能完全适应市场经济的要求，虽然采用先进饲养方式，但管理制度、卫生防疫条件未跟上，疫病检疫、监测不严格，导致疫病的不断发生。

我国猪病防制的总体水平与先进国家相比还有较大差距，远远不能适应养猪业可持续发展的要求。因此，猪病防制体系建设担负着控制或消灭猪传染病和人畜共患病的重大任务，"防重于治"，减少养猪生产中因疫病造成的经济损失，是猪病防制工作的重点，也是兽医工作者的艰巨任务。疫病的有效控制有赖于将免疫接种与良好的生物安全措施及饲养管理有机地结合起来，并重视免疫抑制性疾病的控制，提高防病理念及对疾病的认知度，合理使用抗生素，实行疾病综合防制技术。

第二节　猪场疫病控制体系建设

由于猪场猪群规模大、饲养密度高、应激因素多，很容易引起疫病的流行，一旦发生疫病，也难以控制和根除。分散的传统式养猪的疫病防制技术已不适应现代的规模猪场，应由临床兽医学和预防兽医学向健康养猪转变。在应用优良品种、提供良好环境条件的前提下，主要抓好科学饲养管理、免疫接种、定期驱虫和猪群保健等环节。

一、生物安全体系

生物安全是指预防临床或亚临床疾病发生的一种畜、禽生产安全体系,重点强调环境因素在保证动物健康中所起的决定性作用,也就是让畜、禽生长在最佳状态的生态环境体系中,以便发挥其最佳的生产性能。广义的生物安全则是泛指生命的安全,包括人、畜、禽的舒适、安宁和福利等。狭义的生物安全是针对所有人、畜(禽)病原的,核心是预防病原微生物侵入畜、禽体内并产生危害,是疾病综合防治的重要环节。众所周知,传染源、传播途径和易感动物是传染性疾病形成的三个要素。生物安全就是一种以切断传播途径为主的包括全部良好饲养方式和管理在内的预防疾病发生的良好的生产体系。集约化种猪场生物安全体系就是通过各种手段以排除疫病威胁,保护猪群健康,保证猪场正常生产发展,发挥最大生产优势的方法集合体系总称。总体包括猪场环境控制、猪群的健康管理、饲料营养、饲养管理、卫生防疫、药物保健、免疫监测等几个方面。

猪场生物安全主要包括三方面要求:一是防止猪场以外有害病原微生物(包括寄生虫)进入猪场;二是防止病原微生物(包括寄生虫)在猪场内的传播扩散;三是防止猪场内的病原微生物(包括寄生虫)传播扩散到其他猪场。

(一)猪场的环境选择和布局

猪场场址的确定是猪场生物安全体系中最重要的要素,场址一旦确定,由于成本等因素一般很难改变,直接决定猪场是否能够长期健康发展。在选择场址时,主要考虑以下因素:猪场应地势高燥、向阳、通风并有一定的坡度;土质坚实,渗水性强,未被病原微生物污染的沙壤土;水电供应有保证;交通便利,应远离铁路、公路、城镇、居民区和公共场所,距离最好超过 500 米;禁止在屠宰场、畜产品加工厂、其他饲养场、垃圾及污水处理场所、风景旅游区建场;场址所在区域猪群密度和场址周围猪群密度尽可能低;场址周围尽可能远离其他猪群(要求直线距离 2 000～5 000 米)和牛、羊、猫、犬等动物(要求距离 100～1 000 米);猪场周围筑有高 2.6～3.0 米的围墙或较宽的绿化隔离带、防疫沟等,注重防疫。

　　猪场和生产区入口处淋浴或消毒和登记制度。由于每天出入猪场的人员和物品频繁,因此有必要对进出猪场或生产区的人员和物品实行淋浴或消毒和登记制度,以便对出入猪场的人员和物品进行监督和生物安全风险评估,防止可能的病原进入场内。淋浴间建造在生活区与生产区交界处,划分明确的脏区和净区,淋浴前所有衣物、鞋帽和私人物品在脏区保管,裸体充分淋浴,香波洗发后进入净区穿上生产区专用内外衣物鞋帽进入生产区;同样,走出生产区前必须在淋浴间净区脱去所有生产区专用内外衣鞋帽,充分淋浴后在淋浴间脏区穿上个人衣物进入生活区;生产区专用内外鞋帽必须在生产区清洗消毒后生产区保管;除非得到兽医许可并经过严格消毒,任何私人物品不准进入生产区;物品消毒间应设在场外与场内的交界处,生活区与生产区交界处设立两处消毒间,分别用于进入生活区和生产区物的熏蒸消毒;猪场生活区入口处和生产区入口处(即淋浴间入口处)设置脚浴消毒盆(池)用于脚底消毒。猪场应严格执行生产区与生活区、行政区相隔离的原则。人员、动物和物资运转应采取单一流向,猪群的单向流动要遵循不可逆原则,即健康等级高的猪场的猪群可以向低等级猪场流动,同一猪场的猪群只能按照公猪舍→配种舍→妊娠舍→产房→保育舍→肥育舍流动;同样,猪群只能从净区流向脏区。上述的单向流动原则是不可逆的。进料道和出粪道严格分开,防止交叉污染和疫病传播。

　　根据防疫要求,生产区入口建有更衣消毒室、兽医室,隔离室和病死猪无害处理间应设在猪场的下风处,离猪舍50米以外。

　　生产区是全场的中心,按饲养工艺流程为种公猪舍→空怀母猪舍→妊娠猪舍→分娩舍→保育舍→育成舍,各猪舍之间的距离为20米。有条件最好采用多点式饲养。"三点式",即繁殖区(包括种公母猪舍、妊娠舍、产房)、仔猪培育区和育肥区。"两点式",RP繁殖区、仔猪保育育肥区。区间距离50米。

　　猪场围墙和大门应使用栅栏或建筑材料建立明确的围墙和大门,且围墙、大门的高度和栅栏的间隙能够阻止猪场以外的人员、动物和车辆进入猪场内;大门随时关闭上锁;在围墙和大门的明显位置,悬挂或张贴"猪场防疫，禁止入内"警示标志。猪场大门入口设置宽与大门相同，长等于进场大型机动车车轮一周半长的水泥结构消毒池。养猪场应备有健全的清洗消毒设施，防止疫病传播，并对养猪场及相应设施如车辆等进行清洗消毒。生产区门口设有更衣、换鞋、洗手、消毒室和淋浴室。猪舍两端出入口处要设置长1米的消毒池和消毒盆，以供出入人员脚踏和洗手消毒。猪场的每个消毒池要经常更换消毒液，并保持有效浓度。

场内用水的水质符合国家规定卫生标准的自来水。包括猪场人员饮用水和猪只饮水，应定期添加次氯酸钠消毒净化饮水；饮水常规检测，目的在于检测饮水水质变化，每年检测2次主要监测大肠杆菌数。

装猪台设施是在猪场的生物安全体系中，仅次于场址的重要的生物安全设施，也是直接与外界接触交叉的敏感区域，因此建造出猪台时需考虑以下因素：一是要划分明确的装猪台净区和脏区，猪只能按照净区→脏区单向流动，生产区工作人员禁止进入脏区；二是装猪台的设计应保证冲洗装猪台的污水不能回流；三是保证装猪台每次使用后能够及时彻底冲洗消毒。猪场应建立隔离观察舍，进场种猪要在隔离圈观察，出场经过用围栏组成的通道，赶进装猪台。装猪台设在生产区的围墙外面。严禁购猪者进入装猪台内选猪、饲养员赶猪上车和多余猪返回舍内。

（二）采用全进全出的饲养方式

"全进全出"式生产工艺已在我国规模化生产的养猪场广泛应用，它应用于流水作业养猪生产流程中。是以同一生长阶段的猪同时进入同一饲养间饲养，完成本饲养阶段后，又同一时间迁出转入下一阶段的饲养舍饲养（或出栏上市）的饲养工艺方式称之为"全进全出"的饲养。全进全出的饲养方式，是控制猪场内每栋猪舍（或单元）间和不同生长阶段的猪群间疫病传播的有效手段，新建猪场和老猪场都应按全进全出进行设计和改造。繁殖母猪要调整配种日龄，实行以周为单位同期发情，做到集中产仔，同期断奶，在配种、妊娠、分娩、保育、生长育肥各

阶段均实行全进全出,猪群全部转出后,猪舍经过严格清洗消毒,空闲几天后再进下一批猪,已离场的猪禁止回场饲养。

(三)隔离早期断奶和加药早期断奶技术

1.仔猪早期隔离断乳(SEW)技术

是应用猪的免疫学、传染病学、营养学和饲养管理学等多种科学机理,控制和净化某种或几种疾病,从而提高规模化集约化养猪企业的猪群健康水平和生产力的科学生产方式和经营管理策略,其核心技术是利用母猪初乳中免疫抗体对仔猪的保护力让仔猪在 18 日龄前(多为14~16 日龄)断乳并移入较远的无病原菌的环境中,以减少疾病的水平传播。该技术被称为是最有效和最经济的防止大部分疾病传播的技术。隔离早期断奶,一般要求在 10~20 日龄断奶,而大多数猪场选择在 14~18 日龄断奶。该技术要求将仔猪早期断奶后一起同猪群隔离到 1~2 千米以外的干净环境中,人员与物质的流通,也将得到控制,在美国有 86% 以上的大型养猪场采用该技术,这是一种维持猪群从断奶到上市的良好健康状况标准的饲养管理技术,可以排除一些在母猪与仔猪之间传播的疾病。根据美国报道,对仔猪有效的排除疾病的断奶日龄见表 6-1。

表 6-1　仔猪有效排除疾病的断奶日龄

有效排除疾病或病原名称	断奶日龄	有效排除疾病或病原名称	断奶日龄
胸膜肺炎放线杆菌(APP)	15	肺炎支原体	21
猪繁殖与呼吸综合征(PRRS)	21	多杀性巴氏杆菌	10~12
猪链球菌	5	萎缩性鼻炎	10
钩端螺旋体	10	猪霍乱沙门氏菌	21
传染性胃肠炎	21	伪狂犬病病毒	21
细小病毒	21		

2.加药早期断奶(MEW)技术

将母猪和肉猪的免疫和给药结合起来,进行早期断奶,并按日龄进行隔离饲养。应根据猪群健康状况制订免疫和加药计划。一般母猪进行本地病毒性疫病的免疫接种,仔猪加药。这些方法适用于不同来源混养的猪只,将不同来源的怀孕母猪分组后,实行严格的隔离饲养。组内个体临产期差别应控制在 2~4 天之内。为提高母源抗体水平,确保消除某些病原,须挑选有 2 胎以上经产母猪,同时在分娩前的 4~6 天对其进行相应的免疫,以提高母源抗体水平。当仔猪出生后给予大剂量的抗菌药以减少母猪将病原传给仔猪的可能。仔猪必须在 5 日龄断奶并转入保育舍,且实行全进全出的原则。保育结束后,将仔猪转到生长育肥猪舍。在整个生产过程中,不同阶段的猪群必须严格实行隔离饲养,以建立最少疾病猪群。

早期隔离断奶是在仔猪母源抗体水平较高,病原菌群增殖较弱时,将仔猪饲养在尽可能少病原菌的环境中(隔离),在各类猪群间建立防病屏障,防止猪群内部疾病之间的传播。美国 1992 年开始推广本技术,现已普遍使用。仔猪一般 15 天断奶,最早为 12 天。

3.多点式饲养体系净化病原

多点式饲养体系是指将不同生产阶段的猪群放在不同地点的猪舍进行饲养管理的一门养猪新技术,即猪场设立种猪繁殖区、断奶仔猪培育区、中猪育成区,各区之间相隔一定的距离,各区之间相互独立,人员、设备和用具分开,减少各区之间疾病的传播,最大限度地避免交叉感染。将 SEW 技术应用于规模养猪生产便产生了多点生产模式,即三点式生产模式(配种＋产房、保育、生长育肥)和二点式生产模式(配种＋产房、保育＋生长育肥);其目的是为了维持猪群健康水平、降低疾病带来的风险和去除疾病(病源)。多点式饲养体系必须实行早期断奶和严格的隔离措施才能生产出不携带特定病原的阴性猪群。有的两地生产,配种、怀孕、分娩和哺乳在一地,保育、生长和育成在另一地;有的三地生产,配种、怀孕、分娩和哺乳,然后集中在一起保育,生长及育成又在另一地。现最流行的是三地生产模式。各地相隔几千米至几十千米,须交通发达,运猪车辆配有饮水及辅料设备,则猪的移动对猪只影响不大,不会产生大的应激反应。实行多点式生产,并对危害养猪业严重的主要疾病进行有效的控制和清除,提高了猪群的健康水平和生产效率。这是集约化

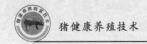

养猪可持续健康发展,获取长期高产高效益的根本所在。

(1)三点生产模式 是指将种猪群(后备、妊娠、哺乳)饲养在一个地点;将断奶后仔猪转移到另一地点饲养至 9～10 周龄;然后将 9～10 周龄的小猪转移至第三个地点饲养至上市。每个地点相隔不低于 3 千米(最好在 5 千米以上),且必须实行全进全出。

(2)二点生产模式 是指将三点生产模式中的后两项合并为一个地点饲养。即断奶前仔猪生产在一个地点,断奶后至上市放在另一个地点饲养,每个地点相隔不低于 3 千米(最好在 5 千米以上),且必须实行全进全出。二点生产模式是对传统一条龙生产模式的改进,相对于三点模式而言,比较易于在生产中操作与推广,但三点生产模式的患病风险更小,生产效率更高。

(3)同一场区的多点生产模式 在同一个猪场内实施在 2 或 3 个不同地点饲养,将小单元保育舍建造在猪场向阳上风口;将生长育肥舍建在离保育舍相隔 100 米以上的场区中间;将小单元产仔房与妊娠(后备)舍建在场区下区(同时距离肥猪舍在 150 米以上)。3 个饲养小区之间采用植树或围栏等设施分开,并设计单向流动走道。

(四)养猪场的消毒卫生技术

近几年,猪病泛滥,诸如波及全国多个省份的"猪高热病"、繁殖与呼吸综合征、呼吸道综合征、圆环病毒等的暴发,导致了猪只大量发病和死亡,给农村养殖户和许多规模猪场造成了重大损失,有些猪场甚至因受本病重创而倒闭。这也暴露出了我国现行的养猪疫病防控体系存在有不足和漏洞,其中对消毒防疫的认识尤其不够,消毒意识模糊,方法多有不当。

1.猪场消毒

消毒的目的是杀灭病原体,猪的分泌物、排泄物,病猪的粪尿、血液及其分泌物,被病猪污染的土壤、用具、畜舍等要定期进行消毒——日常消毒,是猪场最重要的防疫措施,根据地点的不同分为场地消毒和猪舍消毒。

场地消毒是根据场地被污染的不同情况,进行消毒处理。一般情况下,平时的预防消毒为清扫,保持场地的清洁卫生,定期用一般性的消毒药喷洒即可。水泥地应先清扫,清水冲洗(用消毒药水),洗刷,最后达到彻底消毒。

　　猪舍消毒:预防消毒,应根据季节不同,猪生理、生长阶段不同,和饲养管理环境不同,而预防消毒方法、次数和药物剂量都是不同的。一般每7～15天一次;紧急消毒,当发生传染病时首先选用有效的消毒药物喷洒后再清扫(清扫时应将饲槽洗刷干净,将垫草垃圾、剩料、粪便等清理出去打扫干净)后,再用消毒药进行喷雾消毒。

　　(1)猪场门卫消毒　指由门卫完成的猪场外围环境消毒,包括大门消毒、脚手消毒、车辆消毒等。

　　①大门消毒　主要供出入猪场的车辆和人员通过,要避免日晒雨淋和污泥浊水入内,池内的消毒液2～3天彻底更换一次,所用的消毒剂要求作用较持久、较稳定,可选用氢氧化钠(2%)、过氧乙酸(1%)等。消毒程序为:消毒池加入20厘米深的清洁水→测量水的重量或体积→计算(根据水的重量或体积、消毒液的浓度、消毒剂的含量,计算出所需消毒剂的用量)→添加、混匀。

　　②脚手消毒　猪场进出口除了设有消毒池消毒鞋靴外,还需进行洗手消毒。既要注重外来人员的消毒,更要注重本场人员的消毒。采用的消毒剂对人的皮肤无刺激性、无异味,可选用过氧化氢溶液(0.5%)、新洁尔灭(季铵盐类消毒剂)(0.5%)。消毒程序为:设立两个洗手盆 A/B→加入清洁水→盆 A:根据水的重量/体积计算需加消毒剂的用量→进场人员双手先在 A 盆浸泡3～5分钟→在盛有清水的 B 盆洗尽→毛巾擦干即可。

　　③车辆消毒　进出猪场的运输车辆,特别是运猪车辆,车轮、车厢内外都需要进行全面的喷洒消毒,采用的消毒剂对猪无刺激性、无不良影响,可选用过氧化氢溶液(0.5%)、过氧乙酸(1%)、二氯异氰尿酸钠等。任何车辆不得进入生产区。消毒程序为:准备好消毒喷雾器→根据消毒桶(罐)中加水的重量或(体积)、消毒液浓度、消毒剂的含量,计

算消毒剂的用量,加入、混匀→喷洒从车头顶端、车窗、门、车厢内外、车轮自上而下喷洒均匀→用清水清洗消毒机器,以防腐蚀机器→3～5分钟后方可准许车辆进场。

(2)猪舍大消毒(指全进全出的猪舍消毒)

①转群后舍内消毒　产房、保育舍、育肥舍等每批猪调出后,要求猪舍内的猪只必须全部出清,一头不留,对猪舍进行彻底的消毒。可选用过氧乙酸(1%)、氢氧化钠(2%)、次氯酸钠(5%)等。消毒后需空栏5～7天才能进猪。消毒程序为:彻底清扫猪舍内外的粪便、污物、疏通沟渠→取出舍内可移动的部件(饲槽、垫板、电热板、保温箱、料车、粪车等),洗净、晾干或置阳光下暴晒→舍内的地面、走道、墙壁等处用自来水或高压泵冲洗、栏栅、笼具进行洗刷和抹擦→闲置一天→自然干燥后才能喷雾消毒(用高压喷雾器),消毒剂的用量为 1 升/米²→要求喷雾均匀,不留死角→最后用清水清洗消毒机器,以防腐蚀机器。

②临时消毒　当发生可疑疫情或在特殊的情况下,对局部或部分区域、物品随时采取应急的消毒措施。包括带猪消毒、空气消毒、饮水消毒、器械消毒。

③带猪消毒　当某一猪圈内突然发现个别病猪或死猪,若疑传染病时在消除传染源后,对可疑被污染的场地、物品和同圈的猪所进行的消毒。可选用新洁尔灭(1%)、过氧乙酸(1%)、二氯异氰尿酸钠等。消毒程序为:准备好消毒喷雾器→测量所要消毒的猪舍面积而计算消毒液的用量→根据消毒桶(罐)中加水的重量或(体积)、消毒液浓度、消毒剂的含量,计算消毒剂的用量,加入、混匀→喷洒从猪舍内顶棚、墙、窗、门、猪栏两侧、食槽等,自上而下喷洒均匀→最后用清水清洗消毒机器,以防腐蚀机器。

④空气消毒　在寒冷季节,门窗紧闭,猪群密集,舍内空气严重污染的情况下进行的消毒,要求消毒剂不仅能杀菌还有除臭、降尘、净化空气的作用。采用喷雾消毒,消毒剂用量 0.5 升/米³。可选用过氧乙酸(1%)、新洁尔灭(0.1%)等。消毒程序为:准备好消毒喷雾器→测量所要消毒的猪舍体积而计算消毒液的用量→根据消毒桶/罐中加水的

重量/体积、消毒液浓度、消毒剂的含量,计算消毒剂的用量,加入、混匀→细雾喷洒从猪舍顶端,自上而下喷洒均匀→最后用清水清洗消毒机器,以防腐蚀机器。

⑤饮水消毒　饮用水中细菌总数或大肠杆菌数超标或可疑污染病原微生物的情况下,需进行消毒,要求消毒剂对猪体无毒害,对饮欲无影响。可选用二氯异氰尿酸钠、次氯酸钠、百毒杀(季铵盐类消毒剂)(0.1%)等。消毒程序为:储水罐(桶)中储水重量(体积)→计算消毒剂的用量→加入、混匀→2 小时后可以引用。

⑥器械消毒　注射器、针头、手术刀、剪子、镊子、耳号钳、止血钳等物品的消毒,洗净后,置于消毒锅内煮沸消毒 30 分钟后即可使用。

⑦产房消毒　母猪进入产房前进行体表清洗和消毒,母猪用0.1%高锰酸钾溶液对外阴和乳房擦洗消毒。仔猪断脐要用 5%碘酊严格消毒。

2.猪群的卫生

(1)每天及时打扫圈舍卫生,清理生产垃圾,保持舍内外卫生干净整洁,所用物品摆放有序。

(2)每天必须进圈内打扫清理猪的粪便,尽量做到猪、粪分离,若是干清粪的猪舍,每天上下午及时将猪粪清理出来堆积到指定地方;若是水冲粪的猪舍,每天上下午及时将猪粪打扫到地沟里以清水冲走,保持猪体、圈舍干净。

(3)每周转运一批猪,空圈后要清洗、消毒,种猪上床或调圈,要把空圈先冲洗后用广谱消毒药消毒,产房每断奶一批、育成每育肥一批、育肥每出栏一批,先清扫,再用火碱雾化 1 小时后冲洗、消毒、熏蒸、消毒。

(4)注意通风换气,冬季做到保温,舍内空气良好,冬季可用风机通风 5～10 分钟(各段根据具体情况通风)。夏季通风防暑降温,排出有害气体。

(5)生产垃圾,即使用过的药盒、瓶、疫苗瓶、消毒瓶、一次性输精瓶用后立即焚烧或妥善放在一处,适时统一销毁处理。料袋能利用的返回饲料厂,不能利用的焚烧掉。

(6)舍内的整体环境卫生包括顶棚、门窗、走廊等平时不易打扫的地方,每次空舍后彻底打扫一次,不能空舍的每一个月或每季度彻底打扫一次。舍外环境卫生每一个月清理一次。猪场道路和环境要保持清洁卫生,保持料槽、水槽、用具干净,地面清洁。

3. 消毒时应注意的问题

(1)消毒最好选择在晴天,彻底清除栏舍内的残料、垃圾和墙面、顶棚、水管等处的尘埃等,尽量让消毒药充分发挥作用。任何好的消毒药物都不可能穿过粪便、厚的灰尘等障碍物进行消毒。

(2)充分了解本场所选择的不同种类消毒剂的特性,依据本场实际需要的不同,在不同时期选择针对性较强的消毒剂。

(3)配消毒液时应严格按照说明计量配制,不要自行加大剂量。浓度过大会刺激猪的呼吸道黏膜,诱发呼吸系统疾病的发生。

(4)使用消毒剂时,必须现用现配制,混合均匀,避免边加水边消毒等现象。用剩的消毒液不能隔一段时间再用。

(5)药液用量。任何有效的消毒,必须彻底湿润预消毒的表面,消毒后犹如下了一层毛毛雨一样的。进行消毒的药液用量最低限度应是 0.3 升/米^3,一般为 0.3~0.5 升/米^3。

(6)消毒时应将消毒器的喷口向上倾斜,让消毒液慢慢落下,千万不要对准猪体消毒。

(7)消毒液作用时间。要尽可能长时间地保持消毒剂与病原微生物的接触,一般接触在 30 分钟以上才能取得满意的消毒效果。

(8)不能混用不同性质的消毒剂。在实际生产中,需使用两种以上不同性质的消毒剂时,可先使用一种消毒剂消毒,60 分钟后用清水冲洗,再使用另一种消毒剂。

(9)不能长久使用同一性质的消毒剂,坚持定期轮换不同性质的消毒剂。

(10)猪场应有完善的各种消毒记录,如入场消毒记录、空舍消毒记录、常规消毒记录等。

（五）猪场的隔离

（1）猪场严禁饲养禽、犬、猫及其他动物，禁止其他野生动物、畜、禽进入场区，猪场的围墙或栅栏能够有效阻挡其他动物进入场内，饲料库、圈舍和赶猪道门窗应设防鸟网且网的缝隙能够阻挡鸟类、蛇类和大的蚊虫进入网内区域。职工家中不得养猪。定期驱除猪体内外寄生虫。搞好灭鼠、灭蚊蝇和吸血昆虫等工作，猪舍的窗户及开放部分覆盖纱网，防止蚊蝇鸟雀等进入。

（2）未经猪场管理者和兽医的许可，任何人员不准擅自进入场区；任何人员若进生产区前必须在场外隔离 24～48 小时和生活区隔离 48 小时，隔离时间未到，禁止进入生产区。本场工作人员和管理人不准在其他有猪区域居住，进场前至少 1 周未接触其他猪只；外来人员不得进入生产区，应在生活区指定的地点会客和住宿。

（3）场内职工统一到食堂就餐，猪场食堂不准外购猪只及其产品，禁止场内人员食用牛、羊肉（包括牛、羊肉加工制品）及非本场的猪肉（包括猪肉制品），禁止含有上述肉品的食品制品（包括含有猪、牛、羊肉制品的方便面和罐头食品）入场；场外隔离期间禁止食用上述食品。

（4）生产区内各生产阶段的人员、用具猪群应固定，不得随意串舍和混用工具。工作人员和管理人员应采取集体休假制度，为了降低人员频繁进出带来的疾病风险，规定所有猪场工作人员和管理人员必须连续居住在场区内一段时间 30 天后实行集中休假制度。生产人员进入生产区，要经过淋浴、更换专用消毒的工作服和鞋帽后才能进入。工作服和鞋帽必须每次都消毒。

（5）生产区的人工授精和兽医等技术人员，不得在场外服务。

（6）任何进入猪场的设备和物资必须是崭新的，在相关管理员监督下，进场前应经过严格的熏蒸消毒后进入产区；禁止任何可能受到猪源污染或接触过猪只的设备和物资入场。

（7）饲料是直接与猪群接触最频繁的物质，根据统计数据表明，猪群 80％以上肠道健康问题与饲料有关，因此控制饲料及其原料在加工和运输过程中可能出现的生物安全风险,可以明显降低猪群健康问题的发生几率。饲料中禁止添加除鱼类加工品以外任何动物源性原料(包括猪牛羊骨粉、肉骨粉、血粉、血浆蛋白粉和奶源性制品);运输饲料的车辆做到专车专用,禁止运输猪只或其他可能遭受动物污染的物品;饲料车不能进入生产区,饲料袋禁止进入生产区和圈舍;为了加强饲料及其原料,加工运输过程的控制,由猪场主管兽医或其他技术人员每半年对提供饲料的厂家进行饲料厂家生物安全评估。未经兽医许可,禁止使用任何垫料;生产区使用的任何垫料使用前必须经过严格充分的熏蒸消毒。

(8)引种的隔离与适应。种源提供场的健康等级必须高于引种场,引种前必须通过实验室检测等手段了解种源提供场的基本健康状况并依据健康匹配原则确定种源,禁止从健康等级低于本场的种源提供场引种;新引进的后备种猪由于经过长途运输等应激因素,其健康状况可能发生变化并影响本场猪群的健康状况,因此必须经过一定时间的隔离适应措施处理后混群,最大限度减少引种带来疾病的风险。

(9)车辆是出入猪场最频繁的工具,因此,如何最大限度地降低车辆带来的生物安全风险是生物安全体系重点关注的内容之一。生产区用于转猪或运送饲料的车辆禁止离开生产区;运送饲料和运输猪只的车辆做到专车专用,禁止混用;任何车辆入场前,必须经过严格彻底的冲洗消毒,冬天气温较低时,可以考虑使用辅助电加热冲洗消毒器械增强冲洗消毒效果;设立场外车辆清洗消毒点和专用车库:距场1~2千米处设立清洗消毒点,车辆每次使用完毕和使用前均需要彻底的清洗消毒,并停放在专用车库干燥(冬天寒冷时,可以考虑加温加速干燥);车辆使用完毕,彻底冲洗消毒干燥后停放于车库中必须经过一定的隔离时间后再次使用,隔离天数1~4天。

(10)粪便处理方法,必须遵守当地法律规定;禁止未经处理的粪便直接运往场外;禁止未经处理的污水直接排放到河流;禁止使用猪场粪便污水饮养其他动物。粪便处理设施可以建在猪场围墙内且远离圈舍;粪便处理设施和车辆专用,不能与其他猪场共用;粪便需经过无害化处理(如堆肥熟化、暴晒)后可以运到其他区域作为肥料。

(11)死猪处理方法必须遵守当地法律规定;禁止出售、食用任何原因死亡的猪只;可以接受的死猪处理方法有坑埋、深埋和焚烧,建议使用处理最彻底的焚烧方式处理死猪;死猪的处理只能在生产区特定区域进行,禁止死猪出生产区。

二、环境控制体系

猪舍的环境影响猪的繁殖和生长发育,环境的变化会使猪产生"应激"并诱发疾病的发生和流行。因此,必须根据猪的生物学特性,采用综合配套技术措施,为猪创造适宜的生活环境,保持猪群健康,最大限度地提高生产水平。

1. 温度

猪舍温度均衡,减少因温度变化频繁所致的热性和风寒疾病的发生。

由于猪的品种、年龄、体重、生理状态、管理方式和个体适应能力的差别,所要求的温度也不同。产房室温要求 20～22℃,哺乳仔猪保温箱内的温度要求 0～7 日龄 32～34℃,8～20 日龄 25～28℃;21 日龄断奶的保育猪舍的室温不低于 26℃,1 周后逐渐降至 22～24℃,60 日龄后可稳定在 20℃左右;育肥猪、种公母猪温度控制在 15～22℃;外界气温超过 30℃,对种公猪、妊娠母猪应采取防暑降温措施。

2. 湿度

不论大小猪都要求干燥的环境。猪舍要求通风良好,地面平整,不积水,沟渠排水通畅,避免或减少带猪冲洗猪圈。猪舍内适宜的相对湿度为 65%～75%。

3. 气流

加强通风换气和定期消毒,杀灭环境及空气中的有害有毒病原微生物,排除有毒有害气体、猪舍内的灰尘和微生物,是减少各种呼吸道和消化道疾病的发生的必要手段。猪舍内有害气体超过以下允许值则构成危害:二氧化碳1 500毫克/千克,氨15毫克/千克,硫化氢10毫克/千克。

4.饲养密度

冬天为提高舍温,应适当加大饲养密度,夏季降低饲养密度,并按性别、体重进行合理的分群管理,使猪只吃得多,吃得好,增重快。各类猪的适宜饲养密度请参考表6-2。

表6-2　猪群合理的饲养密度

| 猪别 | 体重(千克) | 每头猪占栏面积(米^2) | | 每栏头数 |
		地面饲养	漏缝地板	
保育仔猪	6~18	0.4~0.6	0.3~0.4	10~12
生长猪	18~60	0.8~0.9	0.5~0.6	9~11
育肥猪	60~100	1.0~1.2	0.7~0.9	8~10
母猪	130~200	2.5	1.4	4~6
产仔母猪	200	8~10	4	1
种公猪	200	10	6	1

5.噪声

噪声对猪的休息、采食、生长、繁殖都有负面影响,应保持猪场环境安静,尽量降低噪声对猪群的影响。

三、疫病防制体系

1.坚持自繁自养,尽量做到全进全出

猪场最好自己饲养公猪、母猪,实行自繁自养。这样既可避免购买猪时带进传染病,又可降低养猪成本。引进种猪时尽量从非疫区购入,并经兽医部门检疫,经消毒后进入隔离猪舍,经观察30天,确认健康,并按本场免疫程序注射疫苗后,再经过15~20天的适应阶段的观察,方可入场混群。

各阶段猪的猪舍以小单元为最好,这样有利于全进和全出,有利于彻底冲洗、消毒和空舍。

2.严格执行消毒制度

消毒的目的是杀灭病原体。猪的分泌物、排泄物和被病猪污染的粪尿、血液及其分泌物,土壤、用具、畜舍等要定期进行消毒,一般规模化猪场可一周消毒 1～2 次,疫情较大的猪场也可每天消毒一次,每次消毒时,应先将粪尿污物打扫干净,用消毒剂(稀释后)进行喷雾消毒。

3.制订严格的免疫程序

免疫程序是根据猪群的免疫状况和传染病的流行情况及季节,结合各猪场的具体疫情而制订的预防接种计划,由于各猪场的疫病流行情况各不相同,因此各场应根据各自情况制订相应的免疫计划,以下免疫程序,供各场在制订免疫程序时参考。

(1)必须要防疫的疾病

猪瘟:选用猪瘟兔化弱毒疫苗,肌肉注射。仔猪首免日龄根据本场母源抗体消长规律确定,二免根据首免后的抗体水平来确定。一般情况下仔猪 20～25 日龄首免,2～4 头份;60～65 日龄二免,4 头份。后备猪配种前免疫一次,剂量 6 头份。种公猪每年春(3～4 月份)、秋(9～10 月份)两季免疫猪瘟细胞苗,剂量 6 头份。种母猪配种前免疫,剂量 6 头份。使用组织苗 1 头份即可。

对猪瘟病威胁严重的猪场或发病猪场,短期可使用超前免疫,即仔猪生后每头注射猪瘟零免疫苗 1 头份,1.5 小时后再吃初乳。

口蹄疫:选用口蹄疫高效灭活疫苗,后海穴或肌肉注射。仔猪 60 日龄首免 2 毫升,90 日龄二免 3 毫升。后备种猪配种前免疫 1 次,剂量 4 毫升。经产母猪产前 45 天免疫一次,4～5 毫升。种公猪每 4 个月免疫一次,4～5 毫升。

伪狂犬:选用伪狂犬基因自然缺失活疫苗,肌肉注射。仔猪免疫 1 头份,时间根据母源抗体水平决定,一般 55～70 日龄;后备猪配种前免疫两次,间隔 2 周,剂量 1 头份;种公猪每半年免疫一次,剂量 1 头份。母猪配种前和产仔前各免疫一次,剂量 1 头份。

细小病毒:初配公、母猪配种前 42、21 天分别免疫细小病毒疫苗,二胎配种前再免疫一次,剂量 2 头份。

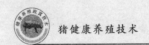
乙型脑炎:初配公、母猪 150 日龄免疫一次,间隔 2～3 周再免疫一次,剂量 2 头份;种公、母猪每年 3 月份普遍免疫一次,剂量 2 头份。

(2)根据各场自身疾病流行情况,可选择防疫的疾病

猪繁殖与呼吸综合征:选用猪繁殖与呼吸综合征弱毒活疫苗,肌肉注射。仔猪 30～35 日龄免疫一次,剂量 1 头份;后备种猪配种前免疫两次,间隔 2 周,剂量 1 头份。种母猪妊娠 55～65 天,免疫一次,剂量 1 头份。种公猪春秋各免疫一次,剂量 1 头份(根据本场情况,避免因注射疫苗带进不同型号的毒株)。

猪霉形体肺炎病:仔猪 7～10 日龄 1 头份,活苗胸腔注射;后备猪配种前,免疫 1 头份;种公、母猪每年春、秋各免疫一次,剂量 1 头份。灭活苗肌肉注射。

链球菌:仔猪 25、45 日龄,链球菌苗 1 头份两次注射免疫;种公、母猪每年春、秋各免疫一次,剂量 2 头份。

萎缩性鼻炎:仔猪 28～30 日龄进行疫苗萎缩性鼻炎免疫,肌肉注射 1 头份;母猪临产前 4 周肌肉注射 1.5 头份。

大肠杆菌:选用猪大肠杆菌基因缺失多价苗,后海穴或肌肉注射。仔猪 18 日龄、母猪产前 18～21 天肌肉注射大肠杆菌多价疫苗 1 头份(卫生条件好,不应注射疫苗)。

仔猪副伤寒:仔猪 28～35 日龄:仔猪副伤寒活疫苗 1 头份肌肉注射。

猪流行性腹泻、传染性胃肠炎:选择猪流行性腹泻、传染性胃肠炎二联疫苗,后海穴或肌肉注射。每年 10 月份,全场普遍免疫 2 次,间隔 2 周,剂量中、大猪 4 毫升,仔猪(20～70 日龄)2 毫升。

注意:当注射疫苗后,如果出现免疫反应,应立即注射肾上腺素或地塞米松给以解敏。

四、疾病诊治技术

(1)饲养员认真执行饲养管理制度,细致观察饲料有无变质、猪采

食情况和健康状态、排粪(尿)有无异常以及精神状况等,并及时测量体温,发现不正常现象,请兽医检查。

(2)猪场要建立有一定诊断和治疗条件的兽医室,建立健全免疫接种、诊断和病理剖检纪录。根据疫病的发病特点,采用临床诊断、流行病学诊断、病理学诊断、病原学诊断和免疫学诊断等方法,及时做出诊断,并制订相应的防治措施。

(3)饲养员认真执行防治措施,根据处方领取药物,按照兽医制订的方法对病猪进行治疗,并对疗程、疗效、药物反应等做出详细记录。

(4)加强病猪的护理工作。应供给病猪充足的饮水,新鲜易消化的高质量饲料,少喂勤添,必要时人工灌服等。

五、疫情的检测与处理

猪场发生传染病时,应采取以下措施:

(1)兽医及时诊断、检测和调查疫源,根据疫病种类做好封锁隔离、消毒、紧急防疫、治疗和淘汰等工作,做到早发现、早诊断、早处理,把疫情控制在最小范围内。

(2)当发生人畜共患病时,须同时报告卫生部门,共同采取扑灭措施。

(3)在最后一头病猪淘汰或痊愈后,须经该传染病最长潜伏期的观察,不再出现新的病例时,并经严格消毒后,可撤销隔离或申请解除封锁。

第三节 猪的免疫接种

疫苗免疫接种是预防和控制家畜传染病的有效手段,所以,搞好猪场疫苗免疫接种,对提高生产效益、促进养猪业的健康发展有着十分重

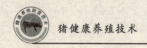

要的意义。

一、制定免疫程序时应考虑的主要问题

在什么时间接种何种疫苗,是大型猪场最为关注的问题,目前还没有一个免疫程序可通用,而生搬硬套别人的免疫程序也不一定行得通,最好的做法是根据本场的实际情况,考虑本地区的疫病流行特点,结合畜禽的种类、年龄、饲养管理、母源抗体的干扰以及疫苗的性质、类型和免疫途径等各方面因素和免疫监测结果,制定适合本场的免疫程序,并着重考虑下列因素:

1. 母源抗体干扰

母源抗体的被动免疫对新生仔猪来说十分重要,然而对疫苗的接种也带来一定的影响,尤其是弱毒苗在免疫新生仔猪时,如果仔猪存在较高水平的母源抗体,则会极大地影响疫苗的免疫效果。因此,在母源抗体水平高时不宜接种弱毒疫苗,并在适当日龄再加强免疫接种一次,因为初免时仔猪的免疫系统尚不完善又有一定水平母源抗体干扰。

2. 猪场发病史

在制定免疫程序时必须考虑本地区猪病疫情和该猪场已发生过什么病、发病日龄、发病频率及发病批次,依此确定疫苗的种类和免疫时机。对本地区、本场尚未证实发生的疾病,必须证明确实已受到严重威胁时才计划接种。

3. 免疫途径

接种疫苗的途径有注射、饮水、滴鼻等,应根据疫苗的类型、疫病特点及免疫程序来选择每次免疫的接种途径。例如,灭活苗、类毒素和亚单位苗不能经消化道接种,一般用于肌肉注射;有的喘气弱毒冻干苗采用胸腔接种;伪狂犬病基因缺失苗对仔猪采用滴鼻效果更好,它既可建立免疫屏障又可避免母源抗体的干扰。

4. 季节性预防疫病

如春夏季预防乙型脑炎,秋冬季和早春预防传染性胃肠炎和流行性腹泻。

5.不同疫苗之间的干扰与接种时间的科学安排

例如,在接种猪伪狂犬病(PR)弱毒疫苗和蓝耳病疫苗时,必须与猪瘟(HC)兔化弱毒疫苗的免疫注射间隔一周以上,以避免 PR 对 HC 的免疫应答的干扰。

二、影响免疫效果的因素

免疫应答是一种生物学过程,受多种因素的影响。在接种疫苗的猪群中,不同个体的免疫应答程度有所差异,有的强些,有的较弱,而绝大多数接种后能产生坚强的免疫力,但接种了疫苗并不等于就已获得免疫,致使免疫失败的因素很多。

1.营养因素

营养在影响机体免疫力的外部环境中是第一要素。营养是机体代谢和生产性能表现以及免疫系统发育和功能发挥的物质基础。营养物质的缺乏或过剩都会导致免疫力下降。各类营养物质对免疫的影响主要是:

蛋白质和氨基酸对免疫力有着重要的影响。例如,蛋白质缺乏会引起免疫器官胸腺萎缩、血中淋巴细胞数下降、补体效价降低。蛋氨酸缺乏不仅引起胸腺、还会使免疫器官脾脏萎缩;苏氨酸缺乏会抑制 Ig 形成以及 T 细胞、B 细胞和抗体的产生;半胱氨酸在保护细胞免受活性氧以及清除自由基的有害影响方面具有极其重要的作用。

脂肪的含量能影响细胞膜上磷脂的组成。高脂日粮会抑制淋巴细胞的转化,过量的饱和脂肪酸会抑制免疫细胞的吞噬作用。富含不饱和脂肪酸的玉米油、亚麻子油和可可油能提高抗体的生成量。

维生素是维持机体免疫功能的重要营养物质。维生素 A 是 T 细胞活化的参与因子,维生素 A 缺乏会使 T 细胞活化受阻,导致 Ig 水平下降;同时,维生素 A 还对淋巴细胞和外周血中的 T 细胞分化亚群数起着调节作用。维生素 E 是一种免疫佐剂,能增强机体的免疫力,它对猪免疫的影响主要是增强免疫细胞的吞噬作用,降低应激反应,保护淋巴细胞膜避免发生脂氧化,维持免疫系统的完整性。其他维生素,如叶酸、泛酸、核黄素和胆碱等,对免疫力也都有着重要的影响。

矿物质主要有铁、铜、锌、硒和铬等。缺铁导致贫血,血清补体活性下降,影响 DNA 和蛋白质的合成;但铜过高又会增加机体对细菌和寄生虫感染的敏感性。锌的缺乏会引起胸腺萎缩,肾上腺皮质酮增高,白细胞减少并使其吞噬活性被抑制乃至完全丧失;但锌过量也会使免疫受到抑制。硒是一种免疫促进剂,硒缺乏会淋巴组织坏死。铬是葡萄糖耐受因子的组成成分。增加铬可促进 T 细胞和 B 细胞的生成。

2.疫苗的质量

疫苗是指具有良好免疫原性的病原微生物经繁殖和处理后制成的生物制品,接种动物能产生相应的免疫效果,疫苗质量是免疫成败的关键因素,疫苗质量好必须具备的条件是安全和有效。农业部要求生物制品生产企业到 2005 年必须达到 GMP 标准,以真正合格的 SPF 胚生产出更高效、更精确的弱毒活疫苗,利用分子生物学技术深入研究毒株进行疫苗研制,将病毒中最有效的成分提取出来生产疫苗,同时对疫苗辅助物如保护剂、稳定剂、佐剂、免疫修饰剂等进一步改善,可望大幅度改善常规疫苗的免疫力,用苗单位必须到具备供苗资格的单位购买。通常弱毒苗和湿苗应保存于$-15℃$以下,灭活苗和耐热冻干弱毒苗应保存于$2\sim8℃$,灭活苗要严防冻结,否则会破乳或出现凝集块,影响免疫效果。

3.免疫的剂量

毒苗接种后在体内有个繁殖过程,接种到猪体内的疫苗必须含有足量的有活力的抗原,才能激发机体产生相应抗体,获得免疫。若免疫的剂量不足将导致免疫力低下或诱导免疫力耐受;而免疫的剂量过大也会产生强烈应激,使免疫应答减弱甚至出现免疫麻痹现象。

4.干扰作用

同时免疫接种两种或多种弱毒苗往往会产生干扰现象。产生干扰的原因可能有两个方面,一是两种病毒感染的受体相似或相同,产生竞争作用；二是一种病毒感染细胞后产生干扰素，影响另一种病毒的复制，例如初生仔猪用伪狂犬病基因缺失弱毒苗滴鼻后，疫苗毒在呼吸道上部大量繁殖，为伪狂犬病病毒竞争地盘，同时又干扰伪狂犬病病毒的复制，起到抑制和控制病毒的作用。

5. 应激因素

气温过高或过低、拥挤、混群、断奶、限食、运输、噪声和约束是常见的应激因素。在上述因素中，极温对免疫的影响应居首位，特别是高温对免疫的危害更甚。应激主要是通过下丘脑—垂体—肾上腺轴作用于免疫系统的，致使肾上腺产生大量的皮质醇和皮质酮。皮质酮能抑制免疫器官和淋巴组织中蛋白质合成；皮质醇长时期分泌过多，可导致胸腺和淋巴组织萎缩，还会抑制自然杀伤细胞活性，抑制抗体和淋巴细胞激活因子的产生。此外，应激会使淋巴组织中的环腺苷酸含量增加。研究表明：环腺苷酸具有免疫抑制的作用。应激还会使甲状腺皮质激素分泌增加，也会使免疫应答受到抑制。

高免疫力的本身对动物来说就是一种应激反应。免疫接种是利用疫苗的致弱病毒去感染猪只机体，这与天然感染得病一样，只是病毒的毒力较弱而不发病死亡，但机体经过一场恶斗来克服疫苗病毒的作用后才能产生抗体，所以在接种前后应尽量减少应激反应。而集约化猪场的仔猪，既要实施阉割、断尾、驱虫等保健措施，又要发生断奶、转栏、换料等饲养管理条件变化，此阶段免疫最好多补充电解质和维生素，尤其是维生素 A、维生素 E、维生素 C 和复合维生素 B 更为重要。

6. 环境因素

猪舍小环境空气中的有害成分包括有害气体（如氨气和硫化氢）以及尘埃颗粒等。气管和支气管中的纤毛-黏液结构和巨噬细胞等具有机械清除异物和吞噬消化异物的功能，它属于非特异性免疫中的第一道防线。这些有害成分经呼吸道进入机体后，分布在呼吸道黏膜的相关淋巴组织在抗原作用下激发免疫反应产生特异性的 IgA 和 IgG 来中和病毒，阻止病毒入侵和吸附。但是，在畜舍通风不良、管理不善的情况下，当空气中这些有害成分浓度过高、作用时间过长时，就会破坏

纤毛-黏膜结构的功能,还会导致呼吸道感染和相关炎症。更严重的是,将会导致呼吸道相关淋巴组织对抗原的应答力。

环境中的其他免疫毒物包括霉菌毒素、农药和兽药残毒和重金属等这些毒物主要是通过饲料和饮水危害动物机体。动物接触这些毒物,即使在很低剂量情况下,也能使免疫器官受损,引起免疫抑制,使动物容易发生感染性疾病。猪体内免疫功能在一定程度上受到神经、体液和内分泌的调节。环境的其他免疫毒物导致猪体对抗原免疫应答能力下降,接种疫苗后不能取得相应的免疫效果,表现为抗体水平低,细胞免疫应答减弱。多次的免疫虽然能使抗体水平很高,但并不是疾病防治要达到的目标,有资料表明,动物经多次免疫后,高水平的抗体会使动物的生产力下降。

三、疫苗

凡是具有良好免疫原性的病原微生物(包括寄生虫),经繁殖和处理后制成的制品,用以接种动物能产生相应的免疫力者,均称为疫苗,它包含细菌性菌苗和病毒性疫苗两大类。常用的疫苗有灭活苗与活疫苗。

随着生物工程技术和生物化学、分子生物学的发展,兽用生物制品的动物疫苗种类,类型上均有重要的进展,各种新疫苗不断研制成功。大体分为灭活疫苗、弱毒疫苗、单价疫苗、多价疫苗、联合疫苗、同源疫苗、亚单位疫苗、基因工程疫苗。

灭活疫苗:又称死疫苗。将细菌或病毒利用物理或化学方法处理,使其丧失感染性或毒性,而保持免疫原性,接种动物后能产生主动免疫的一类生物制品。灭活疫苗分为组织灭活疫苗、培养物灭活疫苗。其特点是:易于保存运输,疫苗稳定,便于制备多价或多联苗。其缺点是:注射剂量大,多次注射,不产生局部免疫力。

弱毒疫苗:又称活疫苗。微生物的自然强毒株通过物理的、化学的和生物的方法,使其对原宿主动物丧失致病力,或引起亚临床感染,但以保持良好的免疫原性、遗传特性的毒株用以制备的疫苗,此外,也有从自然界筛选的自然毒株,同样有人工育成弱毒株的遗传特性,同样可以制备弱毒疫苗。

灭活疫苗与弱毒活疫苗比较见表 6-3。

表 6-3　灭活疫苗与弱毒活疫苗比较

名称	优点	缺点
灭活疫苗	比较安全,不发生全身性副作用,不出现返祖现象,有利于制备多价多联的混合疫苗;制品稳定,受外界条件影响小,有利于运输保存	接种次数多,剂量多而大,免疫途径必须是注射,不产生局部免疫,需要高浓度抗原物质,生产成本高
弱毒活疫苗	一次免疫接种即可成功,可采取自然感染途径接种(如注射、滴鼻、饮水、喷雾、划痕等),可引起整个免疫应答,产生广谱性免疫及局部和全身性抗体,免疫持久,有利于消除局部野毒,产量高,生产成本低	残毒在自然界动物群体中持续传递后毒力有增强返祖危险,疫苗中存在的污染毒有可能扩散;存在不同抗原的干扰现象,从而影响免疫效果;要求在低温条件下运输储存

单价疫苗:利用同一种微生物菌(毒)株或同一种微生物中的单一血清型的菌(毒)株增殖培养物制备的疫苗称为单(价)疫苗。单苗对单一血清型微生物所致的病有免疫保护效能,但单价苗仅能对多血清型微生物所致病中的对应型有保护作用,而不能使免疫动物获得完全的免疫保护。

多价疫苗:指同一种微生物中若干血清型菌(毒)株的增殖培养物制备的疫苗。多价疫苗能使免疫动物获得完全的保护力,且可适于不同地区使用。

联合疫苗:又称联苗。指利用不同种类微生物的增殖培养物按免疫学原理、方法组合而成。接种动物后能产生相应疾病的免疫保护,具有减少接种次数,使用方便等优点,是一针防多病的生物制剂。

组织苗:从自然感染或人工接种猪采取的病理组织,经机械匀浆,

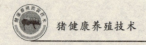

加入灭活剂制成的疫苗。

细胞苗:是指疫苗毒株经细胞培养,收获培养物,经匀浆(或冻干)制成的疫苗。

四、疫苗接种时的注意事项

(1)疫苗使用前应检查药品的名称、厂家、批准文号、批号、有效期(失效期)、物理性状、贮存条件等是否与说明书相符。仔细查阅使用说明书与瓶签是否相符,明确装置、稀释液、每头剂量、使用方法及有关注意事项,并严格遵守,以免影响效果。对过期、无批号、油乳剂破乳、失真空及颜色异常或不明来源的疫苗禁止使用。

(2)预防注射过程应严格消毒。注射器、针头应洗净煮沸 15~30 分钟备用,做到一猪一针,防止针头传染。吸取疫苗液时,绝不能用已给动物注射过的针头吸取,可用一个灭菌针头,插在瓶塞上不拔出、裹以挤干的酒精棉花专供吸药用,吸出的药液不应再回注瓶内。接种部位以 70%~75% 的酒精消毒为宜,以免使用碘酊消毒后脱碘不完全影响疫苗活性。免疫弱毒菌苗前后 7 天不得使用地塞米松、氯霉素、磺胺类等影响免疫应答的药物。

(3)注射器刻度要清晰,不滑杆、不漏液;注射的剂量要准确,不漏注、不白注;进针要稳,拔针宜速,不得打"飞针"以确保疫苗液真正足量注射于肌内。

(4)免疫接种完毕,将所有用过的苗瓶及接触过疫苗液的瓶、皿、注射器等消毒处理。

(5)做好猪只保定,确保免疫接种更确切可靠。

五、免疫接种操作规程

为提高免疫接种质量和充分发挥免疫接种对疾病控制的作用,确保各项免疫成功。猪场免疫接种应遵守下列规程。

猪群免疫工作有专人负责,包括免疫程序的制定、疫苗的采购和贮存、免疫接种时工作人员的调配,根据免疫程序的要求,有条不紊地开展免疫接种工作。

　　1.疫苗的采购

　　(1)根据疫苗的实际效果和抗体监测结果,以及场际间的沟通和了解,选择有批准文号的生产厂家。

　　(2)防疫人员根据各类疫苗的库存量,使用量和疫苗的有效期等确定阶段购买量。一般提前2周,以2~3个月的用量为准。并注明生产厂家、出售单位、疫苗质量(活苗或死苗)。

　　(3)采购员必须按要求购买,不得随意更改。购买时要了解疫苗生产日期,保质期限。尽量购买近期生产的,离有效期还有2~3个月的不要购买。

　　(4)采购员要在上报3天之内将疫苗购回。

　　2.疫苗的运输

　　(1)运输疫苗要使用放有冰袋的保温箱,做到"苗随冰行,苗到未溶"的冰链系统。途中避免阳光照射和高温。

　　(2)疫苗如需长途运输,一定要将运输的要求交代清楚,约好接货时间和地点,接货人应提前到达,及时接货。

　　(3)疫苗运输过程中时间越短越好,中途不得停留存放,应及时运往猪场放入冰箱,防止冷链中断。

　　3.疫苗的保管

　　(1)保管员接到疫苗后要清点数量,逐瓶检查苗瓶有无破损,瓶盖有无松动,标签是否完整,并记录生产厂家、批准文号、检验号、生产日期、失效日期、药品的物理性状与说明书是否相符等,避免购入伪劣产品。

　　(2)仔细查看说明书,严格按说明书的要求贮存。

　　(3)定时清理冰箱的冰块和过期的疫苗,冰箱要保持清洁和存放有序。

　　(4)如遇停电,应在停电前一天准备好冰袋,以备停电用,停电时尽

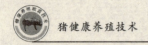

量少开箱门。

4.疫苗接种前注意事项

(1)疫苗使用前要逐瓶检查疫苗瓶有无破损,封口是否严密,头份是否记载清楚,物理性状是否与说明书相符。还要注意有效期和生产厂家。

(2)疫苗接种前应向兽医和饲养员了解猪群的健康状况,有病、体弱、食欲和体温异常,暂时不能接种。不能接种的猪,要记录清楚,适当时机补种。

(3)免疫接种前对注射器、针头、镊子等进行清洗和煮沸消毒,备足酒精棉球或碘酊棉球,准备好稀释液、记录本和肾上腺素等抗过敏药物。

(4)疫苗接种前后,尽可能避免一些剧烈操作,以防猪群应激影响免疫效果。

5.疫苗稀释

(1)对于冷冻贮藏的疫苗,如猪瘟苗稀释用的生理盐水,必须提前至少1天放置在冰箱冷藏,或稀释时将疫苗同稀释液一起放置在室温中停置数分钟,避免两者的温差太大。

(2)稀释前先将苗瓶口的胶蜡除去,并用酒精棉消毒晾干。

(3)用注射器取适量的稀释液插入疫苗瓶中,无需推压,检查瓶内是否真空(真空疫苗瓶能自动吸取稀释液),失真空的疫苗应废弃。

(4)根据免疫剂量,计划免疫头数和免疫人员的工作能力来决定疫苗的稀释量和稀释次数,做到现配现用,稀释后的疫苗在1～3小时内用完。

(5)不能用凉开水稀释,必须用生理盐水或专用稀释液稀释。稀释后的疫苗,放在有冰袋的保温瓶中,并在规定的时间内用完,防止长时间暴露室温中。

6.免疫接种具体操作要求

(1)接种时间应安排在猪群喂料前空腹时进行,高温季节应在早晚注射。

246

（2）液体苗使用前应充分摇匀，每次吸苗前再充分振摇。冻干苗加稀释液后应轻轻振摇匀。

（3）吸苗时可用煮沸消毒过的针头插在瓶塞上，裹以挤干的酒精棉球专供吸药用。吸入针管的疫苗不能再回注瓶内，也不能随便排放。

（4）要根据猪的大小和注射剂量多少，选用相应的针管和针头。针管可用10毫升或20毫升的金属注射器或连续注射器，针头可用38～44毫米12号的；新生仔猪猪瘟超免可用2毫升或5毫升的注射器，针头长为20毫米的9号针头。

（5）注射时要适当保定，保育舍、育肥舍的猪，可用焊接的铁栏挡在墙角处等相对稳定后再注射。哺乳仔猪和保育仔猪需要抓逮时，要注意轻抓轻放。避免过分驱赶，以减缓应激。

（6）注射部位要准确。肌肉注射部位，有颈部、臀部和后腿内侧等几处供选择，皮下注射在耳后或股内侧皮下疏松结缔组织部位，避免注射到脂肪组织内。须要交巢穴和胸腔注射的更须摸准部位。

（7）注射前术部要用挤干的酒精棉或碘酊棉消毒，进针的深度、角度应适宜。注射完拔出针头，消毒轻压术部，防止术部发炎形成脓疱。

（8）注射时要一猪一个针头，要一猪一标记，以免漏注。

（9）注射时动作要快捷、熟练，做到"稳、准、足"，避免飞针、针折、苗洒。苗量不足的立即补注。

（10）怀孕母猪免疫操作要小心谨慎，产前15天内和怀孕前期尽量减少使用各种疫苗。

（11）疫苗不得混用（标记允许混用的除外），一般两种疫苗接种时间，至少间隔5～7天。

7. 疫苗使用前后的用药问题

（1）防疫前的3～5天可以使用抗应激药物、免疫增强保护剂，以提高免疫效果。

（2）在使用活病毒苗时，用苗前后严禁使用抗病毒药物，用活菌苗时，防疫前后10天内不能使用抗生素、磺胺类等抗菌、抑菌药物及激素类。

8.免疫接种后注意事项

(1)及时认真地填写免疫接种记录,包括疫苗名称、免疫日期、舍别、猪别、日龄、免疫头数、免疫剂量、疫苗性质、生产厂家、批准文号、批号、有效期、接种人、备注等。每批疫苗最好存放1~2瓶,以备出现问题查询。

(2)失效、作废的疫苗,用过的疫苗瓶,稀释后的剩余疫苗等,必须妥善处理。处理方式包括用消毒剂浸泡、煮沸、烧毁、深埋等。

(3)有的疫苗接种后能引起过敏反应,有的仔猪注射0.5小时后出现体温升高、发抖、呕吐和减食等症状,一般1~2天后可自行恢复,故需详细观察1~2天,尤其接种后2小时内更应严密监视,遇有过敏反应注射肾上腺素或地塞米松等抗过敏解救药。

(4)有的猪打过某种疫苗后应激反应较大,表现采食量降低,甚至不吃或体温升高,应饮用电解质水或口服补液盐或熬制的中药液。尤其是保育舍仔猪免疫接种后采取以上措施能减缓应激。

(5)接种疫苗后,活苗经7~14天,灭活苗14~21天才能使机体获得免疫保护,这期间要加强饲养管理,尽量减少应激因素,加强环境控制,防止饲料霉变,搞好清洁卫生,避免强毒感染。

(6)如果发生严重反应或怀疑疫苗有问题而引起死亡,尽快向生产厂家反映或冷藏包装同批次的制品2瓶寄回厂家,以便查找原因。

9.疫苗接种效果的检测

(1)一个季度抽血分离血清进行一次抗体监测,当抗体水平合格率达不到时应补注一次,并检查其原因。

(2)疫苗的进货渠道应当稳定,但因特殊情况需要换用新厂家的某种疫苗时,在疫苗注射后30天即进行抗体监测,抗体水平合格率达不到时,则不能使用该疫苗。改用其他厂家疫苗进行补注。

(3)注重在生产实践中考察疫苗的效果。如长期未见初产母猪流产,说明细小病毒苗的效果尚可。

第四节　规模化猪场寄生虫病的防治技术

一、规模化猪场寄生虫病的发生流行特点

1. 寄生虫病的发生已经没有明显的季节性

在传统的养猪模式下,寄生虫病往往在夏、秋季多发。而规模化猪场,猪群密度大,猪舍温度相对稳定,有利于寄生虫的繁殖传播,寄生虫病的发生季节性不明显。所以,防控措施不能只在春、秋两季进行,应该根据猪群的感染程度而定。

2. 寄生虫种群结构发生变化

在非规模化饲养的猪场,在中间宿主体内发育的寄生虫病较多,如肺线虫、姜片吸虫、猪囊虫、棘头虫等。在规模化猪场,中间宿主被控制,不需要中间宿主的寄生虫病增多,如猪蛔虫、鞭虫、弓形虫、球虫、疥螨等危害严重。

3. 多种寄生虫同时感染、交叉感染、重复感染现象明显

由于环境适宜、猪群密度大,寄生虫繁殖传播迅速。在病猪排出少量虫卵的情况下,易造成全群感染。在猪群抵抗力较差时,寄生虫会交叉感染和重复感染。在与某种传染病并发或继发时,危害更大。

4. 临床症状不明显,经济损失大

寄生虫病一般呈现慢性、营养消耗性过程,在严重感染时才表现出临床症状和死亡率。如果重视程度不够,往往在"不知不觉"中造成巨大经济损失。规模化猪场中猪体内寄生虫感染率在90%以上,体外寄生虫感染率几乎100%,每头猪因饲料利用率下降和生长缓慢造成经济损失达40元,一个万头场因此造成的直接损失达40多万元。因此,必须加强对寄生虫病的防控意识。

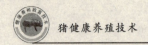

5.寄生虫感染特点

寄生虫对各阶段猪群的感染程度不尽相同,其特点表现为:①不同阶段猪群的寄生虫感染率从高到低的排列顺序是:种公猪、种母猪、育肥猪、生长猪、保育猪。因此,种猪是猪场最主要的带虫者,是散播寄生虫的源头,是猪场控制寄生虫病的关键环节。②各类寄生虫感染率的高低排列顺序以结肠小袋纤毛虫和猪球虫的感染率最高,其次是猪蛔虫和毛首线虫,食道口线虫的感染率较低。③猪场寄生虫存在较严重的混合感染现象。

二、规模化猪场寄生虫病的控制要点

影响寄生虫病传播的因素很多,有猪舍的温度、湿度、饲养密度、卫生状况;猪场环境卫生条件及猫、鼠的密度;猪群的隔离和转群管理前期的发病状况等。猪场控制寄生虫病的防控要有全面建立猪场生物安全措施的概念,尽可能地减少寄生虫病发生的机会。

1.保持高度的防疫观念

做好猪场的封闭管理,严禁饲养猫、犬等宠物,定期做好灭鼠、灭蝇、灭蟑、灭虫等工作,严防外源寄生虫的传入。

2.坚持做好本场寄生虫的监测工作

定期进行粪便检查,监测不同时期、不同季节猪群寄生虫感染情况,及时掌握寄生虫病的流行情况,制订本场消除或控制寄生虫病的具体方案,及早做好防制工作。

3.正确的诊断

诊断的方法有流行病学调查、临床检查、实验室诊断、寄生虫病学剖检、免疫学诊断和药物诊断等。其中实验室诊断是准确易行的方法,如抽查猪的粪便,以饱和盐水漂浮法、水洗沉淀法或涂片法,在显微镜下检查寄生虫的病原体(虫体、虫卵、卵囊、幼虫、包囊等);剖检也是生产中常用的方法:挑选一些消瘦、生长迟缓的猪进行剖检,既检查各器官的病理变化,又能确定寄生虫的种类和数量。有条件时,进行综合诊断。

4.坚持自繁自养的原则

确实需引进种猪时,应远离生产区隔离饲养,进行粪便及其他方面的检查,并使用高效广谱驱虫药进行驱虫,隔离期满后再经检查,确认无寄生虫方可转入生产区。

5.搞好猪群及猪舍内外环境的清洁卫生和消毒工作

加强防疫卫生工作,制订科学的防疫制度,认真做好卫生消毒工作,对所有的饲养用具、车辆、栏舍、场地、走道等应用紫外线和消毒剂定期消毒,猪群转栏、母猪产前都要认真进行全身性的清洗消毒,以减少、切断寄生虫的感染机会,粪便、污染物等应堆积发酵或作沼气原料等,进行无害化处理。可采用菊酯类药物喷洒地面和猪接触的墙壁,清除猪舍内的感染性虫卵,使猪群生活在清洁干燥的环境中,保持饲料新鲜、饮水洁净,消灭中间宿主,减少寄生虫繁殖的机会,怀孕后期的母猪应经过认真刷洗消毒后才能转进分娩舍,切断寄生虫的纵向传播,并从传染源方面减少感染的机会。为保证驱虫的效果,应将驱虫后的粪便清扫干净堆积起来进行发酵,利用产生的生物热杀死虫卵和幼虫。

6.采用"全进全出"、早期隔离断奶等饲养方式

可有效地切断寄生虫的传播途径,对控制寄生虫病能起到重要作用。

7.搞好精细化养猪,提高猪群抵抗力

做好猪群各阶段的饲养管理工作,提供猪群不同时期各个阶段的营养需要量,保持猪群合理、均衡的营养水平,提高猪群机体的抵抗力。

8.药物的选择

原则上是要选用广谱、高效、低毒、廉价的驱虫药。常用的驱虫药有左旋咪唑、丙硫咪唑、阿维菌素、伊维菌素等。据临床试验,左旋咪唑只能驱猪蛔虫和食道口线虫,对毛首线虫和疥螨无效;芬苯达唑对常见的线虫、吸虫和绦虫均有驱虫效果,但对猪疥螨无效。阿维菌素、伊维菌素不但高效、低毒,而且对体内外寄生虫都有良好的效果。

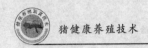

9.减少抗药性和药物残留

对一个猪群驱虫次数过多、单一用药、用量过小或用药时间过长，某些寄生虫会产生抗药性。对猪群要定期检测、准确诊断、合理用药。寄生虫单一时，选择特效药物，交叉感染时用广谱药，必要时有计划地换药。

三、驱虫模式的选择

(一)不定期局部猪群用药驱虫模式

1.操作内容

猪场没有制定和实施专门的驱虫方案，一般采用局部猪群用药法：即发现某群猪皮毛粗糙或皮肤病较严重时，用常规驱虫药物混料投服，以及用敌百虫喷洒体表，个别寄生虫感染较严重的猪只则注射驱虫药。该模式以发现猪群寄生虫感染病征的时刻确定为驱虫时期，多针对所发现的感染寄生虫种类选择驱虫药物进行驱虫。

2.效果评价

目前，采用该驱虫模式的猪场(户)比例较高，占26.3%，尤其是在中小型猪场(户)使用非常普遍。其优点是直观性和可操作性较强。但该模式问题较多，其驱虫效果不甚明显。由于其以表征为判断依据，往往在猪寄生虫感染非常严重时才采取驱虫措施，而实际上轻度和中度感染就已给养猪生产造成严重的经济损失；再者，寄生虫繁殖力强，局部猪群给药容易造成寄生虫病的迅速扩散和再次感染；往往忽略了那些外在表征不甚明显的寄生虫的存在。

(二)一年两次全场驱虫模式

1.操作内容

每年春季(3～4月份)进行第一次驱虫，秋冬季(9～10月份)进行第二次驱虫，每次都对全场所有存栏猪进行全面用药驱虫。

2.效果评价

该模式在较大的规模猪场使用较多,占 65％左右。该驱虫模式操作简便,易于实施。但是,两次驱虫的时间间隔太长,连续生活周期长达 2.5～3 个月的蛔虫,常见的寄生虫都有足够的时间发育成熟,排出虫卵,污染环境,造成重复感染,导致寄生虫感染率仍然很高,在理论上也能完成 2 个时代的繁殖,其他各种常见寄生虫的重复感染更难以避免,导致采取该模式驱虫的猪场寄生虫感染也较严重。故该模式的驱虫效果也不甚理想。

(三)阶段性驱虫模式

1.操作内容

指在猪的某个特定阶段进行定期用药驱虫。现实中较常用的用药方案是:妊娠母猪产前 15 天左右驱虫 1 次;保育仔猪阶段驱虫 1 次;后备种猪转入种猪舍前 15 天左右驱虫 1 次;种公猪一年驱虫 2～3 次。

2.效果评价

该法多在管理比较规范的猪场使用,其控制寄生虫感染的效果较局部用药驱虫和一年两次全场驱虫的效果要好。阶段性驱虫模式能较好地控制猪场寄生虫感染,特别是母猪产前驱虫,切断了母猪将寄生虫传播给仔猪的这一主要途径,较好地保护了肉猪免受寄生虫的侵害,定期驱虫具有消灭寄生虫和洗胃健胃的功能。

但是该方案不能彻底净化猪场各阶段猪群的寄生虫感染,种猪仍然存在一定程度的寄生虫感染。而且阶段性驱虫用药时间非常分散,实际操作执行较为不便,尤其是使用预混剂类驱虫药时,实施难度较大。

(四)"四加一"驱虫模式

1.操作内容

该模式的驱虫原则是以种猪为驱虫重点,切断寄生虫在场内传播的源头并阻断场外寄生虫的导入。实际操作中所谓的"四"是指猪场中

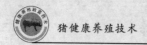

的种猪一年4次驱虫,即空怀母猪、妊娠母猪、哺乳母猪、种公猪每隔3个月驱虫1次,即一年驱虫4次。"一"则是指新生仔猪在保育舍或进入生长舍时驱虫1次,以及引进种猪并群前驱虫1次。

2.效果评价

该模式由"建立猪场寄生虫病监测系统与驱虫模式的研究"攻关课题提出,针对寄生虫的生活史、在猪场中的感染分布情况、主要散播方式等重要科研内容,科学设计而成的猪场驱虫方案。其特点是:①加强了对猪场种猪的驱虫强度,从源头上杜绝了寄生虫的散播,起到了全场逐渐净化的效果;②考虑到了小猪对寄生虫最易感,在保育阶段后期或在进入生长舍时驱虫1次能帮助小猪安全渡过易感期;③依据了猪场各种常见寄生虫的生活史与发育周期所需的时间,种猪每间隔3个月驱虫1次,如果选用药物得当,可对蛔虫、毛首线虫等起到在其成熟前驱虫的作用,从而避免虫卵排出而污染猪舍,减少重复感染的机会。故该模式是当前比较理想的猪场驱虫模式。

该模式使用成功的基础是选择低毒、安全、驱虫谱广、能驱杀线虫的幼虫、使用方便的驱虫药。药物必须保证:①不引起母猪流产、死胎;②全面、彻底驱除包括球虫在内的各种常见寄生虫;③驱虫后猪只较长时间内不排出虫卵,减少重复感染的机会;④使用简便,能方便实行群体驱虫,最好选用通过拌料给药的预混剂类驱虫药,以减少驱虫劳动量并能达到群体给药的目的。

思考题

1.试分析当前猪病流行的病因及解决措施。

2.猪场应如何做好消毒卫生工作?

3.消毒时应注意哪些问题?

4.规模化猪场应如何做好免疫接种?

5.如何做好规模化猪场寄生虫病的控制?

第七章

零排放无污染发酵床健康
养殖技术

　　导　　读　发酵床养猪技术具有零排放、提高抵抗力、减少药残、节约用水和节约劳力等优势，并且还可消纳大量农副废弃资源。结合本地的气候条件和自然资源情况，合理设计育肥猪舍、母猪舍及旧猪舍改造，达到夏季降温、冬季保暖及节约建筑成本的目的。利用当地的玉米秸秆、稻壳、甘蔗渣等农副资源，优选发酵床菌种，根据操作规程制作发酵床。通过发酵床垫料温度、湿度、氨气浓度等指标监控，科学维护管理育肥猪、妊娠母猪、保育仔猪等不同类型发酵床。加强通风、降温、改变饲料配方及饲喂方式，克服夏季热应激不利影响。根据垫料情况，再生处理，延长发酵床使用期限。加强生物安全建设，预防寄生虫、霉菌中毒、呼吸道疾病及抗酸菌症等疾病。利用二次堆积发酵技术，确保养殖安全。废弃垫料加工成有机肥或用于沼气发酵，实现资源循环利用。此章应重点掌握发酵床舍的建筑及发酵床管理技术。

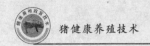

第一节 零排放无污染发酵床养殖模式的技术特点

目前中国每年畜禽粪便产生量已达 19 亿吨,超过了工业固体废弃物排放量的 2 倍多。集约化、规模化畜禽养殖场和养殖区污染物问题提到重要的议事日程。目前我国的养猪模式主要有养猪达标排放模式、种养平衡模式、沼气生态模式等几种模式,这几种饲养模式存在的主要问题于投资较大,运行费用高,对操作人员技术要求高,需要配套大面积的土地以消纳猪粪水,且粪肥施用受农田季节、作物品种、粪肥用量等限制。畜禽养殖业的健康可持续发展应兼顾环境效益和经济效益,提高项目的投资收益率,以较低成本解决环境污染,促进养殖业、环境与人类的和谐。发酵床养猪技术,作为一种新兴的环保生态养殖技术受到人们的广泛重视。

发酵床养猪技术是一种以发酵床为基础的粪尿免清理的环保养猪技术。核心是猪在发酵床垫料上生长,排泄的粪尿被发酵床中的微生物分解,无臭味,粪尿免于清理,对环境无污染。发酵床垫料主要由外源微生物、猪粪便、秸秆、锯末、稻壳等组成,厚度为 40～90 厘米。垫料中的外源微生物主要为有益菌,为一种枯草芽孢杆菌。将垫料各组分按比例混匀,堆积发酵至 60～70℃,然后将垫料摊开,猪在铺有锯末、稻壳或其他垫料的垫料上生长。发酵床垫料的温度一般保持在 40～55℃。发酵床垫料可多次反复利用,废弃垫料可作为有机肥使用。

2006 年山东省农科院与日本签订发酵床养猪合同,2007 年、2008 年山东省外专局对零排放发酵床养猪项目进行经费支持,山东省农科院开始在济南、临沂、德州等山东省内一些地市及新疆、河北、河南、安徽、云南、四川、山西等地开始试验研究与技术推广。2006 年韩国自然养猪法也开始在山东省一些地方试验。自 2006 年 5 月以来,武英、盛清凯等(2008a)在山东省农科院原种猪场、武城县种猪场、肥城八戒猪场等完成了夏季、冬季多批次1 260头断奶仔猪、育肥猪的发酵床饲养试验、并进行了发酵床夏季热应激、冬季高寒、湿及环境有害气体等对猪影响的观察。对生长速度、胴体性能、猪肉品质及肠道菌群等进行了系统的测定与分析。结果表明,夏、冬季节平均日增重610～720克;料重比(2.86～2.66):1;瘦肉率65％～68％,猪肉无药残、安全优质。猪舍内空气中氨气含量显著低于常规模式饲养。

"零排放",即猪排泄的粪尿经过垫料中的微生物分解、发酵,臭味消失,猪场内外感觉不到臭味。应用零排放发酵床养殖仔猪、育肥猪、母猪及公猪,猪舍都没有明显臭味。因此"零排放"是本技术最显著的特征。该技术将传统养猪粪便污染处理问题提前在养殖环节进行消纳,可实现污染物零排放的目的,这是本技术与我国传统水泥地面饲养技术的明显差别。

"一个提高",即提高抵抗力、减少药残。由于猪在发酵床垫料上生长,应激减少,福利程度提高,抗病力明显增强,发病率减少。特别是消化道疾病和冬季呼吸道疾病较传统集约饲养有大幅下降。发酵床养猪饲料中一般不添加抗生素,猪活动范围增加,所生产的猪肉安全优质。

"两个节约",即是节约用水和节约劳力。因发酵床育肥猪不需要用水冲洗圈舍,仅需要满足猪饮用和保持垫床湿度的水即可,所以较传统集约化育肥猪养殖可节省用水85％～90％。由于猪场不需要清粪,饲养人员仅保证及时喂料、发酵床维护,1个正常劳力可批次饲养几百头育肥猪,相对于过去一人可饲养几十头猪的传统养猪法可显著节约劳动力。翻挖发酵床垫料时,日本等国家常采用挖掘机,一人可饲养千头,而我国大部分猪场采用人工翻挖垫料,即便如此,仍可降低人工饲养成本。由于仔猪垫料翻挖次数少,发酵床饲养仔猪最能明显体现节约人工的优势。

另外,零排放养猪可消纳大量农副废弃资源。发酵床养猪可使用的垫料有锯末、稻壳、玉米秸秆、花生壳、棉花秸秆、大豆秸秆、甘蔗渣等。利用废弃的垫料,生产有机肥和沼气,可实现资源的循环利用。

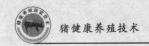

第二节 发酵床猪舍设计

一、发酵床猪舍设计

考虑日本、韩国与山东省气候条件、自然资源及养猪方式与国内存在差异,山东省农科院畜牧兽医研究所根据山东省的实际情况,结合日本猪场和我国传统猪场设计,对发酵床猪舍设计进行了调整,主要体现在三个方面:其一,猪舍建筑成本显著降低。制约发酵床环保养猪技术推广的一个重要制约因素为猪场投资太大。资金充裕猪场,可采用钢架式结构建筑。中小规模猪场可采用常规建筑,实心砖改用空心砖,注重通风、除湿、降温与保暖,也可利用原有旧育肥猪舍进行改造。其二,猪舍结构创新,修建水泥台与发酵床兼有的猪床。夏季,猪可在水泥床或发酵床上休息,减轻垫料热应激与环境热应激双重热应激的不良影响。其三,发酵床猪舍建筑模式创新。我国目前的发酵床猪舍适于小型猪舍饲养,难以机械化操作。设计了活动栅栏式发酵床猪舍(盛清凯等,2009a),该模式可提高劳动效率,更加便于操作,节省人工。

南方(广州、广西)夏季高温持续时间长,冬季不冷,南方可采取卷帘式建筑模式或采用湿帘加纵向通风模式。北方地区,冬季寒冷(如新疆),可采用封闭式墙体加厚生态养猪模式。由于全国其他省份的气候条件和自然资源与山东省、日本、韩国存在差异,因此国内其他省份在推广零排放发酵床养猪技术的时候,建议将该技术与本省的实际情况相结合,建立有本省特色的零排放发酵床养猪技术(盛清凯等,2008b)。

二、发酵床猪场选址和布局

发酵床猪场选址与布局和我国传统集约化猪场基本相同,应适宜选址,合理布局:养殖场选址位于法律法规明确规定的禁养区以外,通风良好,给排水相对方便,水质符合要求;距主要交通干线和居民区的距离满足防疫要求,有供电稳定的电源;在总体布局上做到生产区与生活区分开,净道、污道分开,正常猪与病猪分开,种猪与商品猪分开。厂址选择时,一般考虑地理位置、地势与地形、土质、水电各个方面。发酵床猪场选址和布局,我国与常规猪场一致。

三、发酵床猪舍设计总体要求

发酵床猪舍与我国常规水泥地面猪舍建筑不同。目前国内的育肥猪发酵床猪舍建筑主要有顶棚式、密闭双面坡式和塑料大棚三种。顶棚式猪舍(卷帘式猪舍)四面通风,较适合我国南方地区。密闭双面坡式适合于我国南方及北方地区。塑料大棚式发酵床猪舍在东北三省较多,山东地方不多。不同猪舍适合不同区域。日本猪舍为D型大棚式较多,韩国钟楼式猪舍建筑较多。

北方发酵床猪舍设计时应注意夏季防暑、冬季保暖、除湿、通风、水管防冻、饮用水及雨水污染垫料、防屋顶结水珠、穿堂风及注意发酵床地下水位高低等。南方发酵床猪舍设计时,应注意抗夏季降温、增加通风、雨水污染垫料及热射病等。各种猪舍设计时,都还应方便于猪的进栏与出栏以及发酵床废弃垫料的堆积和清理。

四、不同类型猪发酵床猪舍设计

(一)育肥猪发酵床猪舍设计

目前国内育肥猪发酵床猪舍建筑存在差异,其基本模型见图7-1。

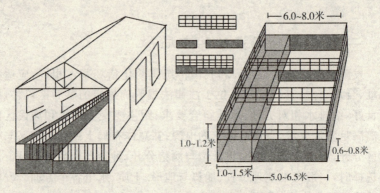

图 7-1 育肥猪发酵床模式图

1.育肥猪发酵床猪舍设计

采用该技术养猪,猪舍一般采用单列式,猪舍跨度为 9～13 米。南方猪舍采用四面全开放卷帘式,猪舍屋檐高度 3.6～4.5 米。栋舍间距要宽畅些,小型挖掘机或小型铲车可开动行驶,一般在 4 米以上。北方猪舍采用密闭双面坡式,猪舍屋檐高度 2.0～3.5 米,后墙为二四式,新疆地区后墙可采用三七式。

栏圈面积大小可根据猪场规模大小(即每批断奶转栏数量)而定,不同饲养阶段饲养密度不同,可根据猪体重及饲养阶段来调整。

在猪舍一端设一饲喂台(水泥台),在饲喂台或在猪舍适当位置安置饮水器,要保证猪饮水时所滴漏的水往栏舍外流,以防滴水潮湿垫料。该处应注意防止饮水器漏的水流淌到垫料上,污染垫料。另外,夏天采取滴水降温时,建议将水滴滴在饲喂台上。猪采食时水滴可落在猪头部,达到降温效果。

饲喂水泥台宽度一般为 1.2～1.5 米,高度为 50～80 厘米。其作用为夏季猪趴窝其上采食,加强体热散发,利于缓解热应激,并且便于保护猪蹄壳。

在饲喂台与墙体间预留饲喂通道。饲喂通道宽度为 1.2～1.5 米,便于饲养管理。

屋顶建筑尤其注意。山东地区屋顶建议为砖瓦-泥-芦苇结构建筑或彩钢瓦塑料泡沫 PVC 板结构。该两种结构都有利于猪舍夏季防暑冬季保温。屋顶不建议采用石棉瓦结构。石棉瓦不利于夏季的降温和冬季的保暖。如采用石棉瓦做屋顶,建议石棉瓦下增铺一层薄塑料泡沫板,从而达到夏季降温冬季保暖要求。

后窗面积大小应根据当地气候进行调整,不但要利于夏季降温,还要利于冬季保暖。南方采用卷帘式建筑,四面无窗,夏季卷帘卷起,下雨及冬季卷帘落下。夏季为了利用穿堂风,便于前后窗自然通风,山东省猪舍后窗下檐应低,高于地面 10~20 厘米,能起到防止雨水流入即可。北方地区后窗可设上下两排,窗户面积大小可根据气候状况进行调整。新疆等北方严寒地区,后窗面积小。北方地区冬季寒冷时,可关闭后窗户,并外遮盖塑料布或草帘、棉被,进行保温。

根据地下水位情况,猪舍地面可水泥固化,也可不用固化,建议水泥固化。垫料长时间使用后或垫料进入雨水,污水有可能污染地下水,建议地面水泥固化。如果地下水位高,应固化。对于新疆地区建议发酵床面水泥挂面,以利于垫料水分的保护。

猪舍设计时,还应考虑防雨淋及水管冻裂。南方多雨,防止雨水流入发酵床舍,导致发酵失败。北方冬季寒冷,水管易冰冻,造成饮水困难。

常用发酵床猪舍配套设施为:排气扇(用于夏季或天气无风闷热时加强通风)、湿帘(用于夏季高温时降温)、翻动机械设备(用于垫料制作、垫料日常翻动搅匀,如小型挖掘机或直叉子)、活动挡板(猪进出栏用)、喷雾器(调节垫料湿度,洒水)等。

2.猪舍栏种类

主要有地面槽式结构、地下坑道式结构和半坑道式结构三种(图7-2)。

地面槽式结构:样式与传统中大猪栏舍接近,三面砌墙,高度:保育猪 50~70 厘米、中大猪 90~110 厘米,一般要比垫料层高 10 厘米左右,上方增添 50~80 厘米铁栏杆防止猪跑出。优点:猪栏面高出地面,

地下坑道式结构　　　半坑道式结构　　　地面槽式结构

图 7-2　育肥猪发酵床猪舍结构

雨水不容易溅到垫料上,及地面水不易流到垫料,通风效果好,且垫料进出方便。缺点:猪舍整体高度,造价相对高些;猪转群不便;由于饲喂料台高出地面,饲喂不便。地下水位高时,可采用该结构。

地下坑道式结构:即根据地下水位情况,向地下挖掘,也就是发酵床垫料在地面水平面以下。深度:保育猪 40～60 厘米;中大猪 80～100 厘米。栏面上方增添 50～80 厘米铁栏杆,防止猪跑出。优点:猪舍整体高度较低,造价相对低;猪转群方便;由于饲喂料台与地面平,投喂饲料方便。缺点:雨水容易溅到垫料上;垫料进出不方便。整体通风比地面槽式差。地下水位高时不易采用该种结构。

半坑道式构造:即介于地面槽式结构与地下坑道式结构之间。

(二)育肥猪旧猪舍改造

由于新建发酵床猪舍成本较高,山东省一些猪场冬季旧猪舍改造。旧育肥猪舍大多为半开放式建筑。改造的主要办法为:①在猪运动场上方增加拱形竹竿。竹竿上方覆盖 1～2 层塑料薄膜。竹竿支撑能力应足够,冬季防止雨雪压塌。夏天可在塑料薄膜上方安置遮阳网,冬季添加草帘,利于夏季防暑冬季保暖。②猪舍后墙增开窗户,以利于夏季通风降温。③增设水泥饲喂台,便于猪采食,同时防止饮水器滴水污染垫料。④根据猪圈面积大小,决定适宜饲养头数。也可将传统猪舍两个相邻猪圈的隔墙打开,合围成一个发酵床进行饲养。⑤注意配套通风设施。

山东省原有的旧猪舍经改造后,冬季发酵床饲养效果较好,猪舍无臭味,猪生长良好,断奶仔猪腹泻率明显降低。夏季使用时存在一定缺陷,主要为猪舍高建筑度低,不利于通风。采用遮阳网降温,效果有限。

旧猪舍改造后,进行发酵床养殖的优点投入成本显著降低,冬季饲养效果较好。缺陷为夏季养殖效果受热应激不利影响,猪生长速度降低。为此,改造的旧猪舍主要用于冬季仔猪饲养。

(三)发酵床母猪舍建筑

发酵床饲养母猪,母猪舍环境改善,臭味明显减少,可节省产床,节省仔猪取暖费,但不一定省工,主要原因在于妊娠母猪或哺乳母猪单栏饲养,难以机械化实施。

发酵床母猪舍和常规母猪舍一样,也分为后备母猪舍、妊娠母猪舍、哺乳母猪舍和空怀母猪舍。发酵床母猪舍设计存在多种样式,一般而言,后备母猪舍和空怀母猪舍设计,类似与育肥猪发酵床猪舍,其主要差别在于后备母猪舍和空怀母猪舍分割多个单元,每个单元饲养几头猪,而育肥猪猪舍可同时饲养几十头猪,不必将整个育肥发酵床舍分割为几个单元。妊娠母猪猪舍和哺乳母猪发酵床猪舍设计基本一致,母猪发酵床水泥台宽度为2.0~2.5米,发酵床深度为70~95厘米,我国各地因气候差异,发酵床深度可以不同,北方可深一些,南方可浅一些。妊娠母猪舍水泥台可以作为产床利用,从而节省产床。

发酵床母猪舍建筑多种多样,图7-3为一种将妊娠猪舍和哺乳母猪舍合为一体的猪舍设计,该设计将水泥饲喂台作为母猪产床,节省产床费。妊娠后期,用活动铁栅栏将发酵床和水泥饲喂台隔开,妊娠母猪不再进入发酵床区域。妊娠母猪分娩后,乳猪可自由穿过铁栅栏的底部,到发酵床上自由活动。由于乳猪对外界环境要求较高,因此在发酵床一角落应设置保暖箱。乳猪可到保暖箱中取暖,也可从铁栅栏底部穿过,到哺乳母猪处吃乳。

很多地方利用产床进行哺乳母猪饲养(图7-4)。将产床设置在发酵床上,产床下的发酵床区域可以硬化,也可以为漏粪地板。乳猪可通过产床底侧部的空隙自由进入发酵床区域活动。

图 7-3 发酵床妊娠母猪和哺乳母猪猪舍

图 7-4 有产床的发酵床母猪猪舍

(四)不同猪群发酵床饲养密度

各地在设计不同猪只发酵床猪舍时,可根据猪只类别、猪体重及季节温度进行适当调整。一般保育猪饲养密度高,育肥猪饲养密度小;夏季饲养密度小,室温下饲养密度高(表 7-1)。

表 7-1 不同猪群发酵床饲养密度

猪只类别	垫料厚度(厘米)	垫料体积(米³/头)	垫料面积(米²/头)
保育猪	55~60	0.2~0.3	0.3~0.5
生长猪	50~90	0.7~0.9	0.7~1.0
育肥猪	50~80	1.0~1.2	1.1~2.0

续表 7-1

猪只类别	垫料厚度（厘米）	垫料体积（米³/头）	垫料面积（米²/头）
后备猪	70～90	1.0～1.2	1.1～1.5
妊娠母猪	70～95	1.3 以上	0.9～1.4
哺乳母猪	70～95	1.5 以上	1.7～1.9
种公猪	55～60	1.5～1.6	2.5～2.9

第三节　发酵床的制作技术

一、发酵床垫料选择与质量要求

零排放养猪技术重要环节是垫料的制作,垫料所用大宗的原料为农作物下脚料如谷壳、秸秆等,以及锯末、树叶等。需少量的米糠、生猪粪及微生物饲料添加剂。锯末主要起保持垫料水分的作用。稻壳或秸秆主要起支撑垫料增加透气功能。米糠和生猪粪为发酵床微生物发挥功能的营养源。发酵床微生物起分解猪粪尿、提高和稳定发酵状态、促进饲料吸收、抑制病菌繁殖作用。

日本推荐的发酵床垫料材料主要为锯末和稻壳及发酵床微生物。由于发酵床技术的推广,锯末、稻壳价格上扬。垫料成本成为制约该技术进一步推广的重要因素。为了降低发酵床制作成本,各地应尽量利用当地廉价的原料。我国各地可利用的一些地方资源有锯末、棉秆、花生壳、豆秆、稻壳、玉米秸秆、甘蔗渣、棉籽皮、米糠、麸皮、烟秆等。在选择垫料时,尽量选择不易腐烂的材料(即木质素含量较高的材料),垫料选择时可从材料的吸水性、透气性、易发酵性、碳氮比等几个方面考虑(表 7-2、表 7-3)。

表 7-2　发酵床一些垫料的特性

垫料的特征	锯末	稻壳	碎稻谷	废纸	树皮	麦秆
吸水性	○	△	○	◎	△	△
透气性	△	◎	○	△	◎	○
易调整性	○	○	○	○	○	△
易搅拌性	△	○	△	△	×	△
易搬运	○	×	△	◎	△	○
易发酵	○	◎	△	△	◎	△
持续发热性	○	○	○	×	○	△
易到手	○	△	○	◎	○	○
成本	△	◎	○	○	○	○

注:◎最好,○良好,△可以,×不好。

表 7-3　一些常用发酵原料的碳氮比(摘自吕作舟等,2006,5)

种类	碳含量(%)	氮含量(%)	碳氮比(C/N)
木屑	49.48	0.10	491.80
栎落叶	49.00	2.00	24.50
稻草	45.39	0.63	72.05
大麦秸秆	47.09	0.64	73.58
玉米秸秆	43.30	1.67	25.93
小麦秸秆	47.03	0.48	97.98
稻壳	41.64	0.64	65.06
马粪	11.60	0.55	21.09
猪粪	25.00	0.56	44.64
黄牛粪	38.60	1.78	21.69
奶牛粪	31.79	1.33	23.90
羊粪	16.24	0.65	24.98
兔粪	13.70	2.10	6.52
鸡粪	4.10	1.30	3.15
纺织屑(废棉)	59.00	2.32	25.43
沼气肥	22.00	0.70	31.43
花生饼	49.04	6.32	7.76
大豆饼	47.46	7.00	6.78

各种材料应确保质量要求。秸秆需事先切成1～2厘米的,最好玉米秸秆的叶、梢去掉。玉米芯经破碎成小块后,也可以应用。锯末、甘蔗渣等无霉变、无杀虫剂等。锯末经防腐剂处理过的不得使用,如三合板等高密板材锯下的锯末。米糠质量要好,掺杂谷糠或酸败的米糠不得使用。无米糠时,可用玉米面、麸皮等代替。小麦秸秆通气性好,但易腐烂,应少量添加。生猪粪要求是1周内的新鲜猪粪。直接从猪栏内收集的干清粪,不是从集粪池中捞起的粪便,母猪粪为最好。全新猪场没有猪粪,可增加优质米糠量替代。

发酵床微生物质量是发酵床制作的核心。质量良好的发酵床微生物,可以饲养几批猪,而质量劣等的菌种在发酵床饲养第一批猪的过程中或饲养第一批后猪粪就开始发臭,即质量劣等微生物不具备分解猪粪污微生物的能力,或分解微生物能力弱。对于发酵床微生物质量优劣,国家尚没有判定标准。目前市场上主要存在三种发酵床微生物,一种为已知的芽孢杆菌,一种为土著菌,另一种为EM或其他菌种。对于芽孢杆菌,因为菌种属性明确,菌种质量较为安全,因此可以推广使用。对于土著菌,由于微生物培养,主要存在菌种属性不明确,菌种未经纯化,培养质量因区域、技术差异等问题,对于大型规模猪场,可在专业技术人员的操作下,菌种质量可能得到保证,对于中小型规模猪场可能并不适合推广。对于利用EM或其他菌种制作发酵床,是否可行值得探讨。对于适宜的微生物菌种,应进一步研究。

山东省农科院对发酵床微生物进行了研究,初步筛选获得相关菌种31株,在菌种分类、形态、理化特性等方面做了系统的工作;验证获得的枯草芽孢杆菌复合菌系具有组成稳定、生长优势极强、代谢猪粪能力强、耐热性能好等特点。饲养试验表明对照组日增重741克,试验组日增重805克,证明自筛菌种发酵产品安全无毒,该产品正在进行中试。各地养殖户在购买发酵床微生物时,可到科研单位、专业生产机构或技术力量雄厚企业购买。

二、各垫料组分比例

不同的材料,季节不同,所占的比例不一样,具体详见表7-4。日本专家推荐配方。实践证明,该配方应用较好,主要问题为垫料成本高。

表7-4　不同季节所需的原料比例

季节	稻壳(%)	锯末(%)	鲜猪粪(%)	米糠(千克/米³)	发酵床微生物(克/米³)
冬季	40	40	20	3.0	200~250
夏季	50	30	10	2.0	200~250

注:①夏季,也可不用猪粪,可适当增加米糠用量。
　　②因生产厂家不同,发酵床微生物添加剂量不同。

山东木材资源缺乏,不同于韩国和日本。根据山东省各市地气候及资源差异,采用不同的发酵床垫料生产模式,以降低木材的用量,同时扩大农副资源废弃产品的利用率。在玉米、棉花主产的鲁西北地区建议推广"棉秆＋秸秆＋粪污"发酵床养殖模式,在山东中部地区建议推广"(锯末)棉秆＋秸秆＋稻壳＋粪污"模式,在气温偏高的育肥猪主产区——鲁南部地区建议推广"日本 NEW FLESH 型"发酵床舍改进型的"锯末＋稻壳＋粪污"养殖模式;在海洋气候、水果、花生主产的东部地区建议推广日本式发酵床舍"锯末＋花生壳＋粪污＋稻壳"育肥猪养殖模式。在山东各市玉米主产地区,推荐"玉米芯＋稻壳＋粪污"模式,用农副资源玉米芯或玉米秸秆完全替代锯末。全国各地在推广发酵床技术时,根据当地资源情况,灵活变更。

三、垫料制作过程

发酵床垫料预堆积发酵的目的为通过预先堆积发酵,产生大量生物热,从而增殖有益菌群,抑制或杀灭有害菌。

1. 垫料制作方法

垫料制作方法根据制作场所不同一般可分为集中统一制作和猪舍内直接制作两种。集中统一制作垫料是在舍外场地统一搅拌、发酵制作垫料。这种方法可用较大的机械操作，操作自如，效率较高，适用于规模较大的猪场，要新制作垫料的情况下通常采用该方法。在猪舍内直接制作是十分常用的一种方法。即是在猪舍内逐栏把谷壳、锯末、生猪粪、米糠以及微生物添加剂混合均匀后使用。这种方法效率低些，适用于中小规模猪场。不论采用何种方法，只要能让各垫料组分充分混匀，让它充分发酵就可。

北方地区冬季，因环境温度较低，建议将谷壳、锯末、生猪粪、米糠以及微生物添加剂混合均匀并调节水分含量适宜后，转入发酵床猪舍中，用具有透气性的草栅或麻布遮盖，进行发酵处理。该工作最好在当日完成。如果发酵垫料在室外堆积发酵，因外界气温低，垫料中的温度难以上升，导致发酵失败。

2. 发酵床制作过程

首先选择当地适宜的、廉价的垫料原料，根据原料特性确定各原料的添加比例。单纯根据碳氮比确定各原料的比例并不准确。各种原料的碳氮比受原料产地、成熟季节、测定方法等不同，而存在差异。制作发酵床的各参数标准仍没有确定。制作发酵床时，建议选取不易腐烂的原料，配制好的发酵床垫料碳氮比应不低于 30，pH 呈略碱性，水分含量在 50% 左右，透气性好，成本低。

首先根据所处季节、发酵床面积大小以及与所需的垫料厚度计算出所需要的谷壳、锯末、米糠以及微生物添加剂的使用数量。如准备冬季饲养育肥猪，查找表 7-1，育肥猪舍垫料层高度冬天为 90 厘米，冬季制作发酵床各原料用量比例为稻壳 40%，锯末 40%，猪粪 20%，米糠每立方米 3.0 千克，发酵床微生物每立方米 200 克，此时可准备铺设 36 厘米（90 厘米×40%）厚的稻壳材料，36 厘米厚的锯末以及一定量的猪粪、米糠和发酵床微生物。由于猪在发酵床上跑动时，垫料表面下沉，故应多准备些锯末和稻壳。此时，锯末可准备铺设 40 厘米厚的锯末和 40 厘米厚的稻壳。根据发酵床面积大小,计算出应购买的锯末和稻壳体积数。

将所需的米糠与适量的发酵床微生物逐级混合均匀备用。

将谷壳或锯末取 10% 备用。将其余按下图示把谷壳和锯末倒入垫料场内,在上面倒入生猪粪及米糠和混匀的米糠微生物,用铲车等机械或人工充分混合搅拌均匀。如图 7-5 所示。

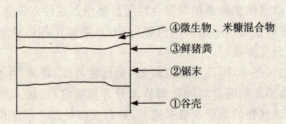

④微生物、米糠混合物

③鲜猪粪

②锯末

①谷壳

图 7-5　节省成本的育肥猪发酵床结构示意图

原料混合过程中,注意水分含量调节,水分含量保持在 50% 左右(手握成团,不能滴水,料落地散开)。具体混匀方法没有标准,无论采取何种方法,只要能混匀即可。有的养殖户先铺各种原料,在混匀过程中喷水,调解水分;有的养殖户先将底层的谷壳、锯末混合,再向上洒水,进行水分含量调解,然后再混合,再铺猪粪和微生物米糠混合物,最后再混匀。

物料堆积发酵。各原料经搅拌均匀混合后像梯形状一样堆积起来,堆积后,垫料水分应确保在 50% 左右。如水分不足,可加水后再混匀堆积。如水分过多,可再略微补充干的锯末和稻壳,进行水分调解,然后再堆积发酵。堆积好后表面铺平,用具有透气性的麻袋或凉席、草帘等覆盖周围中下部。垫料堆积高度一般 1 米以上。寒冷季节,环境温度低时,堆积体积应足够大。

3.检测

为确保发酵成功,应发酵温度检测。正常情况下第二天垫料约 20 厘米深处温度可达到 30~40℃ 以上,以后温度便逐渐上升,第三天最

高可达到 60～75℃。保持 60℃以上发酵温度发酵一段时间,一般冬季
可发酵 7～15 天,夏季可 3～7 天。以垫料温度刚下降时即摊开,摊开
垫料后以无臭粪味为标准。正常情况下,为淡淡的酸香味。此时,表明
发酵成功。一般夏季用玉米面代替猪粪时,可发酵 3 天,冬季可 7～10
天。垫料温度检测方法为准备几只水银温度计,在垫料中上部位插入
垫料 20 厘米深,测定 20 厘米深处的温度。

将摊开的垫料铺平,然后将剩余的 10％锯末或稻壳铺在上面,厚
度约 10 厘米。间隔 24 小时后可以进猪饲养。

详细情况见图 7-6。

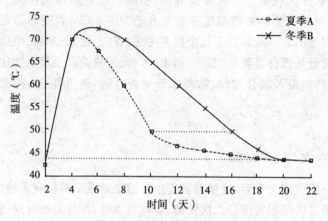

图 7-6 堆积垫料发酵过程温度变化

说明:

(1)夏季 A 曲线因垫料中不加猪粪,所以温度衰减很快,原因是垫
料中的营养(米糠)在发酵中很快被消耗完毕,所以曲线很快趋于稳定。

(2)冬季 B 曲线因垫料中含有猪粪等丰富的营养,发酵时间加长,
温度曲线衰减慢。

(3)垫料发酵成熟与否,关键看温度曲线是否趋于稳定。

(4)夏季放猪前,如果是新垫料,温度曲线趋于稳定的时间一般为

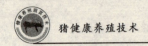

10 天左右；如果是旧垫料，温度曲线趋于稳定的时间一般为 15 天左右。

（5）垫料发酵状况会随着气温的变化和垫料状况的不同有所变化，以上曲线仅作参考。

预先堆积发酵，是确保发酵床养殖成功的保障。预先堆积发酵时应注意：其一，调整水分含量，特别注意尽可能不要过量。其二，制作发酵床时原料的混合，什么样的做法都可以考虑，以高效、均匀为原则。其三，堆积后表面应按压。特别是在冬季里，周围应该使用通气性的东西如麻袋等覆盖，使它能够升温并保温。其四，所堆积的物料摊开的时候，中心部水分比较低。气味应很清爽，不能有恶臭的情况出现。最后，应注意第二天垫料初始温度是否上升至 20～40℃，否则的话要查什么因素引起的。一般从以下几个因素考虑：谷壳、锯末、米糠、生猪粪等原材料质量是否符合要求，谷壳、锯末、米糠、生猪粪以及微生物比例是否恰当，物料是否混合均匀，物料水分是否合适，是否在 50%，太干还是太湿。

四、二次堆积发酵

在第一次发酵失败后，或垫料被寄生虫感染后或垫料被病菌污染，建议进行第二次堆积发酵。二次发酵，应彻底发酵，并且发酵时间适当延长，寒冷地区可延长至 20 天或更长。利用二次发酵，可杀灭垫料中的病菌，保证再次进猪饲养的安全。二次堆积发酵时，确保最高发酵温度高于 60℃。

二次堆积主要分为两种情况：第一种情况，由于对发酵床垫料特性不熟悉，各垫料添加比例不合适，水分含量没有控制好等原因，导致第一次发酵失败，此时应针对第一次失败原因，采取添加各种原料、调整水分含量、补充菌种、添加营养源等措施，确保发酵成功，该种情况下发酵温度 60℃以上时，维持高温发酵 5～7 天即可。第二种情况，发酵床饲养过程中，垫料被病菌污染，即猪生病了，猪排泄物中的病原菌污染垫料,此时应将垫料重新堆积发酵,发酵温度达到 60℃ 以上时,维持 5～7 天,然后再将堆积的垫料外翻,再次堆积发酵,发酵温度仍达到 60℃ 以上并维持 5～7 天,达到充分杀灭病菌的目的。寄生虫 60℃ 下几分钟可被杀灭。

　　猪在发酵床上生长,猪肉是否安全,粪污中的大肠杆菌等有害微生物是否威胁猪的健康等问题引起人们的广泛关注。为此,武英等进行了 10 批次猪肉质量化验,结果表明猪肉安全。同时,在发酵床垫料不同深度采样,化验有益菌与有害菌的动态变化。结果表明,进猪后发酵床核心控制在 40℃ 以上,垫料中大肠杆菌数量控制在安全范围内。在原料堆积发酵阶段发酵温度控制在 60℃ 以上,可杀灭大部分病毒(表7-5)。预先堆积发酵或二次堆积发酵成功,是确保发酵床安全养猪的重要措施。

表 7-5　几种猪传染病病原的最低灭活温度、所需时间

(摘自 B・E・斯特劳,2000)

猪病名称	温度(℃)	时间
蓝眼病	56	4 小时
凝血性脑脊髓炎	56	30 分钟
猪流行性腹泻	60	30 分钟
猪细小病毒	56	30 分钟
猪繁殖与呼吸综合征	56	6～20 分钟
伪狂犬病	4～37	1～7 天

五、低成本的发酵床制作方法

　　为了降低发酵床垫料成本,各地可选择本地农副资源。另外,可改进发酵床制作方法。首先在发酵床猪舍底部铺设 30 厘米厚的玉米秸秆。玉米秸秆应干燥,不能潮湿。最好将玉米秸秆去掉叶、梢部分,将玉米秆切断成 1～3 厘米后再铺设。然后将发酵好的发酵床垫料铺设在已铺好的玉米秸秆上。再在发酵床垫料上平铺锯末或稻壳(图7-7),

隔日后进猪。

图 7-7　利用秸秆节约成本的发酵床结构示意图

该种方法堆积发酵部分所使用的各种垫料比例可参考表 7-6。

表 7-6　节省成本发酵床所需各垫料比例

季节	稻壳（%）	锯末（%）	玉米秸秆（%）	鲜猪粪（%）	米糠（千克/米³）	发酵床微生物（克/米³）
冬季	40	20	20	20	3.0	150～250
夏季	50	20	20	10	2.0	100～200

　　该种方法堆积发酵操作步骤同前。发酵床饲养过程中,可人工翻挖发酵的垫料部分,对于底部的玉米秸秆不必翻挖。猪出栏后,只对发酵床表面的锯末和堆积的垫料部分重新发酵,底部的玉米秸秆不翻动。

　　本方法比较适合玉米主产区及北方地区,发酵床垫料成本降低 30%～45%。

第四节　发酵床饲养管理技术

一、进猪饲养

　　进入发酵床饲养的猪应确保健康无疫,大小均衡。尽量推行自繁自养、全进全出的生产模式,品种一致。外购种猪建议从有《种畜禽经营许可证》的种猪场引进,应先饲养于观察栏中,要给猪驱虫、健胃并按程序防疫、控制疾病的发生,确认无疫病后再进入发酵床。

二、发酵床管理监控指标

发酵床进猪饲养后,一些养殖户不知如何管理发酵床,或疏于管理发酵床,导致发酵床发酵失败或出现病死猪等现象。发酵床发酵状态正常与否,可从如下几个方面判断。

1. 垫料温度

春季、秋季、冬季三季正常状况下发酵床 20 厘米深处垫料温度为 $40\sim55℃$,夏季发酵床 20 厘米深处垫料温度可以略低于 $40℃$。垫料温度是判定发酵床正常与否的主要指标。养殖户可准备一根水银温度计,将温度计插入垫料,测定垫料下 20 厘米处的温度。温度低于 $40℃$ 时,表明发酵床微生物分解粪尿能力减弱,此时应进行翻挖。夏季,因环境温度高,微生物分解粪污、产生生物热能力强,为降低夏季热应激的不利影响,垫料下 20 厘米处温度略低于 $40℃$ 时,应结合猪舍氨气状况、垫料泥泞状况等其他指标共同判定发酵床是否正常。

2. 床舍内空气相对湿度

山东地区,夏季炎热,空气干燥,空气相对湿度低。冬季猪舍常采取保暖措施,空气流通性差,猪舍相对湿度偏高。南方地区相对湿度偏高,内蒙古等北方地区相对湿度偏低,对此,应根据猪舍相对湿度变化,采取相应通风等措施。发酵床猪舍内相对湿度应低于 85%。

3. 垫料泥泞状况

猪在发酵床上排泄,长时间不翻挖及猪定点排泄,易导致局部垫料泥泞化。泥泞化区域应该小于 40%,如果泥泞化区域面积过大,发酵床易失败。

4. 猪舍内氨气情况

发酵床正常情况下,猪舍内有淡淡的酸香味,人感觉不到臭味,即猪舍内氨气浓度很低。猪舍内氨气味过高,表明垫料内可能缺氧,有氧

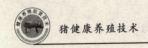

发酵受到抑制,此时应及时翻挖垫料。

5. 垫料表面干燥状况

受外界温度及通风影响,垫料表面的水分易蒸发,导致垫料表面干燥,粉尘增多。猪舍中粉尘含量增加,猪易得呼吸道疾病。此时可在垫料表面喷洒发酵床微生物水溶液,防止表面垫料干燥。

6. 猪行为观察

根据猪的行为判断猪的健康状况。冬季猪扎堆,表明发酵床温度低或猪舍保暖性能差。猪在水泥饲喂台上长时间趴卧,表明猪舍环境温度高,猪受热应激不利影响,应采取降温措施。正常情况下,猪只在垫料上散开趴卧或自由活动。

7. 发酵床垫料翻挖频率

由于猪饲养密度、猪体大小、季节等差异,发酵床垫料翻挖频率难以固定。

只要发酵正常,垫料不必经常翻挖。翻挖工具可以为挖掘机或直叉子。挖掘机可上下全面翻挖,效果优于直叉子。直叉子一般只能翻挖垫料 30 厘米厚。

对于初次进行发酵床养殖的养殖户而言,应先少养,掌握管理技术后再扩大饲养规模。对于发酵床规模化猪场,建议建立管理表格,落实责任到人,每天记录发酵床状况。根据发酵床变化情况,进行垫料翻挖或表面洒水等。

发酵床正常状态为:其中心部应是无氨味,垫料水分含量在 45%左右(手握不成团,较松),垫料温度在 40℃以上,pH 值 7~8,泥泞化区域面积低于 40%。否则不正常。

三、不同类型猪发酵床饲养管理

1. 仔猪发酵床饲养管理

发酵床饲养仔猪,发酵床技术优势得到明显体现。其一,仔猪体温调节能力差,物理调节和化学调节效率都很低,对寒冷的抵抗力差。因此,仔猪保温十分重要,尤其是生后第1～2周。发酵床垫料表面20～25℃,深层20厘米处40～55℃,仔猪趴卧其上,腹感温度显著高于水泥地面。仔猪感到寒冷时,可向垫料深层钻卧。其二,仔猪活动范围扩大,有利于生长及抗病性能提升。其三,仔猪体重小,发酵床垫料翻挖次数明显少于育肥猪,有利于劳动成本节省。

发酵床饲养仔猪和普通水泥地面饲养仔猪相比,存在共同性,也存在差异。其相同性主要为仔猪初生重与母猪繁殖性能密切相关,接产、剪牙、去势、开食一致,疫苗免疫、预防寄生虫等程序一致。其差异性及发酵床饲养仔猪需要特殊注意的是:

预防出生仔猪被母猪挤压。有的发酵床猪场母猪使用产床,有的不使用产床;有的母猪母性良好,有的品种母性稍差,母猪躺卧时,有可能压死或挤伤仔猪。

出生仔猪补充外源有益菌。仔猪出生后,胃肠功能差,消化机能不完善。表现为胃肠容积小,酶系统发育不完善(初生期只有消化母乳的酶系,消化非乳饲料的酶系在1周龄后才开始发育),胃肠酸性低,限制了养分的吸收;胃肠运动机能微弱等。及时补充肠道有益菌,能够促进肠道的发育,有利于养分的消化吸收,从而促进生长,提高抗病力。有的猪场将发酵床微生物与水按1：100重量比给出生仔猪灌服,或涂抹在乳房上,可促进仔猪肠道有益菌的增殖。

给仔猪设置保暖箱。尽管发酵床垫料温度高,设置保暖箱仍然非常必要。仔猪趴卧垫料上,腹感温度高,但仔猪背部等身体部位仍然能感受到外界温度。新生仔猪体内能量储备不多及能量代谢的激素调节功能不全,对环境温度下降极为敏感。新生仔猪体型小,单位体重的体表面积相对较大,且又缺少浓密的被毛以及皮下脂肪不发达,故处于低温环境中体温散失较快而恢复较慢。出生仔猪在产后6小时内最适宜的温度为35℃左右,2日龄内为32～34℃,7日龄后可从30℃逐渐降至25℃。

仔猪发酵床舍注重保温。我国北方地区,冬季气候寒冷。济南冬季最低气温为－12℃,内蒙古、新疆等地区,冬季更加寒冷。断奶仔猪由产房转到育仔舍,生存环境发生改变。北方暖气停止后,猪舍气温更低。仔猪为了生存,不得不动用饲料养分或分解体内营养物质以抵抗寒冷的侵袭,如此则导致仔猪生长缓慢、消瘦、抗病力弱,若仔猪在冰冷的水泥地面上趴卧,则更易腹泻。保育猪及断奶仔猪在发酵床上生存,为了提高空间环境温度,应注重猪舍环境的保温问题。

仔猪去势时,注意伤口感染。仔猪去势后,趴卧在发酵床垫料上,伤口易被感染。此时,可将刚去势仔猪赶在水泥台上饲养,或在发酵床垫料上铺设一层软质的稻草。伤口愈合后,恢复正常饲养。

转群。我国传统保育舍仔猪舍一般为每个栏位 8～10 头猪,发酵床断奶仔猪舍每个栏位一般 20～40 头,甚至更大,对于每栏的饲养头数没有具体要求,只要饲养密度合理即可。仔猪转群时为减少应激,可夜晚转群。

注意饲养密度。断奶仔猪发酵床垫料厚度一般为 55～65 厘米,饲养密度为每头占地 $0.3～0.5$ 米²/头。有些养殖户发现发酵床饲养断奶仔猪,腹泻率近乎为零,于是不顾发酵床的承载能力,盲目增加饲养密度,结果导致发酵床失败。发酵床饲养密度增加,垫料温度低,发酵床微生物分解粪尿能力减弱,发酵床容易失败,疾病则会相应增加。饲养密度略为增加后,应增加发酵床翻挖次数,但饲养密度不可过高。仔猪进入发酵床后 7～30 天翻挖一次(30 厘米深),翻挖频率视季节、猪群数量、发酵床状况等确定。

仔猪调教。转群的仔猪吃食、趴卧、饮水、排泄均未形成固定区域。加强调教,使其形成良好的生活习惯,即可保持栏内卫生,又为育成、育肥打下了良好的基础,方便生产管理。新转群的猪可将其粪便人为放在排泄区,其他区域有粪尿及时清理,并对仔猪排泄进行看管,强制其在指定区域排泄,1 周左右即可使仔猪形成定点睡卧、排泄的条件反射。同时为防止仔猪出现咬尾、咬耳等现象,可在猪栏上绑几个铁环供其玩耍。发酵床舍仔猪调教与常规方法一样。

饲喂优质饲料。仔猪胃肠功能差,消化机能不完善。仔猪断奶后面临断奶、环境、疾病及心理一系列应激,尤其是冬季面临寒冷环境的不利影响,该阶段不但要保证仔猪安全稳定地完成断奶转群,还要为育成育肥打下一个良好的基础。同时,该阶段也是猪群一个易感病菌的高发期,仔猪易消瘦、腹泻甚至死亡。为了保证仔猪的快速生长及抗病力,应配制高营养、易消化的优质饲料。仔猪饲料可用鱼粉、喷雾血浆蛋白粉、膨化豆粕(大豆)、乳清粉等优质原料配置。仔猪饲料配方除满足能量、蛋白、氨基酸、维生素等营养成分满足需要外,还应注意粗纤维含量。发酵床仔猪饲料中一般不添加抗生素,可在饲料中添加制作发酵床微生物菌种、益生元、中草药、酸化剂等。

仔猪发酵床舍注重消毒、免疫及寄生虫病预防。消毒、免疫及寄生虫病预防程序及要求可参照常规水泥地面猪舍。发酵床饲养仔猪,仔猪腹泻疾病明显减少(盛清凯等,2009b)。

2. 生长育肥猪发酵床饲养管理

生长育肥猪发酵床饲养管理重点在于维持好发酵床状态,使发酵能正常运行。由于发酵床为好氧微生物持续发酵过程,因此发酵床应不间断翻挖(供氧)、保持一定水分含量、补充发酵营养物质等。

由于猪具有定点排粪习性,生猪进入发酵床后常在某角落或某个地方排泄,导致粪污较为集中。粪污集中,易导致发酵床局部污泥化,发酵床失败。因此在粪便较为集中地方,在粪尿上喷洒发酵床微生物水溶液,然后将粪尿用粪叉分散开来,并从发酵床底部反复翻弄均匀。

生猪进入发酵床后,发酵床长时间不翻挖,发酵床底部易缺氧,导致有氧发酵失败。根据发酵床状态、猪饲养量多少及猪生长阶段,建议间隔3～10天,翻挖一次,翻挖深度20～30厘米。一般猪个体小,饲养密度小,翻挖间隔时间长;猪个体大,饲养密度高,翻挖间隔时间短。从生猪进入发酵床之日起50天,建议大动作翻挖垫料一次,从发酵床底部完全翻挖,增加垫料中的氧气含量。

观察发酵床垫料状态,决定是否翻挖。如果发酵床水分偏多,氨臭较浓,应全面上下翻挖一遍。看情况可以适当补充米糠与发酵床微生物混合物。测定垫料20厘米深处发酵温度,如果温度低于40℃,看情况决定是否上下全面翻挖还是只是垫料上部翻挖。春天、秋天、冬天，正常发酵温度应维持在 40～55℃，即不低于 40℃，夏季发酵温度可能稍低一些。

根据猪生长阶段，调整发酵床饲养密度。随着猪的生长，单位面积饲养猪的头数逐渐减小，此时应逐渐扩群。猪饲养密度小，易降低发酵床发酵温度，并导致发酵床失败。夏季育肥猪的饲养密度应降低。

补充垫料。由于猪在发酵床上生长，发酵床垫料不断被挤压，并且猪不断拱食垫料，随着时间的不断延长，发酵床垫料高度逐渐下降，此时应根据情况不断补充垫料。

猪场制订发酵床管理细则，科学管理。根据发酵床温度、垫料干湿情况、猪健康状况、猪免疫程序等，制订发酵床管理实施细则，派专人实施。

猪出栏后，全面翻挖垫料，重新堆积发酵。猪出栏后，将垫料放置 2～3 天，使垫料水分适宜，然后根据垫料情况，在垫料表面适当补充米糠和发酵床微生物混合物，用小型挖掘机或铲车或人工将垫料从底部反复翻弄均匀一遍，重新堆积发酵，以杀灭病原菌及寄生虫。重新堆积发酵过程中，确保发酵床温度在 60℃ 以上，发酵时间 5～7 天，冬季可延长至 10～15 天。

垫料重新堆积发酵好后摊开，在上面用谷壳、锯末覆盖，厚度约 10 厘米，间隔 24 小时后即可再次进猪饲养。

3. 母猪发酵床饲养管理

后备母猪外地购入后，应于隔离舍中观察饲养，健康后备猪进入发酵床饲养，病猪治愈后再进入发酵床饲养。后备猪饲养在发酵床上，其免疫接种及驱虫等程序同常规水泥地面饲养模式。

空怀母猪饲养管理，同常规水泥地面饲养模式。

妊娠母猪发酵床饲养管理。母猪配种后在发酵床上生长，由于母猪拱食发酵床垫料，此时应保证发酵床垫料的质量。霉变垫料易导致母猪流产，胎儿发育不良。因此在母猪进入发酵床前应将使用过的旧垫料充分堆积发酵，杀灭垫料中的病原菌和寄生虫，以保证母子平安。

为了控制妊娠母猪的体重,常规饲养方法主要通过限食及降低饲料营养水平两种方法。由于发酵床上猪拱食垫料,可以通过降低营养水平而不限制采食量的办法来调控怀孕早期母猪的体况。怀孕后期,应适当提高母猪饲料的营养水平。

妊娠母猪产前 1 个月或 45 天应将母猪限制在水泥台上饲养。妊娠后期(围产期)是母猪体内胎儿增重的关键时期,亦是母猪乳房发育时期,如果增加饲料营养浓度,饲养好此阶段母猪,对降低出生仔猪的死亡率,提高乳猪初生重,提高初乳量及质量,泌乳母猪采食量,缩短返情期,提高多胎率具有重要作用。因此,在此阶段应增加饲料投喂量,提高饲料营养浓度,使母猪不再拱食垫料。另外,妊娠后期,仔猪发育迅速,母猪趴卧发酵床上,母猪体重大,不易起立,易导致子宫内仔猪缺氧,窒息死亡;母猪怀孕后肚皮大,接触垫料太紧太密,可能会引发皮炎和过敏反应。再次,由于母猪在发酵床长久站立,蹄壳变软,母猪进入产床后,肢体难以负重,因此应提前使母猪不再进入垫料区域。

产房注意温度调节。产房要注意调控温度,大猪怕热,小猪怕冷,温度过高(超过 30℃)造成母猪食欲下降,导致母猪奶水不好,最终导致仔猪生长发育迟缓,严重者可导致下痢;温度过低,易造成仔猪下痢。最好的方式是两者兼顾,给仔猪单独的保温措施,如保温垫、红外线灯、保温箱或普通加热灯等,使局部造成高温环境,尤其是在产仔 1 周以内更应该注意仔猪温度的调节,仔猪最好处于高于 30℃ 的环境中,舍内的温度也要降低,以利于母猪生产性能的发挥,温度降到 26℃ 以下为佳。

母猪产房使用产床。由于猪舍设计不同,有的发酵床猪舍分娩栏使用产床,有的直接利用水泥地面作为产床,用限位栏将母子分开。利用水泥地面作为产床,可节省产床费用,但还是直接应用产床为好。母猪分娩前 7 天,进入分娩栏。母猪进入产房前,和常规饲养方法一样,应提前做好消毒免疫、驱虫、接生等工作。

母猪分娩及哺乳期管理。母猪在发酵床猪舍中分娩、哺乳管理同常规猪舍中分娩、哺乳管理。应注意的是:其一,出生仔猪尽早吃到母乳。要求仔猪产下后,尽量在3天内让所有的仔猪都吃足母猪的初乳,这一点是极其重要的,是重中之重,注意是所有的仔猪都要吃足初乳,不能落下一头不吃,这就要求人工辅助,照顾弱仔猪吃到初乳,进行奶头调整等,如果因为母猪初乳不足,或产后无奶的情况,最好是进行寄养,用其他母猪的奶水进行喂养,同时喂人工奶。其二,要求及时处理母猪排泄物。管理员要像传统养母猪一样,及时地清理母猪的排泄物,将排泄物进行掩埋和分散,不让仔猪过近地接触母猪的粪便。其三,注意防止脐带剪断、去势伤口感染。仔猪方面,最好用软质的垫料如稻草等在发酵床垫料上再垫上一薄层,每天更换一次,一直连续7天。1周后仔猪完全可以生活在发酵床上。其四,预防母猪乳房炎。仔猪吃母乳时,腿上的垫料易带入产床,嘴角边也会黏附垫料,垫料污染乳头,可导致乳房炎发生。

四、夏季与冬季发酵床管理

1.夏季发酵床管理

如何克服热应激不良影响,是发酵床养猪面对的重要问题之一。山东省夏季气候炎热,济南最高温度可达42℃。相比山东而言,内蒙古、新疆等北方地区,夏季高温持续时间短,热应激相对减缓,而广州、湖南等地,夏季高温持续期长,热应激更加严重。在对广东省多家大型农场夏季猪舍环境的调查中,年平均猪舍内温度超过30℃的天数超过150天,最高时猪舍内温度达到42~45℃,相对湿度通常在75%~80%。热应激不但降低育肥猪的生产性能,还能导致母猪受胎率下降、妊娠末期死胎数增加、窝重减少,甚至流产,还可使公猪交配欲减弱,精液品质降低。猪在发酵床上生长,受到垫料高温及环境高温双重热应激不利影响,发酵床养殖,应做好热应激的预防。

通风隔热。热的散失有传导、对流、辐射、蒸发四种方式,利用四种方式,减缓热应激不良影响。猪场首先要建在通风的开阔地带,选择坐北朝南方向,以开放式或半开放式,能利用自然通风的猪舍为宜,发酵床舍以自然通风最好。亦可安装风扇或送风机,促进空气流动,有效降低空气湿度,带走舍内热量,纵向通风比横向通风效果好。环境温度高于32℃时,开启风扇或送风机进行通风降温。在猪场和猪舍周围种植高大乔木,可减少阳光照射。猪舍屋顶有隔热措施,建筑材料一般不用石棉瓦或塑料布,如果使用石棉瓦,建议石棉瓦下增添一层塑料泡沫板,阻止热的传入。

喷洒降温。蒸发降温是最有效的方法,舍温过高时可用胶管或喷雾器定时向猪体(分娩舍除外)和屋顶喷水降温或人工洒水降温,对于定位栏和分娩舍母猪可用滴水降温系统。对空腹和妊娠母猪、生长育肥猪,可采用喷雾或喷淋降温的办法,降温速度快,5~10分钟即可将舍内温度降低5~8℃。但喷(洒)水降温会增大舍内的湿度,高温高湿会加重热应激,还会造成在舍内病原微生物的传播。夏季进行喷雾或滴水时应注意水滴不要滴在发酵床上。

湿帘风机降温。湿帘风机降温系统最初用于种鸡舍的夏季降温,可使舍温降低5~7℃。空气越干燥,温度越高,经过湿帘的空气降温幅度越大,效果越显著。湿帘降温目前比较适用于公母猪舍,成本也比较低廉。山东省一些发酵床猪场常采用湿帘风机降温。

扩大水泥台面积。白天炎热时,猪在水泥台上趴卧,夜间凉爽时,猪在垫料上趴卧。刘振等在江苏扬中市发酵床试验结果表明,夏季高温条件下,猪在发酵床上腹卧行为为10.8%,侧卧行为为8.1%,而在水泥地面上分别为24.8%和33.7%,江淮以南地区更应该设置水泥台(刘振等,2008)。水泥台宽度可不必局限于1.5米,炎热地区可适当加宽。

加强发酵床管理,减缓垫料热应激不利影响。台湾、香港、广州等气候炎热地区,夏季发酵床垫料厚度常为10~40厘米,经过短时间使用,及时更换垫料。山东省夏季垫料厚度为50~70厘米。夏季为了降低垫料发酵温度,常减少翻挖次数,并增加稻壳用量。为了降低猪粪污

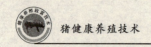

的异味,常在猪饲料中添加发酵床微生物,该微生物具有调整肠道菌群和粪污除臭的功能。由于粪污中含有一定的水分,猪躺卧在潮湿地方,可减缓热应激不利影响。夏季发酵床温度略低于 40℃,垫料湿度略高,只要猪舍无臭味即可。

预防垫料干燥。垫料表面喷洒含有发酵床微生物的水溶液,即将发酵床微生物与水按 500 倍稀释后喷洒,不但增加垫料湿度,还可补充垫料中的有益微生物。

调整饲料配方。对饲料配方做必要的调整,是克服热应激的有效措施之一。由于营养物质的体增热越多,越加重猪的散热负担,热应激也越严重,因此选择适口性好、新鲜质优的原料配合饲粮,适当降低高纤维原料配比,控制饲粮粗纤维水平,以减少体增热的产生。猪日粮中添加油脂,可减少体增热。添加维生素 C、维生素 E、碳酸氢钠能够增强抗热应激能力,增加采食量和日增重。对公母猪投放适量的青饲料,可提高猪群食欲和抗应激能力。

添加抗热应激药物。饮水中添加蔗糖、电解质等成分,能显著提高饲料报酬;当温度超过 32℃时,可酌情使用维生素 C、维生素 E、生物素和胆碱等抗热应激药物;部分中草药能够协调猪在高温下的生理代谢,促进猪的生长发育,改善机体免疫机能。选用开胃健脾、清热消暑功能的中草药山楂、苍术、陈皮、槟榔、黄芩、大曲等配制成饲料添加剂,可以缓解高温对猪的影响,提高增重和饲料利用率。将中草药、维生素、矿物质、电解质等按一定比例配制成添加剂,能协调猪体内的调节功能,增强猪的适应性和抵抗高温的能力,从而缓解猪的热应激。

加强管理,减缓环境高温不利影响。减少饲养密度,可降低猪舍内温度。保证供水,把干喂改为湿喂或采用颗粒饲料,可增加猪采食量。调整饲喂时间,增加饲喂次数,早上提前喂料、下午推后喂料,避开炎热时投料,夜间加喂 1 次。避开高温时间甚至季节配种。

2.冬季发酵床管理

冬季气候严寒,尤其新疆、内蒙古等北方地区。温度低,并且寒冷持续时间长。冬季发酵床养殖,效果好于夏季,主要体现为发酵床猪舍内温度高于常规水泥地面猪舍,省却取暖费,密闭猪舍内的环境得到明显改善。冬季发酵床试验表明,济南某猪场 2007 年 11 月至 2008 年 3 月间早晨 9:00 发酵床舍平均温度为 15.92℃,水泥地面猪舍温度平均为 13.64℃(猪舍外用双层塑料密封保暖),室外平均温度为 6.29℃。2008 年 2 月 5 日早晨 9:00,室外温度为零下 6℃,发酵床舍为 15.5℃,常规水泥地面猪舍为 13.0℃。发酵床舍内氨气浓度为 3.97 毫克/米^3,悬浮物颗粒浓度为 2.54 毫克/米^3,而常规水泥地面猪舍(干清粪)分别为 5.64 毫克/米^3 和 3.85 毫克/米^3。人进入发酵床猪舍,感觉不到臭味。发酵床舍育肥猪的生长性能也明显高于水泥地面猪舍(盛清凯等,2009c)。

冬季发酵床养好猪,仍要给以良好管理。

注意猪舍保暖。为提高冬季猪舍内的温度,应增加保暖措施。南方由于冬季不寒冷,将卷帘式发酵舍的卷帘放下即可,或窗外用帆布或草帘轻微遮挡即可。山东省气候寒冷,济南冬季最低达到−12℃,此时应密封窗户,猪舍后墙建筑常采用二四式建筑,后窗可用双层塑料布封盖或砖堵塞。新疆等地冬季气温更低,后墙建筑采用三七式建筑,并防止贼风穿入。山东一些猪场,盲目照搬南方经验,猪舍后窗只用草帘或塑料薄膜遮挡,结果导致猪舍环境温度低,猪病增加。

预防垫料干燥。山东省冬季气候干燥,发酵床表面水分蒸发,垫料表面易干燥,垫料翻挖时易起灰尘,猪易得呼吸道疾病(肺炎)。此时,可在垫料表面喷发酵床微生物水溶液(菌种 500 倍稀释)即可。

注意通风。猪舍为了保暖,常忽视湿度问题。发酵床舍内垫料表面水分蒸发,猪舍密封,相对湿度过大,猪易得皮肤病。由于长久不通风,猪舍内空气污浊,不利于猪的生长。因此,猪舍安装通风装置。通风除湿时,应注意猪舍温度的维持,防止猪感冒。冬季发酵床猪舍内相对湿度应低于 85%。

加强管理,保持发酵良好运行。冬季,发酵微生物菌种活性或多或少受寒冷气温影响,此时应加强管理。冬季发酵床垫料铺设厚度一般为 70～90 厘米,比夏季厚。同时,适当增加垫料翻挖次数,增加垫料有

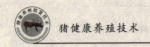

氧量,提高有益菌种活性。发酵床状况可通过猪行为进行判断,猪在发酵床上躺卧,均匀散开,或猪向垫料深入钻卧,表明发酵正常。如果猪扎堆,说明发酵床温度偏低或猪舍保暖性能差,发酵床应及时翻挖或猪舍增加保温措施。

预防屋顶水珠滴落在发酵床上。猪舍内温度高、湿度大,屋顶易凝结水珠。水珠落在发酵床垫料上,易导致垫料泥泞化。猪舍建筑时,应选择适宜材料,并增加通风措施。

水管防冻结。寒冷地区,水管易冻结,猪饮水困难。猪舍外水管采取防冻措施,防止水管冻结。发酵床猪舍内水管一般不会冻结。猪舍内可将水管穿过发酵床区域,利用垫料温度,提高水温,防止猪饮用冷水。

五、垫料再生

随着养殖时间的延长,发酵床微生物分解粪污能力减弱。根据养殖市场情况,废弃垫料可作为有机肥等使用,猪舍重新铺设新垫料。发酵床垫料也可再生处理,进行重复利用。垫料再生方法可分为三种:其一,在发酵床上部再铺设一层新制作的发酵床垫料;其二,将发酵床垫料泥泞化部分清除,将发酵床垫料干燥区域部分摊开铺平,在垫料上面再略微铺设一层新垫料;其三,将泥泞化部分挪至发酵床干燥区域并铺开,将泥泞化部分与干燥部分搅拌混匀后重新铺平。垫料再生时,再生比例不可过大,一般控制在30%以内。

六、影响发酵床养殖效果的因素

1.猪生长阶段

小猪怕冷,大猪怕热。大猪重。发酵床饲养仔猪(保育猪),提供温暖环境,仔猪趴卧其上,腹感温度高,腹泻少;另外,小猪体重轻,排泄少,垫料翻挖次数少,因此,发酵床饲养仔猪,省工、省料、促生长,效果明显。生长育肥猪体重重，排泄多，并拱食垫料，垫料需经常翻挖，并不断补充新垫料，该阶段省工省料效果不如饲养仔猪明显。使用发酵床饲养育肥猪，猪舍环境明显改善，臭味明显减轻。发酵床饲养母猪，猪舍环境改善，省工省料效果并不明显。母猪拱食发酵床垫料后，垫料对卵泡发育、哺乳性能影响都有待进一步研究。

2. 季节与区域

日本、韩国、美国等国家与我国国情不同，气候条件与自然资源及饲养水平都存在差异。引进国外发酵床养猪技术必须与我国国情相符合。经过我国近3年来的发酵床养殖经验，结果表明发酵床养殖技术比较适合于寒冷地区，即我国北方地区。相对于气候炎热的南方地区，发酵床技术如要全面推广，仍需进一步深入研究。一般春、秋、冬三季，发酵床饲养效果较好，而夏季效果差，一些地方夏季发酵床饲养，不但不能省工省料，反而费工费料。如何夏季环境高温热应激、垫料应激，双重热应激的不利影响，成为急需解决的问题。

3. 垫料组成

我国幅员辽阔，地方资源差别大。有的地方盛产玉米，有的盛产棉花、有的生产水稻，有的盛产果树。目前观察，利用锯末、稻壳作为发酵床垫料原料，制作发酵床效果较好，并且使用时间较为长久。利用小麦秸秆、稻草、玉米秸秆等制作发酵床，垫料使用持续时间及饲养效果可能不如锯末稻壳发酵床。

4. 饲料质量

一些发酵床菌种供应商宣传，猪采食发酵床垫料，可节省饲料。对此，试验观察到猪饲料质量降低，即使猪拱食垫料，猪生长速度仍然下降，试验效果与菌种供应商结论相反。建议发酵床养猪时，提供优质合格饲料产品。

5. 发酵床菌种质量

发酵床菌种质量千差万别。国家尚没有菌种判定标准。目前市场上主要有3种产品，其一为菌种属性及功能菌含量明确的产品，其二为土著菌，其三为EM液或EM固体发酵物。基于生物安全及饲养效果,建议使用菌种属性及功能菌含量明确的产品。微生物菌种产品,发酵床养殖效果不同。有的微生物菌种并不具有分解粪污能力,并且不耐受堆积发酵高温,发酵堆积高温可以杀灭该类微生物,此类微生物菌种不适宜制作发酵床。

6. 管理

猪在发酵床上生长,猪活动范围增加,环境无臭味,抗病力增强,生长快。好的养殖方法应有好的管理措施。一些养殖户看到发酵床养殖效果很好,就随意提高养殖密度,反而降低发酵床养殖效果。对于发酵床养殖,应科学化管理。对于初次养猪户而言,建议开始时少养猪,掌握好发酵床管理要领后再扩大养殖规模。国外发酵床饲养育肥猪,使用小型挖掘机翻挖垫料,省工省力,并且垫料全面翻挖,而国内主要依赖人工翻挖,翻挖深度为表层20厘米左右,人工翻挖效果弱于机械,建议一些规模猪场考虑机械翻挖问题。

七、发酵床饲养管理注意事项

各猪只发酵床管理时,可参考发酵床猪舍室温、湿度与猪生长状态关系表。

仔猪:发酵床饲养仔猪,优势非常明显,仔猪在发酵床上生长,生长快,腹泻率显著降低。对于保育仔猪,猪舍应注意保温。饲料优质、安全、易消化。建议不要随意调整仔猪免疫程序。

生长猪与育肥猪:饲料营养水平低,会降低猪的生长速度。根据猪体重变化,提供相应优质饲料。饲料配置时可添加益生菌、酶制剂或一些中草药制剂,以提高猪的生长速度。根据季节变化,采取夏季抗热应激或冬季保暖措施。日本认为发酵床育肥猪出栏最佳体重在105~110千克,国家对此没有说明,常规水泥地面出栏最佳体重在100千克左右。

母猪:利用发酵床,可节省产床。建议限制配种母猪在发酵床活动区域及活动时间,妊娠后期,不应进入发酵床。

表 7-7 发酵床猪舍室温、湿度与猪生长状态关系表
空气的热量指数（ER 指数）

室温(℃)	湿度							根据猪体重最适合的 ER 指数	
	40%	50%	60%	70%	80%	90%		体重(千克)	最适 ER 值
40	1 600	2 000	2 400	2 800	3 200	3 600	←危险		
38	1 520	1 900	2 280	2 660	3 040	3 420		10	2 100
36	1 440	1 800	2 160	2 520	2 880	3 240		20	1 740
34	1 360	1 700	2 040	2 380	2 720	3 060		30	1 652
32	1 280	1 600	1 920	2 240	2 560	2 880		40	1 566
30	1 200	1 500	1 800	2 100	2 400	2 700	←热	50	1 482
28	1 120	1 400	1 680	1 960	2 240	2 520		60	1 400
26	1 040	1 300	1 560	1 820	2 080	2 340		70	1 320
24	960	1 200	1 440	1 680	1 920	2 160	←15 千克以下	80	1 242
22	880	1 100	1 320	1 540	1 760	1 980		90	1 160
20	800	1 000	1 200	1 400	1 600	1 800	←20~35 千克以下	100 以上	1 000
18	720	900	1 080	1 260	1 440	1 640			
16	640	800	960	1 120	1 280	1 440	←40~85 千克以下		
14	560	700	840	980	1 120	1 260			
12	480	600	720	840	960	1 080	←90 千克以下		
10	400	500	600	700	800	900			
8	320	400	480	560	640	720	←冷		
6	240	300	360	420	480	540			
4	160	200	240	280	320	360	←过冷		
2	80	100	120	140	160	180			

注:ER 指数＝气温×湿度

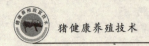
第五节　发酵床垫料资源再利用技术

一、发酵床垫料使用年限的影响因素

随着垫料使用时间的延长,垫料发生着一系列复杂的理化反应,对粪尿的消纳、降解能力也逐步减弱。影响垫料使用寿命的因素主要是垫料材质与垫料日常管理维护。垫料一般有锯末、稻壳、米糠、作物秸秆等,南方部分省市用甘蔗渣。一般来讲,木质素含量较高的锯末、木屑、稻壳、树皮等使用寿命较长,而农作物秸秆类等易降解的材料使用寿命较短。发酵床使用寿命长短是养猪户普遍关心的问题,理论上讲发酵床可以使用3～5年或更长时间,而在生产实践中一般可使用1～3年不等。在关心发酵床使用寿命长短的同时,养殖户应注重发酵床垫料的成本。锯末稻壳型发酵床使用寿命长,垫料成本高;秸秆型(稻草、小麦秸秆)发酵床寿命短,垫料成本低。一般养殖密度大,发酵床负荷重,垫料使用寿命短,反之使用寿命长。发酵床垫料具有一定的使用寿命,主要是由于三方面的原因:一是微生物的降解作用,垫料被微生物不断分解、利用,垫料松弛度下降;二是盐分不断积累,由猪代谢产生的粪尿盐分以及物质转化产生的矿物盐分不断积累,如钠离子、钾离子、钙离子、氯离子、硝酸根离子、硫酸根离子增加,这种环境的改变,会对发酵床微生物活性产生抑制作用;三是猪只的踩踏、垫料的翻动等外力作用使垫料粒度变细,易于踩实,发酵床垫料的通透性和保水性越来越差。因此,发酵床垫料达到使用期限后,必须加以更换,重新铺设新垫料床。对废弃的发酵床,加工成有机肥或沼气,不但可以增加创收,还可以节约资源,实现发酵床垫料循环利用的目的。

二、废弃垫料的主要理化特性

1.垫料中的盐分浓度增加

猪排泄物经垫料中微生物作用,其中绝大部分有机物可被降解,或呈挥发性,有机物质挥发损失,少部分无机物经氧化还原作用,如NH_3、H_2S等挥发离开垫料系统。但粪便中的无机盐累积在发酵床垫料中,导致盐分浓度逐渐增加,长期使用垫料将逐步盐渍化。

2.酸碱度变化

发酵床正常情况下,垫料 pH 处于 6.5～7.6 以内,呈弱碱性或中性,而且发酵床垫料剖面由上至下有降低的趋势,这可能与中、上层排泄物降解过程中铵态氮累积有关。废弃垫料 pH 值呈碱性,pH 值大于8.5。发酵床管理失败,垫料底部厌氧发酵,pH 值偏酸性。

3.全氮与无机氮

试验表明,陈垫料中的全氮远远高于新垫料中的全氮,但陈垫料中总无机氮含量显著低于新垫料。猪新鲜粪尿中含有大量的铵态氮以及粪便中含氮化合物的氨化作用,使得新垫料上层铵态氮含量远高于陈垫料。而陈垫料表层硝态氮含量远高于新垫料。猪排泄的粪尿降解作用主要集中在剖面的中、上部。陈垫料与新垫料相比,前者亚硝氮含量显著高于后者。

4.碳氮比

由于发酵床微生物分解,垫料中的纤维素、寡糖等含碳物质不断被分解,随着发酵床使用时间的不断延长,发酵床碳氮比不断降低。由于发酵床不断补充新垫料及猪粪污,发酵床碳氮比可维持在正常范围内。一般发酵床新垫料碳氮比高于废弃的旧垫料。

三、有机肥生产

对于已经达到使用年限,没有再生必要的垫料以及在垫料再生过

程中淘汰的部分,可以进行有机肥生产。

(一)有机肥的概念

广义上的有机肥,俗称农家肥,包括以各种动物、植物残体或代谢物组成,如人畜粪便、秸秆、动物残体、屠宰场废弃物等。另外还包括饼肥(菜籽饼、棉籽饼、豆饼、芝麻饼、蓖麻饼、茶籽饼等)、堆肥、沤肥、厩肥、沼肥、绿肥等。主要是以供应有机物质为手段,并可以改善土壤理化性能、防止板结,促进植物生长及土壤生态系统的循环。狭义上的有机肥,专指以各种动物废弃物(包括动物粪便、动物加工废弃物)和植物残体。因此,发酵床垫料复合有机肥的范畴,加以处理加工,可以成为质量较好的有机肥料。

(二)高温堆肥处理

高温堆肥通常是指好氧堆肥,使堆体中持续均匀地通风,堆体在大量好氧微生物的作用下,产生大量的热量,使堆体温度达到 $50\sim65℃$,从而最大限度地杀灭病原菌,同时加快有机质的降解速度,使散发臭气的不稳定有机物腐熟,转变成无臭味的稳定的腐殖质,用作植物生长的肥料。由于高温堆肥具有方便、易操作、成本低、效果好等特点,因此,本节主要介绍用该方法处理废弃的发酵床垫料。

1.高温堆肥的基本条件

(1)适宜的酸碱度。微生物适宜在中性和微碱性条件下活动,pH值介于 $7.2\sim7.6$ 之间可满足绝大多数微生物环境需求。

(2)适宜的碳氮比。碳氮比就是有机质本身含有的碳素和氮素的比例,而微生物分解有机质时需要最佳碳氮比是 $(25\sim30):1$,纯秸秆的碳氮比多半为 $(60\sim100):1$ 。

(3)适宜的水分。水分在堆肥过程中起着不可或缺的作用,一般水分以占材料总量的 $55\%\sim60\%$ 为佳,可以手握材料有液滴出进行判定。

(4)相对适宜的通气条件。因是好氧堆肥,堆体不可过松或过实,保持适度。

由以上几个条件可以看出,废弃的发酵床垫料理化特性完全符合高温堆肥的基本条件,是一种理想的堆肥材料。

2.废弃的垫料高温堆肥处理

将垫料取出后,置于不渗漏的地面,调节垫料水分至55%左右,用手挤后出水,松手后能够散开的状态为佳,将垫料堆成约1米高、2米宽,长度视堆肥地点与垫料多少自行调节,在堆体周围用土培上,以防肥液流失。视气候状况,可用塑料布或编织袋盖于表面,以防水分散失过快。此外,可根据堆体的实际情况,若堆体比重过大、堆体过实,可在堆积过程中将木棍插入,堆完后拨出留下的孔洞作为通风透气用途。一般情况下,堆后的第2天即可升温至45℃以上。经高温堆肥5~7天后,如果水分不足,适当补充水分,然后再堆制,再经过2~3周,即可成腐熟堆肥。

3.控制垫料堆肥过程氮损失的措施

高温堆肥形成的产品富含腐殖质和一定的N、P、K,可作为良好的土壤调理剂和有机肥料,但在好氧堆肥过程中也会有大量的氮损失,其中以气态形式损失的 N_2O 会破坏同温层的 O_3 层,NH_3 是酸雨的催化物质和堆肥中所排臭气的主要成分,从而造成二次污染。采取科学的措施,可减少氮的损失。

(1)选择科学的堆肥工艺。在堆肥过程中,腐熟期足够长的前提下,加水和翻堆有利于确保氮肥价值,其中翻堆比加湿影响大,通过控制物料初始水分和采用温度反馈的通气量控制工艺可以快速去除水分,杜绝渗出水带走含氮营养物;对通风进行有效控制、使堆体内的氧含量始终保持在较高水平,可以减少堆体内的局部厌氧,抑制反硝化的进行,减少硝态氮的损失,同时沥出液的循环也可减少氮损失。

(2)选择和使用堆肥添加剂。主要是为了加快堆肥进程或提高堆肥产品质量,在堆肥物料中加入的微生物、有机或无机物质。

①富碳物质。在堆肥过程中添加高 C/N 质量比吸附性能好的原料的混合物可降低氮损失,如泥炭、锯末等有明显的保氮效果。

②金属盐类及硫元素。通过添加 Ca 和 Mg 金属盐类的添加可降低堆肥过程中的 NH_3 损失，其中 $MgCl_2$ 效果最好，$CaCl_2$ 次之，$MgSO_4$ 影响最小。此外，添加 $FeCl_3$ 也可降低了氨损失又增加了有机氮的矿化。添加过磷酸钙、沸石、$CuSO_4$、$MnSO_4$ 均有一定的抑制作用，考虑到安全性和各种抑制剂价格因素，选择沸石、过磷酸钙和少量 $MnSO_4$ 作为氮素损失抑制剂具有一定的可行性。

③外源有益微生物。外源微生物的添加可调控堆肥过程中氮、碳的代谢，调控氮素物质分解为 NH_4^+-N 后的气态挥发损失，保留更多的氮养分。有试验证明，添加纤维分解真菌使不同底物的堆肥含氮量可提高 8.3%～57.1%；添加固氮菌和溶磷菌使不同底物的堆肥含氮量提高了 10.3%～59.5%。自生固氮菌和纤维素分解菌在一定情况下能相互利用、相互依存，经混合培养后可使发酵物的含氮量增高，菌数增加。因此，通过有益菌群的人工筛选、分离、驯化培养技术，将有益菌群接入废弃垫料堆体中，可以生产出多种多样不同品种的生物有机肥，它能改善土质、减少环境污染、增肥增效等。

利用发酵床垫料废弃物生产有机肥，可将废弃垫料重新添加菌种或麸皮等物质，调节水分，堆积发酵即可。利用发酵高温一方面杀灭病菌，防止疾病的传播；另一方面将粪污中的大分子碳水化合物、蛋白质等分解，提高作物的利用率。将发酵好的废弃垫料，根据作物、果树等有机肥生产标准，添加不同剂量的氮、磷、钾等物质，调节氮、磷、钾等比例，生产不同的优质有机肥。

四、沼气生产

沼气是一种可燃性气体混合物，它的主要成分是甲烷，其次是二氧化碳。除此以外，还有少量的氮、氢、氧、氨、一氧化碳和硫化氢等。沼气是有机物质（如农作物秸秆、人畜禽粪便、垃圾以及有机废物等）在厌氧条件下，通过特定微生物的作用形成的。沼气是一种方便、清洁的气体燃料，可以广泛应用于生产和生活中。目前养殖场、农户等已利用沼气进行照明、做饭、取暖、发电等。将发酵床养殖技术与沼气生产技术结合,提高沼气产量,此方面目前开展的研究很少。理论上认为将发酵床养殖技术与沼气生产技术结合可以提高沼气产量。作者在此提供两种建议,供生产实践检验。

其一,冬季利用发酵床垫料高温提高沼气池环境温度,促进沼气发酵。北方冬季严寒,受外界低温环境影响,沼气池中微生物活性降低,沼气产量少,冬季发酵池产生的沼气一般仅维持用于照明。猪舍仔猪保暖、沼气并网发电等难以实施。冬季发酵床养猪,垫料20厘米下温度一般维持在40~55℃。利用发酵床垫料温度,提高沼气发酵温度,可以提高沼气产量。猪舍发酵床建设和沼气池建筑如何合理布局,需要深入研究。

其二,利用发酵床废弃垫料作为沼气发酵原料,促进沼气发酵。在自然界中,沼气发酵原料十分广泛和丰富,几乎所有的有机物都可以作为沼气发酵原料,例如农作物秸秆,人、畜和家禽粪便、生活污水,工业和生活有机废物等。根据沼气发酵原料的化学性质和来源,可以分为富氮原料、富碳原料及其他类型的原料几种。

富氮原料主要是指人和畜禽粪便。这类原料颗粒较细,含有较多的易分解化合物,氮素的含量也较高,其原料的碳氮比一般都小于25/1,因此不必进行预处理,分解和产气速度较快。这种原料是我国农村沼气发酵原料的主要来源之一。该原料的特点是发酵周期较短,产气速度快。富碳原料在农村主要指各种农作物秸秆,其碳素含量较高,原料的碳氮比一般都在30/1以上。农作物秸秆也是我国农村主要沼气发酵原料之一,其产气特点是分解速度较慢,产气周期较长。使用这种原料在入池前需进行预处理,以提高产气效果。其他发酵原料包括城市有机废物和水生植物,如生活污水和有机垃圾、有机工业废水、废渣和污泥、水花生、藻类等。

沼气发酵时,注重发酵原料的配比。我国农村沼气发酵的一个明显特点就是采用混合原料(一般为农作物秸秆和人畜粪便)入池发酵。根据沼气原料的来源、数量、种类以及价格,采用科学、适用的配料方法

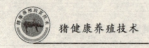

非常重要。遵循原则一般为：注重发酵原料的产气特性，将消化速度快与慢的原料合理搭配进料，碳氮比及发酵料液浓度适宜。

碳氮比是发酵原料中所含碳元素和氮元素量之比，常用符号 C/N 表示。碳元素为沼气微生物的生命活动提供能量，是形成甲烷菌的主要物质，氮元素是构成沼气微生物细胞的主要物质。沼气微生物对碳元素和氮元素的需求量有一定的比例。如果沼气发酵原料中的碳氮比过高，例如 30：1 以上，发酵就不会启动，而且产气效果不好。对适宜的沼气发酵碳氮比，国内外科学家都进行过大量研究，而结论不一致。根据我国科研部门和农村沼气发酵的试验和经验，投入原料的碳氮比以（20～30）：1 的比例为宜。

沼气发酵料液浓度是指沼气发酵料液中发酵物质的质量分数，常采用发酵物质总固体和挥发性固体表示。能够进行沼气发酵的发酵料液浓度范围是很宽的，以 1%～30%，甚至更高的浓度都可以生产沼气。夏季由于气温高，原料分解快，发酵料液浓度可适当低一些，一般以 6% 左右为好；在冬季，由于原料分解较慢，应适当提高发酵料液浓度，通常以 10% 为佳。确定一个地区适宜的发酵料液浓度，要在保证正常沼气发酵的前提下，根据当地的不同季节的气温，原料的数量和种类来决定。

粪草比是指投入的发酵原料中，粪草的重量与秸秆类重量之比。我国农村现在普遍采用秸秆和粪混合的发酵原料，根据所要用的原料确定适宜的粪草比是很重要的。试验表明，采用半连续发酵或批量发酵工艺，在沼气池第一次投料启动时，混合原料中的粪草比是影响产气效果的一个重要因素。考虑到农村目前的实际情况，在生产应用中，粪草比一般应达到 2：1 以上，不宜小于 1：1。如果粪草比小于 1，为了加快启动速度，提高产气量，需要采取措施。利用不同发酵原料沼气发酵时，各种原料配比见表 7-8。

表7-8　1米³发酵料液配料比（摘自张全国，2005）

配料组合	质量比	6%(质量分数) 加料质量比	加水量(千克)	8%(质量分数) 加料质量比	加水量(千克)	10%(质量分数) 加料质量比	加水量(千克)
猪粪		333:1	667	445:1	555	555:1	445
牛粪		353:1	647	470.5:1	529.5	588.2:1	411.8
骡马粪		300:1	700	400:1	600	500:1	500
猪粪：青杂草	1:10	27.5:275	697.5				
猪粪：麦草	4.54:1	163.5:36	800.5	217.4:47.8	734.8	271.8:60	668.4
猪粪：稻草	3.64:1	144.6:39.7	815.7	192.8:52.9	754.3	241:66.2	992.8
猪粪：玉米秆	2.95:1	132.8:45	822.2	177.3:60.1	762.6	221:75.1	703.9
猪粪：麦草	40:1	331:8.2	660.8	440:11	549	551:13.7	435.3
猪粪：稻草	30:1	318.5:10.5	671	424:14.1	561.9	530:17.7	452.3
猪粪：玉米秆	23:1	307.8:13.3	678.8	410:17.7	572.3	513.3:22.2	464.5
猪粪：牛粪：麦草	3:1:0.5	159:53:26.5	761.5	211:71:35	682.3	264:88:44	604
猪粪：牛粪：稻草	5:1:1	155:31:31	783	210:42:42	706	260:52:52	636
猪粪：牛粪：玉米秆	3.5:1:1	126:36:36	802	169.8:48.5:48.5	733.2	212:60.5:60.5	667
青杂草：稻草：猪粪	2.2:2:1	86:78:39	797	115:104:52	729	143:130:65	662
水葫芦：稻草：猪粪	1:1:3.6	35:35:128	801.4	46:46:168	738.9	59:59:213.5	669.3
水葫芦：玉米秆：猪粪	0.5:1:3.6	19:37:136	807.9	25:50:181.5	743.9	31:62:227	679.7
青杂草：稻草：猪粪	1:1:2.7	43:43:116	798	57:57:155	730.4	71:71:191.7	666.3
水葫芦：玉米秆：猪粪	1:1:5	24:48:117	811	31.3:62.6:156	750.1	39:78:195	688
青杂草：玉米秆：猪粪	1:1:3	39:39:116.9	805.1	52:52:156	740	65:65:194.7	675.5

发酵床垫料材料由猪粪、稻壳、锯末、秸秆或树叶等组成,组成原料皆可用于沼气发酵。发酵床废弃垫料碳氮比一般低于 25∶1,符合沼气发酵的要求。尽管发酵床微生物为好氧微生物,发酵床经长期使用,菌种活性降低。另外发酵床垫料在沼气池厌氧环境中,发酵床菌种活性受到抑制,对沼气甲烷菌等厌氧产气菌不应构成威胁。锯末、稻壳等经发酵床微生物发酵后,可能更有利于甲烷菌等的分解,从而提高沼气产气量。

发酵床废弃垫料用于生产有机肥及沼气利用,还需要进一步深入研究。由于发酵床养殖技术进入我国时间短,不同原料制作的发酵床废弃垫料的碳氮比、水分含量等数据需要进一步研究,生产有机肥、农村用沼气、沼气发电等工艺也需进一步摸索。随着科研技术的不断提升,发酵床废弃垫料资源化利用途径将越来越宽广。

思考题

1. 根据当地气候条件,如何建设育肥猪和母猪发酵床?

2. 发酵床堆积发酵过程中,最高发酵温度低于 60℃ 时,怎样采取改进措施?

3. 发酵床进猪饲养后,如何管理发酵床?

4. 如何判断猪热应激,克服热应激不利影响措施有哪些?

5. 发酵床饲养的猪得病后,猪可否在发酵床上治疗,此时垫料如何处理?

参考文献

[1] 张仲葛,等.中国猪品种志.上海:上海科学技术出版社,1986.

[2] 司俊臣,等.山东省畜禽品种志.深圳:海天出版社,1999.

[3] 徐锡良,等.20世纪山东猪种.济南:山东科学技术出版社,2004.

[4] 曹美花,宋辉.生猪生产与环境控制技术,北京:中国农业大学出版社,2004.

[5] 叶水滨.后备种猪的选择与饲养管理.福建畜牧兽医,2009,32(3):41-42.

[6] Levis,刘明成,闫之春.猪人工授精时正确的输精时间和次数.Pigs Today,2007,6:22-26.

[7] 武英,郭建凤,王成立,等.日粮中添加维生素E对杜烟商品猪生产性能及肉品质影响.山东农业科学,2004增刊,129-130.

[8] 武英,郭建凤,王成立,等.甜菜碱对猪生产性能及肉品质影响的研究.中国饲料添加剂,2005(11):22-23.

[9] 郭建凤,武英,张印,等.甜菜碱对猪胴体品质肉质影响研究进展.云南农业大学学报,2005,20(6A):37-39.

[10] 郭建凤,武英,呼红梅,等,维生素对猪肉品质影响研究进展.山东农业科学,2006(4):106-109.

[11] 郭建凤,马建军,杜玉诗.共轭亚油酸对猪胴体和肉品质的影响.饲料研究,2007(1):26-27.

[12] 李桦.生猪饲养规模及其成本效益分析.北京:中国农业出版社,2009.

[13] Weihuan Fang, Ning Chen, Zhejiang University & Iowa State University Ensminger International School on Swine Diseases Proceedings, 10-13,10,2005.

[14] 曲万文.现代猪场生产管理实用技术.2版.北京:中国农业出版

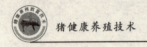

社,2009.

[15] 山东省畜牧兽医局.规模化奶牛场、猪场生产成本与收益分析.2008,1.

[16] 李晓成.猪群疫病流行动态.生猪产销信息,2008,6,21-22.

[17] 陈清明.现代养猪生产.北京:中国农业出版社,1997.

[18] 成建国.猪瘟流行新特点.中国动物保健,2008,4,47-51.

[19] 孙守礼,成建国.规模化猪场健康养殖的保健体系建设.中国动物保健,2008,7,39-43.

[20] 成建国.养猪场要高度重视消毒.农业知识,2009,6,36-38.

[21] 成建国.影响免疫效果的因素.农业知识,2008,8,18-20.

[22] 成建国.猪场制定免疫程序应考虑的问题.农业知识,2008,7,23.

[23] 武英,张凤祥.动物安全用药7日通.北京:中国农业出版社,2004.

[24] 陈焕春.规模化猪场疫病控制与净化.北京:中国农业出版社,2001.

[25] NY/T 1568—2007 标准化规模养猪场建设规范.北京:中国农业出版社,2008.

[26] 盛清凯,武英,王诚,等.发酵床养猪技术的优势与推广中存在的问题.猪业科学,2008a,3:80-81.

[27] 盛清凯,武英,张华杰,等.一种适宜机械化养猪的活动栅栏式发酵床:中国专利 ZL200820173005.4,2009a,7,22.

[28] 盛清凯,武英,王成立,等.发酵床养猪建筑设计中存在的一些问题与解决方案.猪业科学,2008b,9:45-46.

[29] 吕作舟.食用菌栽培学.北京:高等教育出版社,2006.

[30] B·E·斯特劳.猪病学.8 版.赵德明,张中秋,沈建忠,等译,北京:中国农业大学出版社,2000.

[31] 盛清凯,武英,孟令勇,等.断奶仔猪发酵床饲养技术.猪业科学,2009b,3:48-49.

[32] 刘振,原昊,姜雪姣,等.夏季发酵床猪舍的温热环境与猪休息姿

势的变化.南京:畜牧与兽医,2008,40(5):41-42.

[33] 盛清凯,王诚,武英,等.冬季发酵床养殖模式对猪舍环境及生产性能的影响.家畜生态学报,2009c,30(1):82-850.

[34] 盛清凯.谷物及蛋白饲料的贮藏技术.猪业科学,2008c,3:38-39.

[35] Duarte Diaz.霉菌毒素蓝皮书.刘瑞娜,汪静霞,译.北京:中国农业科学技术出版社,2008.

[36] 桜井健一.養豚場における抗酸菌症の現状と対策,養豚の友,2005,47-49.

[37] 園部深雪,渋谷浩.豚技能菌症の清浄化対策.養豚の友,2007,461:58-62.

[38] 张全国.沼气技术及其应用.北京:化学工业出版社,2005.

[39] 武英,戴更芸,呼红梅,等.能量、粗蛋白和赖氨酸水平对猪生长及肉品质的影响.山东农业科学,2005,55,6.

[40] 周厚富.不同蛋白水平日粮对瘦肉型猪的饲养效果研究.安徽农业科学,2004,32(3):537.

[41] 肖淑华,曹霞,刘云华,等.生长肥育猪节粮型日粮配方技术研究.北京饲料研究,2008,30,10.

[42] 武英,郭建凤,王诚,等.利用啤酒糟饲养繁殖母猪试验.济南:山东农业科学,2002,39,5.

[43] 武英,林松,呼红梅,等.屠前停用矿物质元素对猪生长性能及肉品质影响的研究.中国饲料添加剂,2005,3:18-20.

[44] 赵红波,王文志,盛清凯,等.肠溶性微生物微胶囊对断奶仔猪生产性能的影响.饲料研究,2007,3:1-3.

[45] 戴兆来,董红军,林勇,等.合生元组合筛选及对仔猪生产性能和腹泻的影响.南京农业大学学报,2008,31(2):81-85.

[46] 王新谋.基础母猪养猪场总平面简图.养猪,1998,3.

[47] 王爱国,等.现代实用养猪技术.2版.北京:中国农业出版社,2006.

[48] 赵书广.中国养猪大成.北京:中国农业出版社,2003.

［49］成建国，武英，张安志．猪自由采食料槽的设计：中国专利，
　　　ZL 200520125612X．

［50］武英，张安志，孙守礼，等．一种养殖棚用推拉窗的设计：中国专
　　　利，ZL 200820019107．0．

［51］饲料药物添加剂使用规范．北京：中华人民共和国农业部农牧发
　　　［2001］20 号．